设计

"十四五"普通高等教育艺术设计类系列教材

U0167404

室内设计原理

（第3版）

刘昆 著

中国水利水电出版社
www.waterpub.com.cn

·北京·

"十四五"普通高等教育艺术设计类系列教材

内 容 提 要

本教材以建筑与空间为出发点，系统地讲解了建筑空间、室内环境和室内场所等方面的设计原理，并着重于建筑室内一体化框架下的跨学科、交叉性的室内问题探究，结合设计案例和实例，从学理的角度阐述和分析了建筑与室内设计原理及设计方法的内在关系和相互作用。教材还适度增加了社会科学领域相关知识，力图将室内设计的视域拓宽、理论深化、意识更新，为学生构建视野、厚基础，并有一定深度和高度的室内设计理论体系。

全书内容分为5章，第1章从人为场所、人际互动和人文环境等方面来认识建筑与空间；第2章从历史建筑的视角分析了建筑与室内的现象、形象和意象；第3章至第5章重点讲解了室内空间的形成与环境的营造方法（包括尺度、材料、色彩、光环境的设计与应用等），以及公共空间与私有空间的定义、室内场景-意象的内涵等。

本教材内容丰富，知识系统全面，理论性强，并配有多媒体课件、设计作品案例、拓展学习资料等数字教学资源，可供高等院校环境设计、建筑学等相关专业师生使用，还可供环境设计、建筑设计、室内设计等相关专业设计人员参考借鉴。

图书在版编目（ＣＩＰ）数据

室内设计原理 / 刘昆著. -- 3版. -- 北京：中国水利水电出版社，2021.8
"十四五"普通高等教育艺术设计类系列教材
ISBN 978-7-5170-9627-6

Ⅰ. ①室… Ⅱ. ①刘… Ⅲ. ①室内装饰设计—高等学校—教材 Ⅳ. ①TU238.2

中国版本图书馆CIP数据核字(2021)第136346号

书　　名	"十四五"普通高等教育艺术设计类系列教材 **室内设计原理（第3版）** SHINEI SHEJI YUANLI
作　　者	刘　昆　著
出版发行	中国水利水电出版社 （北京市海淀区玉渊潭南路1号D座　100038） 网址：www.waterpub.com.cn E-mail：sales@waterpub.com.cn 电话：(010) 68367658（营销中心）
经　　售	北京科水图书销售中心（零售） 电话：(010) 88383994、63202643、68545874 全国各地新华书店和相关出版物销售网点
排　　版	中国水利水电出版社微机排版中心
印　　刷	清凇永业（天津）印刷有限公司
规　　格	210mm×285mm　16开本　13.5印张　399千字
版　　次	2011年1月第1版第1次印刷 2021年8月第3版　2021年8月第1次印刷
印　　数	0001—3000册
定　　价	**59.00元**

　　《室内设计原理》出版至今已有 10 年，现在有了第 3 版修编的机会，笔者既感欣慰，又觉迫切。欣慰的是，这本教材能被使用到今天，说明它具有一定的价值，而迫切的心情在于有机会对前版教材中存在的问题和不足加以修正、修改，使之更加完善。在这十年里，国内室内设计行业和设计理论研究均有长足的发展：一方面，设计市场的繁荣说明室内设计越发地和日常生活及社会实践密切关联；另一方面，专业教育水平不断地提升，从事室内设计工作的人员数量不断增加，也说明室内设计领域有着一定的发展前景。笔者近几年的教学工作和学术研究也有很大的变化和进步，深感有必要借此次再版的机会，对教材内容进行大的调整，甚至从头到尾重构、重写——事实上，我也是这么做的。不过，新版与旧版的框架结构一致，尽管新版教材的大部分内容都是新的，但依然保持了先前的写作意图——一本重视设计背后的原理的著作。教材的编写主要是从以下几个方面来考虑的。

　　首先是学与术的问题。长期以来，人们对"学"与"术"的区辨和深究不够，现实中时常统合使用"学术"一词，且该词汇已经被概念化或泛化了。思想家、教育家严复曾说："学主知而术主行。"表明"知"为学之探知、探问和探讨，而"行"为术之践行、方术和功效，显然前者是在务虚而后者则是在务实。德国哲学家马克斯·韦伯认为："学"为主观思考，是心灵之体悟，而"术"为客观践行，是智力之展现。由此言之，对"学"与"术"进行细辨和深究还是有一定意义的，尽管现时惯于将"学术"统合视之，其主要系指重理论而非实用，但这里还是包含着"学而思，术而法"的意涵之别。

　　学与术的问题也因此在建筑领域里十分显著，比如在我们的文化认知中，建筑术法（或法式）是最主要的，"工匠"意识深入人心。而且，我们的建筑传统总是在讲"方术""法式"等，直到今天这种"术"的意识依然浓厚，以至于我们在"学"的方面缺乏深入探知、探问，或者说易于停留在固有认识中且泛泛论之。这是因为现时已经被各种各样的泛化现象所围绕，因此势必会影响我们对一些问题的深究与细辨。为此，笔者认为论及"室内设计原理"，重在"原理"二字，那么何为"原理"是需要深究的。但遗憾的是，我们易于将"原理"等同于方法、方术，更热衷于实战经验的传授、教导，岂不知建筑的实践如同工厂里的制造、实验室里的实验一样可谓能力、智行的，其实还存在着心灵、体悟是怎样的，所以能力与心灵并不能混同视之。当然"原理"也在于对方法的探究，但更看重对方法背后的想法的关注。正如韦伯所说的，想法或灵感来自不大容易想到的有益性，意指"想法"必须是正确的、创见的和有深度的，而"有益性"不一定在经验上的积累即可获得，它更需要心灵上的支持。改革开放40多年来，城市化速度之快、建设量之大有目共睹，且完全可以实证我国在建筑方面的经验积累已达到相当的程度，理应涌现出更多世界公认的建筑大师、建筑理论家才对，但实际情况并不是这样，这难道不值得我们深思吗？

"学"与"术"是一对既密切关联又各有定义的概念，在本次教材修编时，对它们有所区分，并更侧重于"学"的思考、思辨和思索。笔者认为经验和方法都是不可或缺的，但不能仅停留于此，还需要对各种各样的方法或方术进行解读和剖析。尽管国内的设计师已经掌握了各种各样的建筑设计方法和技术，也可以说世界上最大体量的建筑和最难建设的建筑都在中国，可似乎还缺乏正确使用这些方法的"想法"或者智慧，例如那些过度、过剩的各色建筑及装修样态，无不是在选择性与合理性方面凸显出非理性意识占据主位，其结果必然产出偏离效应——现代拜物教。由此来看，学与术的偏倚或失衡在国内的建筑领域中十分显著，从而导致我们一贯地重"术"而轻"学"。实质上，"学"意在解读、分析和思辨，而"术"应该重于智力、智行和智能，只有将二者相互关联且不可偏倚，才能形成"学"为"术"供给，"术"为"学"实证。

其次是教与学的问题。这也是一对差异明显的概念，或者双方之区分表明"教"的内容、方式与"学"的兴致、程度之间存在着对立、对话和对等。"对立"不是对抗，而是双方站位不同，必然是"想法"也不同的一种情状，正如教师应该教什么和学生需要学什么是相对的关系，二者可谓和而不同。"对话"则体现为一种互动关系，喻示着"回应"是双方交流的开始，在于激发彼此的交集和交融，诸如思考、问答，以及促成新的、混合的想法等，这些均为彼此交集的效应。那么"对等"是指教学相长，亦是双方的互动促进和共同提高，所以在强调各自应持有自主、自信和自省的同时，有意识地达成共生的关系。

笔者认为教材正是在教与学中被赋予媒介的作用，在于一方面能够唤起教与学的探究、思考和能动，另一方面能够为教与学提供像平台一样的互动交流。其实每一本教材就是一个平台构建的过程，就像《室内设计原理》教材，不同的版本有不同的立意，说明同一领域持有不同的观点和思路是正常的，所反映的恰恰也是设计理论所具有的开放性和多样性。那么，将教材作为一个平台来打造是我的一个出发点，并且认为教材应该在提供知识性与信息性的同时，既要有系统性的引导，又要有加入性的阐发，目的是使教与学能够注重于问题的展开和伸延。

"知识性"显然保持着系统性：其一，坚持建筑室内一体化的思路，认为建筑与室内是一个事物的两个方面，既需要分别辨析又需要整合面对，二者是相辅相成的关联体；其二，坚持从建筑入手来理解和分析室内设计，重在对"建筑的室内"与"室内的建筑"进行辨析，前者表明建筑是室内设计的依据和基础，且理应深化和理解，后者说明室内设计是建筑设计的伸延且依然是建筑的，即空间的再构和环境的营造；其三，坚持设计理论的逻辑性，也就是注重建筑的空间、空间的质料以及空间的情境之多维性的关联和互动，并且认为室内是包含着多重关系的聚合体，因而其存在的逻辑应该落实于方法学与发生学的有机结合。

那么，"信息性"明显是加入性的，亦可谓添加的"板块"，横向的、纵向的和现时的有可能促使室内设计原理向着更宽、更深的方面探究。事实上，室内已不单纯：一方面，空间旨意和形式意构变动不居，致使空间信息更迭频繁且交织并存；另一方面，各种关系进入室内后俨然像个大包裹，里面既琳琅满目又复杂纷呈。那么教材中的"信息性"在于对室内多元性的阐发：一是横向的视角，如第1章是从城市社会、人文环境和社群互动等方面来正视室内空间作为事件发生的基础，必然关涉事与事、人与物、人与人这三个层面的交叠、交换和交互的可能性；二是纵向的视角，如第2章是从历史建筑的空间语境方面来理解和分析建筑及室内的现象、形象和意象，以及演进与发展带来的关联性，诸如同建筑的现象学、类型学和符号学的联系；三是现时性的视角，如第3章、第4章以及第5章将室内视为形成与营造并存的关联和共生，既是非言语的物聚传达和非言语的行为信息的场景-意象，也是公共空间与私有空间的不同定义、主张和意向之情境，显然这些信息支持了空间是"无"（背景、基础）而场景是"有"（前景、布设）的理论。

再次是学科交叉的问题。现在许多学科的疆界已经模糊，相互渗透、交织显著。室内设计及其原理尽管有自己的领域或站位，但是并不排斥其他学科及领域的接纳和吸收，实际上还是有所助益的。正如室内设计的派生：一方面，建筑领域的细化、分化促使室内空间再生产、再重构成为可能，喻示着室内设计并非是人们所称之为"室内装修"这么简单，事实上已然是对空间重新梳理和组织的过程，包括内容的不断变换和更新等；另一方面，室内场景可上升为空间文化之现象，意指多向、多义和多样的空间意识形态，想必是复杂、琐碎和纷繁的空间发生论，因而会涉及众多的方向和议题。

笔者认为，探究室内设计原理，应该与其他学科及领域相联结，因为属于室内设计自身的理论并不多且不成系统，或者说大多是经验性的方法论，所以有必要将城市文化学、关系社会学以及社会哲学等学科理论纳入进来，目标是推动室内设计原理向着纵深方向发展，而不是停留于单一性的方法、方术上的罗列。因此本次教材修编注重加入一些概念、关键词，这完全是出于内容的需要，这些来自室内设计原理之外的观点和理论有效、有力地支持了笔者的一些论证、立论等。换言之，正是其他学科的学术概念和观点在丰富了室内设计原理的同时，促使笔者尽可能地阐发室内设计与它们的关联关系，借助注释来加以扩充说明。因此，每一章的注释与正文内容联结在了一起，而且还提供了扩展阅读的书目，便于读者延伸学习。这是本次教材修编的一个亮点。

学科交叉开阔了我们的视野，促使我们考察与专业相关的众多文化理论及其思想，不必拘泥于专业思路和案例解读的狭隘，继而转向更为深透地来看待室内设计原理。事实上，教材着实成为了中介，在向读者介绍知识与信息的过程中，不时地将一些知名学者的思想引入：一方面，提示读者对室内设计原理的学习不能仅限于专业圈子，或者说视野不能太窄、太近；另一方面，促进读者关注建筑及室内与相关学科和领域的有效对接。因为社会科学领域里的一些研究成果本身已关涉建筑及空间，而且为我们提供了深刻、深入的立论，这显然是值得我们学习和重视的。教材中插入的、跨学科的概念和关键词究竟能够有多大的效用，笔者认为，尽管因为篇幅所限只是做了简要说明，也许在和具体内容的联结上还存在着些许生硬或令人费解，但这已明显是教材中的鲜明观点，或者是可切入的点，因此读者有必要对推荐的经典著作加以关注和阅读。

最后是设计原理的再构。笔者在教材修编过程中深深地体会到，"原理"应该是着力于道理、道义和道行的探究，当然并不排除对现象的关注与分析，而且在意现象背后的积极或消极因素的研究。那么"设计原理"显然是针对设计意构的发生，即"无"与"有"的关系生成及整合，这并不只是二元机制的物理运作或构成为一个整体有序且生动的物质环境，还是在既定空间中的关系再构与循环运行的过程。由此来看，"设计原理的再构"是值得重视的，"再构"并非指方法（或技法），而是指理念（或意识），这主要是面向那些积极和消极因素而言的。"积极"在于建筑作为一种常态机制，其循环运行不可无视，意指活着的、变化的情状与实际效用相联结；"消极"则为相反，既可能情况是固化、僵化和异化的，也可能是反复无常的纷呈、纷繁和纷乱，且不排除非理性的情境。

因此，设计原理的再构是此次教材修编确立的一个目标，既不可缺失本学科领域既有的理论成果和专业知识，又需要与其他学科领域的相关成果进行适当联结，从而搭建一个再构性的设计理论表达式，即由形态建筑学转向社会建筑学的构建，意味着建筑不但是形态的占据，还是各种关系加入、互动和转换的结构性再构的过程。那么具体的切入点是：第1章中的建筑空间语境的体悟、空间事物的联动、建筑与空间的话语性；第3章中的建筑的制度聚合、先计划后营造、输入的信息环境；第4章中的室内空间的表现性尺度、质料意象的表达式、非物质性的组织；第5章中的公共与私有的空间权利、非言语交流与身体话语、场景-意象的所指，这些议题显明是对室内设计原理进行的富有新意的阐释，目的是寄期于人们能够延展并推动设计理论的创新。因为在建筑领域中，设计实践与设计理论不能相匹配，喻示着国内在设计理论方面始终是滞后于设计实践的，同时也并没有促进建筑理论的体系化建设，而且更没有影响设计及其方向，这里的原因是多方面的。但是不管怎样，构建中国的设计理论及建筑思想是当务之急，在于需要兼容并蓄和可持续发展的建筑理论体系，而不是总停留于碎片化的情境中。

由此而言，设计原理的再构不是一两个人的事情，也不是一两本著作就能解决的，它需要集体的智慧和一代人甚至几代人的努力。"再构"的是理论体系，需要进行以下方面的探索：

（1）设计理论需要内涵扩充。首先应该对社会生活、结构等加以关注，然后是针对人及其行为的特质和互动关系的考察、洞察与觉察，这显然离不开社会科学与相关领域的理论成果的支持，且需要和设计理论相联结。

（2）设计理论需要目的性促进。既要以开放的姿态来正视其他学科及其成果，并通过比较、鉴别、有选择地吸收；也要结合实际进行自我更新、立新和创新，且不失为促进设计理论发展的一条捷径及目的性实现。

（3）设计理论需要批判性建构。"批判"是一种睿智，在于回望过去、审视现在和揭示问题，而且在直面问题的同时需要持一种理性态度，由此理性批判应该是人类最高级的智慧，亦可推动设计理论的良性发展。

（4）设计理论需要有机整合。现时的设计纷繁及纷呈需要通过理论来加以整合，"理论"既是捍卫设计之努力成果的武器，也是提升设计意构的力量来源，因此"有机整合"是设计理论的赋能，也是自我的加强。

总的来说，新版教材经过根本、彻底的修编，有质的提升。细心的读者会发现：教材不但在文字内容方面有大的变化，而且插图也大多更新了。尽管如此，笔者认为本教材仅是一个开始，其中一些观点、概念和立论等也许阐述得并不透彻，甚至可能令人费解，这是笔者学识有限造成的，需要读者进一步学习拓展。笔者将自认为重要的观念、理念引入教材，目的是为学习者提供更为宽厚的学科知识体系和更为广阔的学科视野。

本教材的不同之处，或者说特色在于：其一，它不拘泥于现行的教材编写范式，不单纯以使用简便为目的，而是要促进教学的深化，比如要想搞清楚教材中众多的概念、关键词和观点等，就必须去关注注释及推荐的文献，这显然要花上一些精力和时间；其二，整部教材注重理论与现实相联系的问题探讨，虽不乏实际案例的分析和研究，但在空间类型的设计方法、技法等方面，各种室内类型及设计方法是结合各章节的内容而展现的，不像同类教材的惯常做法——单列成节成章进行讲解；其三，本教材明显倾向室内设计的因果关系的探究，因此着意对设计为什么会是这样而不是那样进行剖析，没有过多地讲解是该这样设计还是该那样设计，不同的室内设计类型该怎么做的问题。这些想必会给读者带来不同的感受，也有待于读者的评价和指正。

最后，感谢出版社给予本教材修编再版的机会，在此也衷心地感谢教材部分图片的奉献者！

刘昆

于石家庄铁道大学

2020 年 12 月

CONTENTS

目录

第 1 章

建筑空间概说

- 建筑需要一个合适的场地和适当的体量关系，还需要人们参与并理解和接受空间意象。
- 任何一类建筑都需要以一定的物质形式来表达使用意图，建筑的本质就在于此。
- 一个建筑的室内不只是纯物质的组织，还是可阅读和可解释的场所。
- 一切事件的发生都离不开特定的环境，建筑空间就是事件发生的重要基础。
- 建筑作为一种"话语"，理应彰显地方性，而不是瓦解地方性。

1.1 认识建筑空间

　　建筑总是以物质样态的方式构建着属于它自己的体系，因而造型是其最显著的特征之一。人们对建筑的认识也是从其外表所呈现的那部分形式开始的，即建筑围合成一个容积体——一个可使用的容器，因此建筑的体量关系始终占有优势，它所形成的形式或形制是最被看重的部分。应该说，建筑的形式是体量的外在性与空间的内在性的融合，如同服装表与里的关系，是同一事物的两个方面。但事实上，我们关注建筑的体量远大于建筑"空"的部分，对空间功能的理解也多停留在"形式追随功能"这句响亮的口号上，并没有深究"空间"一词的内涵。美国人类学家霍尔说："我们对待空间就有点像我们对待性。它存在但是我们不去谈论它！"试想假如建筑的功能被教条化了，那么建筑的构成势必会落入乏味的俗套，而空间意味着什么便有可能被浮泛地认识。

　　毋庸置疑，建筑应该体现空间的存在价值。建筑空间体现界面的组织关系，或者说，室内就是建筑围合计划的结果，它既表现外表，又反映内部。因此，谈论室内空间就必须从建筑开始，因为建筑是形成室内内容的母体。建筑需要合适的场地和恰当的体量关系，还需要人们参与并理解和接受空间意象。事实上，人们在空间中的行为已经形成与空间对话的机制，即人与空间的非言语交流得以呈现。被处理或表现的空间，如形式、质感、材料、光影和色彩等所构成的一种清晰的空间品质，正是空间意象，有可能比所呈现的建筑体量要复杂且有趣得多。实际上，对于一个使用者来讲，室内空间比建筑外观更重要，因为室内空间是可用的，而建筑外观仅是可看的。

1.1.1 作为空间的建筑

　　围合空间是建筑不可缩减的概念，即以墙体划分出大小不同的房间来供人们使用，这就形成了所谓的可使用的功能。事实上，建筑的空间与功能并非如此简单，建筑师所界定的那些房间或空间尽管能够影响人的行为和活动，人们也因此会适应所面对的建筑空间和环境，但是这里并不排除人们将各自的生活意愿嵌入空间中，或者有增添新的使用要求并改变既定功能的可能性。例如，住宅理应是人们睡眠、休闲和养儿育女的场所，而今天的住宅不再是单纯的居住类型，而是已经成为一种社会化的产品，包含着现代人的生活理想及情感方面的表达与追求，因而人们在适应住宅环境的同时，也在用其自身的生活方式改变和丰富着居住功能。居住的概念已不再是过去所理解的那样，或者说，古老的住宅类型直到今天仍然在延续，但无论是形式还是内容始终应现时需要而改变着。从这一点来看，建筑应具有时代的特性，而它的空间与功能必须关注现实生活的需求，即建筑作为一种空间关系，既要持有可持续性的功能或内容，又要考虑空间可变性的方法及要求。

1.1.1.1　围合与虚空

人们通常认为建筑就是房屋或者房间的集合，这是以建筑的房间构图为起点，由墙体围合的空间来认识建筑的。建筑围合与虚空的概念，老子在《道德经》中为我们作了清楚的描述："埏埴以为器，当其无，有器之用。凿户牖以为室，当其无，有室之用。故有之以为利，无之以为用。"这句话生动地论述了建筑"有"与"无"的关系，或者说解释了围合与虚空的辩证关系，道出了建筑的核心问题，即"空间"。这又使我们想起了意大利建筑史论家布鲁诺·赛维的那句名言——"空间是建筑的主角"。不过，这些观点多是从物态的角度来解释建筑与空间关系的，其实建筑并非只是物质的，它还包含着精神层面的意义。古罗马时期的建筑家维特鲁威提出"实用、坚固、美观"的建筑三原则，更清楚地说明了建筑应有的要素。"实用"与"坚固"无可争议地被后人认可，只有"美观"一直是争议的焦点。人们始终在定义"美观"的含义，正如"大量的革命立论乃是基于给建筑美观的概念一新的解释。"各时代的建筑大师们从来没有放弃过对美的追求，包括努力使自己的作品成为美的新标准和重新定义建筑的美。由此看来，建筑的焦点问题是围合与虚空背后的精神层面的与审美有关的问题。"空间"作为一种积极的建筑要素，意义远大于围合的结构体，这也正像赛维认为的"对建筑的评价基本上是对建筑物内部空间的评价"。进而，如果说"围合"作为建筑的第一要则所呈现的形态，如产生的界面、限定和规模等，是显明的，与外部环境的关系或协调或对立，那么"虚空"的室内关系则体现的是量、形、质的状况，在人们使用和体验的过程中经受了最严格的评价，或认可或反对。因此，室内空间的实际功效才是建筑真正意义上的主题。

围合与虚空是同一事物的两个方面，没有围合就不会产生建筑空间，围合的目的不是为了得到一个雕塑般的体量关系，而是形成"虚空"。但建筑的围合作为背景是静态的，一旦生成便难以改变；而室内的虚空则承载起各种情境，是前景，也是动态的——是人参与其中、变化着的场景。不管今天使用什么技术和材料，围合仍然是建筑的根本特性，但是如何围合？怎样创造积极有效的虚空（即室内）？这些都是建筑创作需要思考的问题。事实上，人们对建筑围合的理解已不同于过去，围合已经成为建筑创作中非常活跃的元素，特别是当代前卫设计师们的建筑探索，足以说明建筑其实是一种结构与表皮的系统重构；而建筑的虚空就其内部的特性来看，成果不只是图式（或样式）表现，还应该体现"表"与"里"的和谐关系——有人称之为"建构主义"。当然，建筑围合的目的在于使用，在于人的参与，因而人与空间的关系是着重考虑的问题，所以要对空间行为进行探讨。实质上，空间最重要的作用是为人际交往提供合适的场所，从而促进人与人的融洽相处。因此，我们不能简单地认为建筑是纯物质的，或仅是定义空间的围合物，还要关注日益复杂的内部虚空中所出现的各种空间属性和活动情境。实际上，建筑的空间即场所，可以通过围合与虚空的构成来引导人们的行为、促进人际互动，可产生超越物质层面的、可体认的和多样多变的情境（图1.1.1）。

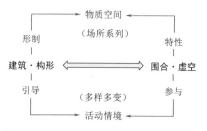

图 1.1.1　物质空间与活动情境的关系

1.1.1.2　空间的模式

建筑所围合的空间是我们能够感知的空间的统称，就像"服装"是物质分类中的一个统称一样，它们均带有最一般性的含义。但只有特定的具体的"空间"才是我们真正要探讨的话题，因为它具有可识别且多样性的虚空特质。有人认为，一个场地中的空间和在这个场地上建造的建筑中的空间是一回事，原有的空间特性并没有改变，只不过多了一个被围合起来的实体。但是在这个实体中，人们感受到的却是一个场景空间，即一种由人为布置的实体元素构成的富有特色的场所。正是这种布置，才使人能够识别出个性的空间或环境。荷兰建筑师范·艾克对空间和环境有过精辟的论述，他认为："无论空间和时间意味着什么，场所和场合都有更加丰富的含义。在一个人的印象中，空间即是场所，而时间即是场景。"人为的空间基本上取决于我们如何去布置，虽布局各不相同，但实际上体现的是建筑的空间模式，可类比一种语言结构的系统是可使用的模式，既有它的规则性，又有它的独特性，空间模式也是这样。

空间模式不同于空间类型，空间模式的构成是一种经过组织的结构关系，就像一个完整的句子有特定的结构或表达式，因此空间模式的可识别性显而易见。人类历史上出现的各种建筑样态和形式均可视为空间模式的累积。住宅作为一种建筑类型，其空间模式在不同的设计师那里就各不相同，例如，美国建筑大师弗兰克·劳埃德·赖特的草原式住宅，其空间生成与地域、环境相联系，所以建筑无论是外观还是室内都体现了一种卓越的空间特性和自然的表现形式，因而形成了住宅中有自然、自然中有建筑的"有机建筑"（图 1.1.2）。赖特的这种带有明显环境特征的建筑设计观，实际上是在保持住宅空间类型的同时创造了一种独特的空间模式和构成方式。也可以说，赖特是将现代技术与自然因素以及历史文化风貌相融合的第一人，也是开启现代建筑新篇章的一位领军人物，他在《为了建筑》一文中写道："就有机建筑而言，我的意思是指一种自内而外发展的建筑，它与其存在的条件相一致，而不是从外部形成的那种建筑。"与之相反，同样是建筑大师的密斯·凡·德·罗则是"一个以创造性的诗人般的阐释理解方式来进行创作的理性主义者"，从他的住宅作品中能够读出与赖特明显不同的空间模式的构成方式，他提出"匀质空间"理论，认为建筑的实体形式一旦确定就不可改变，空间的内容反倒可以根据需要不断变化和调整（图 1.1.3）。因此，密斯在建筑创作中强调可变空间和流动空间，并演绎了在开放骨架中的自由布置及"匀质空间"概念，并创造出前所未有的一种空间范型。这种空间效果同样表现出设计者对空间模式的关切。他创立的开放、流动的空间设计方法，使后来的建筑空间构成方法发生了根本性的转变，并成为现代建筑空间设计及理论发展的重要依据。

图 1.1.2　赖特的设计作品（图片来源：《F.L. 赖特》）

注重地方环境、自然材料和形式表现。

图 1.1.3　密斯的设计作品

看重空间形式、空间多义和空间内涵。

空间模式既具有规律性的组织和构建性的法则，又持有普适性的主张和智力性的表现，意指创造与变化、表达与体现均是将人作为主体性来认知的。空间模式因而是以提供一种生活方式为核心的，而不是限制生活的发展；反之，生活方式的改变也有可能促使空间模式的变化。空间模式不是一种恒定的机制，而是变量的关系，在于随着时间和事物的发展而形成的具有特殊含义的空间构成方法。空间模式还可能带有明显个性色彩或人格化的空间表现形式，因此不应该成为僵化、抽象的空间概念。空间模式是空间发展的研究对象，即物质的结构、互动的结构和意识的结构，以及与自然、科学和文化相关联的结构，这些均是需要着力来探究的议题。

1.1.2　作为形式的空间

建筑作为一种物质的存在方式，在为人们提供可使用的功能的同时，也有其自身的意构形式，这完全不同于雕塑作品。尽管建筑有体量关系和雕塑感，但在本质上是有别于雕塑的，也就是形体的关系只是一种被利用的手段，其内部空间部分才是建筑的本来目的。长期以来，人们为建筑是形式追随功能还是功能追随形式争论不休，但按赖特的观点，功能与形式其实是一回事儿，不能生硬地把它们分立看待，那么功能与形式显然是一对密切的关联体，就像路易斯·康说的"形式唤起功能"，即形式指引方向，因此承载了可能的功能。尽管我们所谈及的功能主要是指建筑与人们生活及行为相关的一切内容，但是"功能"二字仍然有它的模糊性，意味着功能有可能是不确定的因素，且为因人而异的界定。事实上，任何建筑的功能都需要在一定的有组织的形式中实现，即以物质的形式来达成可使用的目的，因此，形式（包括营建的形式和建构的形式）是建筑不可略过的话题。

1.1.2.1　营建的形式

建筑的营建形式是指与实用性密切关联的物质呈现，这里的"物质"既不是哲学的也不是自然的，而是指营建形式的本来面目，也就是建筑生成的理由是切实需要的，并且没有供使用之外的其他内容（如装饰）。正如奥地利建筑家阿道夫·路斯宣扬的：建筑应该剔除那些无用的、多余的装饰而回归于本来面目。这种建筑观是在强调一种本来性的构成方式，如以梁、板、柱和墙体组合成的一种可居住的"容器"，因此营建的形式回到了它的本来性。这也是 20 世纪初现代主义建筑运动积极倡导的观念。同时，"装饰就是罪恶"的著名论断也说明了现代主义建筑观带有某种绝对化的"本来性"。这也许有点过头，不过，"建筑形式本质上就是结构形式"的说法，表明理性的建筑观成为一种认识，意指建筑的变革受到了科学理性的影响，或者说，技术的革命是推进建筑形式发展的动力。为此，我们在讨论建筑形式时必然要涉及科学与技术的诸多问题，例如"钢筋混凝土"的诞生使建筑形式发生了真正意义上的革命，一种崭新的建筑形式由此产生，从而改变了人们对建筑形式的一贯认识。

由此可见，科学的理性在建筑的观念中生根并出现一种积极态势，而技术的革新又为营建的形式提供了有力支持，即建筑趋向了"一种单纯的空间围合，以及透过结构所形成的逻辑性表现来探索建筑的本质"。就是说建筑的本体论——以实用为目的的方法论——理应以简明合理为原则，进而促使建筑作为一种"理性的机器"服务于人。诸如"结构""实用""节省"这些概念成为营建形式的标准，并且要以一种理性思维下强有力的表现来回应那些陈腐的建筑样式（图1.1.4）。法国建筑家柯布西耶认为"理性的态度并不是一种冷冰冰的观点，而是作为'情感上的连接'"，这种"情感"实际上反映了一种现代美学思想，即"工程师的美学"，由此营建的形式变为理性与感性交织的表现物。

这种营建形式的观念，在今天看来仍然具有一定的现实意义，一方面以结构形式和空间效率为基准的营建思想，凸显建筑着力结构、材料和技术的本真性方法，且形式意构依随于结构的逻辑，

图 1.1.4　现代建筑的基本范式

玻璃和钢结构作为一种建筑理性的代言及表现，在于剔除装饰性之后依然富有协调之美。

而这种逻辑关系是在强调建造逻辑、材料逻辑和应用逻辑的"诗学"❶；另一方面摒弃了一贯的建筑装饰之风而转向对建筑空间的探索，例如，人们已经意识到"框架结构"带来的墙体解放——由承重变为围合，使得空间的可变性、流动性和多样性成为可能（图 1.1.5），因此建筑空间的可行性大大提高。更值得重视的是，营建的形式与科学技术、使用需要以及建造诗学紧密结合，有力地说明建筑的定义已倾向于综合性的构成学，在于关注可及性、适用性和现实性的界定空间的方法，实际上是建筑面向于社会与生活的价值态度的体现。这种营建形式的认识，亦可谓一种理性意识的结构建筑学的发端，诸如对技术构造、材料应用以及空间界定的研究，足以实证建造的诗学与方法论是

图 1.1.5　现代建筑的空间形式

建筑结构的革命带动了空间形式的革命，即多变、多用和多义的使用空间成为可能。

---

❶　"诗学"这一术语源自于希腊语，其本意为"形成"，但实际上人们常用它来描述空间质性的传达、整体和谐的形成以及与审美相关的表现等。"诗学"因而一直被视为深思的、严谨的和心灵上的诗意达成，即反复推敲、深思熟虑的"意义"呈现（详见安东尼亚德斯的《建筑诗学》）。

建筑构成最有力的支撑，也就是形式生成必须有其自身的逻辑规则和结构方法，这似乎还关乎一栋建筑是否真诚、真切和真实的问题，而这些完全可以和今天的简约建筑观、低碳建筑观和可持续建筑观相对接。

1.1.2.2 建构的形式

建筑的建构性在于对结构、材料和建造所保持的一种本质关联，即建筑学与工程学的密切结合达成了建构的形式，正如阿尔瓦·阿尔托所说："建筑是一个复合现象，它实际上涉及了人类活动的所有领域。"因此建构的形式既可视为赋有诗意的物质构成，又可理解为建筑关系的形态发生论，前者是意构与结构、材料与构造，以及技术与工艺在聚合中的综合性，后者则为建筑的各种关系及意指性在相互关联中所发展的建构性。建构的形式因而不像有些艺术门类那样单纯，在于多领域多关联的交互性，诸如科学技术（结构、材料、设备等）、社会经济、生活行为以及人文历史等。

如果说建构的形式有助于建立多维度视域的关系建筑学的话，那么建筑的意义便会转向一种"建构学"❶意识的营建方略。事实上，建筑不只是意构和营建的复合体，其构成的过程不能排除社会各方的积极参与，且更多地体现在实用、经济和审美等方面的权衡取舍。然而，建构的形式还是更在意现代建筑表现的逻辑性，即建筑既要满足实用和适用（如满足于生活、社会、经济的要求）的要求，又要体现意构和品位（如讲求形式、技艺、质性的和谐），只有这样，建筑才能成为人们可感知的单位，传达出设计者的智慧与情感。柯布西耶设计的朗香教堂就是一个很好的例证，即"经过精确的'调音'，使教堂与周围起伏的地形景观的'视觉声乐'相和谐"，形成统一的视觉感知体（图1.1.6）。建构的形式因此可谓意构性的探索过程（这一点与雕塑、绘画和音乐相似），它使建筑的生成进入到多领域之间建立的"认同"机制，使设计师的意志能够与外在条件及各种关系达成平衡与和谐。每栋建筑不一定都具有创造性，但建筑设计不能没有创造，建构学的意识应该深入人心，设计师应当从追求形式样态转向对材料、构造以及营建品质的重视。就像弗兰姆普敦在《建构文化研究》中所说的，"建构"就是建造的诗学，即"视为结构的诗意表现，那么建构就是一种艺术"。

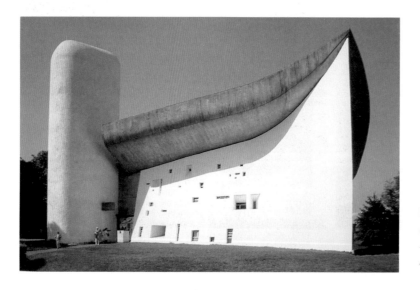

图1.1.6 柯布西耶设计的朗香教堂
（图片来源：《建筑的故事》）
世人称其为非理性主义的回归，纯粹的"精神语言"。

❶ "建构学"的概念被国内外学界普遍关注，与弗兰姆普敦的《建构文化研究》分不开。他认为建筑师在建筑实践中不断意识到材料、构造以及工艺等均可谓一种建构的过程，亦可指称建造的技艺（具体详解参见弗兰姆普敦的《建构文化研究》）。

建构的形式由此和创造性联系在一起了，不过这里侧重于在共同基础上的协同发展，如同关系建筑学是关系社会学的子系统，表明作为关系的建筑及其创造性与社会关系和社会行为密切关联，但并不意味着作为设计师的个体与他者（指各种社会关系及力量）或妥协或对立，而是在寻求平衡之中实现设计的价值。建筑和室内设计"是一个有理想有趣味的工作，但同时又是一个有业主、有社会状况、无法只凭借自己的力量就可以完成的工作"。建构形式的创造性，是在常态与非常态之间把握的，"常态"表示社会需要的普适性，而"非常态"是指创造的突破性，换言之，一个是以普通的寻常方式来满足一般化的需要，另一个是以超凡的手段来实现某种理想和意趣。建构形式的创造性显然摆脱了单一化的设计困境，使设计师有意识、有能力面对多方面的因素而做出抉择，如同日本建筑师安藤忠雄所说的："不能轻易地将自己的思想或美学观点向现实问题妥协，而是将自己的艺术表现按照社会的、客观的视点升华为一座建筑。"

1.1.3　建筑空间的语境

建筑作为人际交往的一种中介，在于建筑创造的空间和环境实际上为我们的生活、行为和互动等提供了支持，因而建筑空间的语境就是指场景的传情达意。"空间语境"不只是纯物质的建筑场景，还是可阅读和可解释的情境——人们能够在营造的空间氛围中体认、感受和领会其中的意指性。或者说，可意会的场景就像语言一般富有意涵。比如，一个公共空间会向人们发出信息，传达场所的性质、特征等，并对身在其中的人的行为给予引导。空间语境是以非语言方式传达的，即通过设计元素和实体设置刺激人的感觉器官（眼、耳、鼻、舌、皮肤等）使人产生感知。但是这里难免使空间语境时有匪夷所思，比如各种社会关系作用的空间语境显而易见，不光支配建筑的实体，还左右空间的意象。

1.1.3.1　可体认的空间语境

建筑作为一种容器，它所承载的生活并非是静止的，而是像机器一样运行。建筑在满足人的期望、诉求的同时，也在调节着人与人之间的互动关系，即建筑是客体（场所）与主体（参与者）交互量变过程的"见证者"。也就是说，一方面，构成空间所提供的空间体认和空间语境是因时而异的；另一方面，参与者的当下的觉察和表态（对感知到的空间氛围所做的评价）是因人而异的，因此这里关乎到空间体认与空间语境是在参与者所感知到的场所氛围中上升为主体与客体的认识。

对以"空间体认"为主体的认识，应该从人的空间认知能力入手，即一个与经验范围有关的主体性活动及经历。例如，我们的眼睛和头脑是感知环境的核心，而感知又取决于一个人的认知能力——以往的经验和经历，如果超出了认知范围，就可能会出现悖逆的空间体认。例如，住宅是常见的可体认的构成空间，"家"对于每个人而言，并非一个抽象的概念，而是具体的、多样的，人们对"家"有着千差万别的理解，那么空间体认的主体及其过程自然也有所不同。实际上，人们在面对一个构成空间时，已经形成主体与客体的关系，人通过感觉器官发现物体及情境，当然其中还包括人的意识、经验和判断力等。人们对构成空间的感受往往基于生活经验，诸如对空间的便利性、可达性以及是否舒适宜人、经济合理等作出综合性的判断，亦可说是主体参与的感受力与客体场所表现力的相遇。我们既生活在构成空间里，又信赖于可体认的空间场所，也正是人的积极参与，使得构成空间有可能呈现双向互动的结构。也就是说，构成空间既是人们可体认和可信任的经验领域，又是应该有可满足于日常生活的结构组织，这并不仅仅限于实际看到的物质形态，还能够促进人们参与并从中体认到多维度的互动发生。因此，对于一个设计师来说，不仅要了解众多的材料、构造和造型手段，还应当注意通过设计要素和设计表达来促使主体（参与者）体认到"弦外之音"——构成空间既关涉物境也关乎语境。

显然，构成空间指向具有类似语言的表达，也就是这种特定的客体性在结构上明确为一套形制规则，或者说是通过构成性原则来达到的一种空间语境，但在语境上可能成效各异，比如赖特和密斯这两位大师所创造的空间语境就截然不同。这里需要注意，空间语境尽管使用了一系列含义丰富的建筑语素来表达，例如材料、尺度、色彩、光线以及质地等均可传达某种设计旨意，但有可能会偏离实际需要而成为抽象的、概念化的客体，甚至不能清晰地传达给参与的主体，或者空间语境已超出了参与者的认知范围，因此在现实中时常出现对空间语境的误读、误解和误用。空间语境的表达因而需要考虑主体具有怎样的认知能力，尽可能在一个可体认的范围内传达设计旨意，也就是空间语境既需要关注主体之"所为"，又要赋予客体一些社会功能与互动结构，有关这一话题我们会在后面的章节中深入探讨。

1.1.3.2　社会影响的空间语境

现在我们来讨论社会影响的空间语境，确切地说，是各种社会力量在影响构成空间的语境，这里包括社会不同阶层的主观偏好、意图或诉求嵌入空间的过程。例如，我国改革开放以来，城市与社会的转型显而易见：一方面，市场经济机制促进了国民经济的飞速发展，为城市规划、景观设计、建筑及其装修业带来了前所未有的机遇，国内室内设计行业得以快速发展壮大，同时也成为社会各界热衷参与的领域之一；另一方面，城市的重构与建筑的创新成为社会化的议题，在政治与经济的影响下，城市、建筑与空间难免充当了追求和实现多级目标的中介，权力行使、商业运作和政绩追求难免充斥于空间语境中，建筑与空间有时成为社会各种力量博弈的结果。因此，建筑与空间易于倾向各种风格和主义的演绎，而空间语境有不排除口味化、消费化和意旨化的可能。"口味"很可能是即兴的、迎合的和偏好的；而"消费"则要注意不只是物质方面的，还是文化方面的或意识形态的。空间中的纷繁样态充分表明，某些场景氛围或空间语境呈现出消费社会的一些特征——构成空间既被生产也被消费，那么"意旨"也有可能会偏离日常生活的本真需要，实际上难免会制造出空间政治经济学的语境——由利益集团和精英阶层联手打造的空间身份殊异化。

社会影响的空间语境，不光外在于各种社会势力支配的构成空间，既是特定的构形、构式和构境，意味着物质造型、空间的形式和生成的环境趋向于时空性的效益，也是时空特性所映现出的社会关系的定位成效，即偏离了专业德行的守正和普遍适用的原则，走向了"空间政治经济学"❶；还内在于人们所信赖的空间语境〔系指具有内在逻辑性和普遍认知性的构成空间，例如那些传统的建筑及其景象（包括街区、院落及场所等）〕却被"推倒重建"式的城市更新倾覆了。由此可见，社会影响的空间语境不是一个单纯的构成空间的问题，而是各种社会势力生产的且具有不同阶层意向的成效，或者说，在构成空间的过程中嵌入了过多的阶层利益和社会关系，以至于各种不同的空间语境既代表着各自的空间意识和空间价值观，又体现着空间物境的关系透射出政治经济学的关系，并且还可能是财富标记的空间霸权主义。城市空间及其场所的分配、分类和分型足以说明，社会影响的空间语境出现了历史空间语境❷（图 1.1.8）与现时空间语境❸（图 1.1.7）之间的矛盾，这难道不值得我们去深入探析吗？

---

❶　"空间政治经济学"概念由亨利·列斐伏尔于 20 世纪 70 年代提出，他认为空间是政治性的、战略性的和意识形态的，而且充斥着政治经济的加工、管理和支配（详见：亨利·列斐伏尔，《空间与政治》（第二版），李春译，上海人民出版社，2015 年）。

❷　历史空间语境是指那些富有意义的历史场景，比如连续跨越了多个时期的街道、老建筑和特有的人文地理，均可视为适宜的、感知的情境。

❸　现时空间语境是指与现时的消费观、商业化的炫示性，以及好大喜功的形象工程有关的那些光鲜建筑及其景观，诸如空间样态、概念移植和技术复制等呈现的景象趋同化，完全超出了地域界限和社群的认知能力。

感知的邻里：相互的熟知

生活的街道：家之外的交流

图 1.1.7　适宜的场景
适在体宜，场在熟知，景
在平实。

可辨的店铺：持久性的字号店面

适宜的场院：近人尺度的场景

纷乱的广告：拼贴的泛滥

趋同的林立：难有辨识度的"家园"

图 1.1.8　失范的景观
失之规范，景象趋同，观
念僭越。

车行的大道：车行优先于人行

空旷的广场：非人化的"空白"

1.2　空间作为事件的基础

空间作为事件的基础应该引起足够的重视，当然这里的空间是指建筑生成的室内及场所，而事件不是指突发性的、自然中的那些事故，而是指现实中事与事、人与物、人与人这三个层面之间的相互关注，即外在于彼此交流和内在于心理交织的实际发生。事实上，不管是多么平常或受到轻视的场所，它依旧为事件的发生提供了支持，或者说一切事件的发生都和具体的空间场所有关，那么建筑空间就是事件发生的重要基础。由此，"事件"替换了"功能"，继而转向对空间中一系列人际互动及情形的关注，可以说这是从空间形态转向空间状态的进步。这里显然是将原本的静态空间作为动态空间来认识的，实际上摆脱了"功能"的说教而开始注重场所中的一切事件和情形，正如一栋教学楼的事件就是教学及其情境，而不是建筑的外在样态，人们只有在使用中才能感受到一种有目的的设计在场，这就是以事件为结构的场所情形的发生。

1.2.1　事与事的联动效应

建筑的物质样态不仅在空间中占有一个位置，还存在着"之间"的意涵，例如一栋建筑物的外部与他者（如周围的建筑物及环境）之间应有的脉络维系，而既定的内部则和可能的室内改造与装修之间发生瓜葛。所以这里提出的事与事的联动效应，可理解为空间中"彼此之间"关联的程度，系指事与事之间应该有的相互关切和对话机制。"相互关切"在于事与事之间需要保持有机的关系建构，比如建筑的形制在维系一个公共性意向的同时必须将具体的意构形式纳入到整体性的关系当中，这意味着建筑不只是一个单项的事件，还是一种变量的整体性的事件联动效应。也就是说，建筑不仅是围合实体之间的相互关联，还可能构成场所的再生产，而再生产的是"关系"——多维发展的事件联动，像室内设计和建筑设计之间的事件联动效应就值得探讨。然而这种建筑中多维的事件联动效应应该存在对话机制，是指建筑的多维性必然会面临各种各样的事件发生或涌现，"对话"显然是彼此之间持有的一种姿态——事与事之间应该是有机共生的联动过程，就像传统建筑与现代建筑、建筑的原始空间与改造空间，以及建筑形制与装修格调，应该在赋有各自定位的同时形成关系互动，亦可类比演戏，主角、配角站位很清楚，这是为创造一个整体性的事件联动效应而界定的。

1.2.1.1　相互关切的空间

"相互关切"的概念需要关注两点：一是建筑的形制格局已不是终结性的，或者是一种持续发展的构成空间系统，后续还有室内设计、装修、空间更新和改造等，因此建筑已然是被分切分割的事件联动的过程，如建筑装修中出现的切分标段、分别设计和多家承包的现象，这很有可能缺乏总体性的和谐与把控；二是建筑进入了一个可循环的空间使用系统，这意味着既定的空间形式及内容可能被不断地置换或更新，实际上一种"拼贴术"❶凸显在一个既定的空间结构体中及它所承接的多种内容的添加中，且不能排除各种问题的同时出现。特别是现代城市中的那些建筑综合体，内容的反复无常和室内形式的变幻莫测成为常态化，因而思考空间中的"相互关切"，不只是一个事与事的联动效应，还是对建筑使用的循环性、全息性，以及现在与未来的关联性的探究。我们今天对待城市和建筑的态度未必会被未来所认同，很有可能今天建造的建筑在不等其寿命终结时就已经不

---

❶　"拼贴术"早在古罗马时期就已经出现，可谓是借用已有的知识（样式、文化符号等），以变换文本来重新找到一种间接的或是多义的"真实"，有可能会进入隐喻的或相反方向的发生，而且在现代艺术中，如毕加索的艺术及构成主义那里能够找到更确切的例证。这里之所以引用"拼贴术"这一概念，是想说明建筑空间经历了内容与形式的拼贴和置换，详细的阐释可见美国建筑理论家柯林·罗的观点（参见：柯林·罗，弗瑞德·科特，《拼贴城市》，童明译，中国建筑工业出版社，2003年）。

符合人们的需求而被拆改或重建，这势必造成环境资源的再次损耗，因此建筑的可持续性便成为我们探索空间的一个方向。

在当今，许多建筑设计中并没有认真对待室内空间的问题，在制造出大量外观华丽而现代的建筑的背后，室内空间成为建筑使用中的焦点问题。以住宅为例，建筑的户型设计与具体的生活需求不协调，以致家具与房间尺寸存在着较大的差异：一方面，厨房台柜与人的操作、卫生洁具与洗浴等的尺寸、家庭储物空间的需要，以及生活家具与空间尺度的关系，这些均涉及事件联动的适宜与否，以及是否满足了日常生活的实际需求等问题并没有引起建筑设计的重视，难怪人们在后续的装修中对建筑室内拆改的现象非常普遍，所造成的浪费是令人痛心的；另一方面，室内设计面对建筑设计的空间格局，时而做出变化布局的伤筋动骨，改动、改变和改造更多的是出于对形式风格的追求，而少有为真切的生活需要，因此非理性的形式异构制造了大量的浪费和并无多少意义的所谓创新，实际上成为了各种风格及主义表现的拼贴场。这种建筑设计与室内设计若即若离的现象，表明二者是到了该强调"相互关切"的时候了，即建筑、室内一体化的设计思想应该达成理性的共识。建筑的理性在于对空间功能置换的预测、人的行为动机的分析以及建筑继替使用的可能性作出合理的判断和科学的定位，而这些都是建筑空间的重要问题；室内的理性应该从空间的结构与构造，材料的回收与再利用，以及空间节能、节约和节制等方面深入了解和认识，因为这关乎现在和未来发展的主题，因此不能忽视相关领域的科技知识和新动向。进而，建筑设计与室内设计的"相互关切"应该在共同的空间中倡导并落实：建筑提供的是一般化的空间格局，因此建筑设计必须思量多用、多变和多义的空间计划；而室内的一贯性原则是争取更大的空间效用，因而室内设计要少添加、少做作和少臆造。

1.2.1.2　空间的对话机制

"对话机制"是针对建筑与室内存在的二元关系而言的，这里的"对话"含有对立与话语两层意思。"对立"不是指"对抗"，而是一种"和而不同"的共生关系，"话语"在此强调了双方所持有的表达系统（图式语言）应该是同时在场的意识聚合。而"机制"则是在建筑与室内一体化框架中形成的运行规则。如果说建筑是理性的，在于所选择的支撑结构体促使了空间逻辑的在场，表明建筑物的本质就是一个占有的、实在的体量关系，但基本上是一个固定的且为集体性的规制系统（如结构、设备和设施等）；那么空间可谓非理性的，在于人们对待空间的兴趣更多地表现为装修方面的合意，或者说将生活上的一些理念付诸实施的同时难免推出个体性的情境定义（如审美、财富和身份的象征性）（图1.2.1）。不难

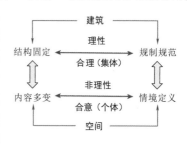

图 1.2.1　建筑与空间的不同意涵

看出，建筑与室内分为了两个领域，二者各负其责，各行其道，正如荷兰建筑师雷姆·库哈斯认为建筑规模的不断庞大，表明其自主性也在逐渐丧失，以至于变成了其他力量的傀儡而不能自持，而且"内部与外部的建筑成为各自独立的设计，一个应付着内容和图示需求的变化无常，而另一个——以虚假情报的媒介——为城市提供一个对象表面上的稳定性"。

尽管人们通常认为室内设计是建筑设计的延续或者是事件联动的过程，但是在现实中不排除室内设计对建筑设计系统拆解的可能性，由此表明建筑与室内的设计方法大相径庭：前者强调空间的秩序基本上是取决于实体元素和空间围合的计划（比如体量边界的容积形成和以墙界定的空间划分），后者以空间图式的炫示性和概念性拼贴为能事，且时常推出各种风格形式的演绎以及对日常生活的过度包装。然而对于空间到底意味着什么，空间构成的方式以及所形成的氛围如何，这些并没有引起人们过多的关注，反倒是对空间形式的热情要远大于空间实用的理智。建筑与室内的对话机制难以推行，二者依然在各走各路、各说各话，且充分表明学术界及专业教育仍然缺乏从理论与设计的体系化方向来深入探究一个事件联动的现实，无论哪一方均未做到应有的自觉、自律和自

责。虽然今天的建筑师与室内设计师各自都拥有一种成就感，但是他们并未意识到其中的事件联动是以牺牲建筑的整体性和放弃建筑的系统性为代价的。国内建筑师和室内设计师在各自的创作中很难做到对事件联动的深入思考，由此在建筑建造和室内装修的过程中双方造成的浪费是不言而喻的。事实上现行的"意构形式"——流行的风格样态——是不可靠的，它很容易被复制和模仿，以至于形式样态的外在感染力远胜过空间状态的内在核心力。根据英国建筑师比尔·希利尔的观点"空间问题的核心在于空间之间的相互关联"，那么空间状态的内在核心力则应该是在"对话机制"下生发的聚合效应，意指建筑与空间的联动应该赋有多维意涵的相关性、互补性和节制性，以及达成行之有效的可持续性，这些均是需要我们深入研究的议题。

1.2.2 人与空间物境的交流

建筑中的空间特性是由发生的事件所赋予的，正如一个空间物境为我们提供了可参与活动的机会，但同时因为人际交往而促使空间物境的事件发生必然带来某些结构性特征。空间物境的静态性与人际交往的动态性因此构成了一个我们所说的事件的场所，这亦可视为人与空间物境的交流。"交流"是一种发生、发现的情状，尽管室内是引发人们行为发生的场所，但人与空间物境之间发现的交流——涌现的效应，表明人们会把空间物境所呈现的氛围与自我感受相联系并形成了行为意向，这要比停留在"功能"层面上更具有鲜活性。因此对空间形态的理解不能仅停留于界定生活和样态构成，还需要考虑人与空间物境之间所存在的一种心理事实——心理活动与对象的关联，即一个空间物境或场所涌现的各种事件是时人参与的效应，同时也是彼此交流和互动所生发的赋有结构性的情形空间。

1.2.2.1 事件的场所

任何一处场所都发生并记载着事件，事件是场所的由来，或者说，事件总是与特定的场所相联系并形成某种交流关系，比如人的行为就是事件的开端，是指在具体的场所中出现的人与空间物境的交流。虽然人的活动与其内心的需求有关，但是空间环境的设置有时也是行为的起因，或者被其所驱动。当我们需要休息时，卧室可能引起我们的睡意，其中室内的光线、色彩以及床上的铺设等都是唤起睡眠的因素，因此空间物境的氛围能够调节人的心境，同时也能够对我们自身起到潜移默化的影响。这就是所说的交流关系，亦可视为人与空间物境的交流而产生的感受力，即来自人的感官生理机能唤起的身体行为，如你可能会被一片颜色所打动而做出积极或消极的反应（这一事例已经被科学实验所证明），也在于人的行动所具有的主动性与反思性——对一个空间物境做出的评价（或喜欢或讨厌），这正是我们所要关注的事件的场所。

事件的场所将视角转向人与空间的互动关联，指出人与空间物境实际上是一个时空向量中的交流状况，即在一个具体时间里的确切场所呈现的"事件"——彼此认同的、合适的时空中所发生的交流与聚集。这里需要关注："认同的"是时间即情形，"合适的"为场所即现在，二者亦是事件的场所之所指。例如，人们约会总是对时间和场所十分看重，而时间和场所预示着一个交流关系的可能性，也就是说一个事件的场所是人际交往所能认同的身体与位置的合适。不过还要注意，场所的"刺激"有时也是一种需要，这是出于促进人际交往而考虑的一种空间手段，正如人们有时需要空间形式上的视觉效果，特别是一些特定的场所，空间的视觉刺激将会带给人们更多的愉悦，从而能够唤起人际交往的热情和融洽（图1.2.2）。

事件的场所实质上将构成空间延伸到了对日常发生的交流关系的关注，还是以住宅为例，卫生间可谓是一个明确的空间，但并不意味着就是简单的功能布设，事实上有人意识到了这一问题，认为它包含着一种对待生活的态度和习性方面的内容。正如喜欢冲凉的人看重的是洗浴方式和空间布局，因此在洗浴设施的选择和设计上应当尊重主人的生活习惯和具体要求，同时还需要考虑卫生间对于某些人来说是一个放松身心的个人空间。图1.2.3中的做法解释了这种说法，将原有的砌块墙

一种工业风的场景

一种灯光秀的场景

一种趣味化的场景

一种怀旧感的场景

图 1.2.2　餐饮空间中的快时尚

"快时尚"来去匆匆，既应和人们的口味，也成为空间的亮点。

体拆除并改为轻质墙板的做法，说明了人对空间物境的具体要求，此时的界面体成为一种设计的表现性，空间的内容也随之改变，如增添了壁挂式电视和饮品架等设施。这种形式与材质、视觉与适度、生活与习性的考虑，实质上是将卫生间的整体布局与交流关系相联结而做出的对策，从而摒弃了教条化的功能布设。从这一举例来看，事件即情状意指将构成空间还原为生活的切实需要，而设计创意在此营造的是具有促进效用的事件的场所。不妨思量，人与空间物境的交流可能会出现一些微观情形和细节要求，因此对于室内设计而言，事件的场所实际上要求设计意构拿出切近、切真和切合的对策。

将原有150mm厚的砌块墙拆除，改为70mm轻质墙，实则是一种空间上的分毫之争，其意义在于更有效地利用空间并为重新计划布置带来了机会。

由于墙体的改变，形成U形空间，正好放置饮品格架，满足了主人的需要。在沐浴中享受生活的乐趣，这些都来自于环境的营造。

10mm钢化磨砂玻璃，富有情趣的界面效果，内外光线可相互渗透。

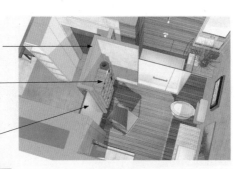

壁挂式电视或音响等生活设备进入卫生间，说明人们注重了生活品位，同时也意味着环境表现是多样的、个性化的，并非是僵化而一成不变的。

卫生间并非只是功能性的，还是表现个性的空间，如在沐浴后喝杯饮料、看看电视是现代生活的一种休闲方式，也是调节人的身心状态的好方法。设计的目的在于为人们创造最为适宜的环境。

图 1.2.3　空间的对策
切合实际的使用空间为真。

1.2.2.2　情形的空间

生活中情形的空间是建筑设计与室内设计易于忽视的方面，这里主要指那些无焦点的微观情形，诸如室内灯光是否刺眼或过度照明、地面铺设是否太滑或不易打理，以及因装修造型而带来的后续维护的麻烦等，在某些人眼里都是微不足道的、可忽略不计。尽管"微观"的概念常常和"细节""细微""细小"等词义相联系，也有微量的、不重要的意思，但实际上"微观"的数量聚合构成了可分析的交流关系的总体。然而室内设计所强调的"情形"总是被精心编制为"叙事"——可读性的情形，或者说，一种"仪式"感十足的场景覆盖了日常性的素朴情形，以至于室内的形式、模式和范式过多地倾向于叙事性的塑造。值得注意的是，"叙事"意味着通过一系列空间布设的方式及手段来完成一个预定性的图景表达，亦可谓"叙事"既是图解的概念也是情形的界定，但却常常夹杂着设计者的意志和利益，因此不排除非理性的动因添加到了空间当中；"仪式"则通常会联想到宗教活动，诸如那些带有表演性质的，场景与众不同的，以及被视为可净化心灵和体验的情形，显然是人类活动的神圣起源。然而这种"仪式"性被今天大量的商业活动或者是政治性的仪式所取代，而且渗透到了室内空间中并转变为了炫示性的场景。

因此我们要警惕空间的"叙事"和"仪式"可能会引向一个好大喜功的情形空间，也有可能与日常生活空间中的交流关系大相径庭。诚然，人们需要一个物质空间，同时也需要一个惬意的环境，但这不代表"刻意性"是设计的唯一途径。例如住宅中的客厅显然存在着交流关系：既有像家庭聚会、重要的商谈等这样的"仪式"感，又有一个家庭日常生活、活动所具有的"叙事"情形，住宅客厅俨然是多元性的，那么环境布置就应该呈中性或仅作为背景，而前景应该是交流关系的情形。由此而言，"交流关系"可谓及时性的情形，一方面需要以人们生活、活动以及日常性意愿为核心，而设计的概念、主题和元素等应该视作是促进事件或活动发生的媒介；另一方面还需要深入理解，建筑虽由事件引起但应为交流关系的主场——情形的空间，即：我们对空间的"叙事""仪式"的理解，应该转向日常生活中那些普通的情形空间，诸如建筑的入口、台阶、灰空间等微观空间，可视为能够产生人与空间物境的交流——一种可体认到的情形的空间（图1.2.4）。

图 1.2.4　国家大剧院的入口（左图）与广州歌剧院的入口（右图）

一个从水下廊道穿行进入，另一个穿过柱廊与庭院后进入。

这里所论及的空间叙事，显然对"风格"演绎持怀疑的态度，在意将空间元素、空间质料以及空间组织与人们的体认相联系，进而促使空间物境的情形能够涌现出多样的交流。那么空间仪式的概念，像公共建筑中的大厅、大堂，以及贵宾室和会客厅等，无论其尺度还是装修标准都是为体现仪式性而考虑的，或者说空间中的仪式性表达允许非完全从实用需要来考虑，但是要在对场所性质有了深入理解之后做出正确的选择，其要则应该是一种赋有礼遇性的表达，即传达出空间物境的友好和善意，而不应该成为设计无节制的表演，因此准确恰当地表达场所的特性是关键（图1.2.5）。然而遗憾的是，这些设计原理在室内设计中并未被人们真正地理解，情形的空间易于当作取悦于人的图式表现，由此，一种趋同化的室内设计观念和范式盛行一时，无论是住宅还是公共场所，其设计方法的单一性、空间格调的媚俗性和装修造价的高昂性，足以使空间物境仅作为一种纯粹量化成就的表现，与日常的生活情形和差异情趣相去甚远，这着实值得后来者反思。

图 1.2.5　会客厅中的礼遇性表达
通过家具与材质传达友善的氛围。

1.2.3　人与人的互动空间

人与人的互动一定是和空间场所密切关联的，这也是建筑与空间所应关注的最高层次，即构成空间的终极目的就是为人与人的互动创造适宜的场所。那么这种供给性的结构关系或组织方式对人与人的互动预测、预设和预见是怎样的，是需要深入探讨的问题。一个场所呈现的能动、行动和互动是积极的还是消极的，是自觉的还是自在的，是相聚的还是离散的，这些均关乎人与人互动空间的质量。换句话说，人与人的互动空间是能够感受到的事件结构——所呈现的关系、联系和维系，意指既是可达性的空间关系，又是可见性的空间联系，还是情感性的空间维系。

1.2.3.1　事件的积极或消极

室内空间显明是事件的能动场，正如一个人是喜欢还是厌倦所亲临的场所，其反应度多少和空间的布设有关，而"能动场"是指一定关系中的主动性情境，然而它不是一种孤立抽象的状况，而是在一定场景中发生的多元响应——事件的多维积极或消极。这种"能动场"，一方面具有相互性的事件结构关系，比如一个场所的结构，既是构成性的空间又是能动性的场景，"能动性"明显指向人际互动的质量与场景布设的客观相联系，试想如果忽视了"能动场"这一概念是否还会营造出适合人与人互动的空间呢？另一方面到场者（能动者）的举止行为往往是"带入性"的，意指能动者将经验意识、情感倾向，以及到场的目的性等与现时场景相联系，而主观能动性可能会促使其做出积极或消极的评价。假如是积极的能动场，那么到场者便能感受到一种可达性，也就是可体认到的适用空间和适宜场景，也显然是对构成性空间和设计意构所持有的场所价值的认可与接受。与此相反，一个场所如果是令人困惑的，那么应该是和设计意向、装修格调以及技术问题有关，消极因素自然会突显出来，比如场景过度光鲜、高档和炫目会让人反感，而且时常令人匪夷所思（图1.2.6）。

进而，事件的积极性在意场所/场景与到场者所形成的事件结构的二重性，前者注重到场者的经验与认知的延续性，如对"熟悉""认同""归属"这些概念十分看重，因为这有助于人际互动的合情、合意、合适；后者则关注场所的构成性及其表达式是否有诚意和善意：诚意在于为适用而设计，善意则为人际互动而考虑。那么相反的是，一种轻视使用者及其行为且自我标榜的场景多以新奇、怪诞和戏谑的方法来突出所谓的设计意构，人们非常清楚这种场景背后一定伴随着高消费，因此一些人要么望而却步要么弃之不理。但问题是，城市中许多的公共性场所因为装修的过分豪华而导致公共性并非为共享性，无形中排斥了低收入阶层到场的权利，因此以高消费来划分空间的层级可谓一种事件的消极性。一方面说明城市中的"公共性"及其优质资源正在成为有钱有势阶层的能动场和专属享受，例如通过"拆"与"建"将经久性的场所及其环境更迭为富贵化、绅士化和高昂化的公共性（场所），实际上普通阶层很少享用和光顾（图1.2.7）；另一方面那些浮夸而铺张的设

图 1.2.6　某酒店门面（左图）与北京建外 SOHO（右图）
豪华、时尚可对应炫目、怪异，且已超出实际的需要和认知。

计风格远胜过节约、平实和普通的设计，以至于一些设计师缺少为普通人做普通设计的意识，尤其是近来浮华的设计流行趋势导致一些场所也倾向于标新立异，结果主观嗜好、功利贪求和权贵旨意成为事件的消极性之所指。

图 1.2.7　上海新天地
从普通区域蜕变为绅士化的场所——高消费、高品位。

1.2.3.2　行动的自觉或自在

　　人际互动与其说是人与人之间存在着相互性行动的自觉，不如说人的行动还存在着与心理事实相联系的行动的自在。行动的自觉表明，人际关系是在意向性情境中不断地被"事件形塑"，即：一个构成空间在为人际互动提供场地的同时也在促使事件所具有的"形塑"——一套公共性外在形式与人的行动相联系的限定性。具体而言，一个公共性场所中的事件形塑可谓结构性的，其特征是可见性（形式）对人的行动的要求或约束，包括通过一套非言语传达系统要求到场者具有的适当行动。"可见性"亦是社会空间的外在性——为人而设置的环境构型，也就是人们能够认识到的"客观"是双向互动的在场，例如城市中的各类公共场所在意人与场所的相互作用，这是一种不同于自然状态下的"现时"——既需要参与性也需要限定性。行动的自觉由此在现时的限定性中不断地被"事件形塑"——引导、训导和指导，这种"限定性"（空间样态）应该与室内设计有着直接联系，特别是今天的人们越来越习惯于人造环境，人的行动或交往也更倾向选择一个合适的场所，或者说对于一些意向性的行动特别在意场所的特性，比如商务活动、亲朋聚会和恋人约会等。这些意向性情境，一方面，构成空间的既定场景对人的行动约束是界定于身体/身份与物质空间相联系的范围，越是高级的场所对人们行动的约束性越明显，行动的自觉因而需要对所亲临的场所做出响应，比如行动者会接受既定场景中的信息传达：空间的氛围、特有的景象，以及那些微观情形；另一方面，行动的自觉并不是个体简单而被动地遵守"事件形塑"的过程，而是伴随着某种复杂的心理事实——与个人性格、意识等有关的反应，因而"事件形塑"不能是自说自话，也就是室内设计不能轻视人的心理事实及其变化。

行动的自在就是一种自我心理事实的外在呈现，表明人的行动与其自由的天性分不开，且很有可能会轻视场所中的事件形塑，或许，行动的当下性体察所做出的"反应"可谓行动的自在——一种失却了与场所联系的角色呈现。虽然设计强调了场所规则或事件形塑具有限定性，但是不能忽视"角色"一词既和场所的定义有着内在联系，也与行动的个体有着直接关联，意指一个场所的定义实质上关乎在场者的角色定位，而行动的个体在社会场所中的外在经历及表现可理解为一个身位在场——身体即角色的切换性或复合性，比如行动的自觉或自在的交替、变化的在场。这意味着行动的自觉是前台性的——体面的、遵守的和顾及的，而行动的自在是后台性的——自由的、随意的和个性的❶，个体（行动者）完全有可能根据需要在两者之间进行角色切换。因此行动的自在表明，一方面个体具有三个层面，即自我意识、自由选择和自在表现，可对应为自我主场、自由换场和自在在场；另一方面人的行动具有随机应变的能动性，系指个体性（与集体性相对）会应时应景来调整自我的状态，这些均和室内场景及人际互动有着密不可分的联系。

1.2.3.3　互动的相聚或离散

社会的个体不可能脱离关系的在场，而关系就是个体间互动的事件形成，或者说关系即互动。然而有关"互动"一词，尽管在社会学领域使用频率很高，但在建筑学中讨论"事件-互动"是很有意义的，在于人与事件相联系的互动界定，且显然是和社会场所的形式与人际接触的方式有关。那么这里所涉及的：人际互动在何时何地进行？"相聚"意味着什么？而"离散"又因为什么？这些均指向事件互动是怎样的。所谓"事件互动"实际上是指一个构成空间及其场所具有组织社会关系和维系彼此之间关系的机能（如结构、形态、意义等），例如一个社会性的场所是否支持人们日常的接触或相聚，主要是看所提供的项目内容和服务质量等，当然场所的装修及其效果有助于提升场所的品质，但不可能超过其中的"事件-互动"——到场者能够享受到的场所适宜性。可是，有一种倾向放大或夸大了室内设计的作用，特别是一些商业室内设计极力推崇场所的新奇、洋气和亮丽，而对于社会关系、社交维系和社群联系等概念并不理会，且完全忽视了人们需要的是和睦相处的事件互动场。

由此见得，互动的相聚是情感性的空间维系，然而室内设计是真诚的、善意地提供服务，还是和商家合谋将许多意构性强加于到场的顾客（消费的账单里包括了装修费用），这实际上关乎事件互动是怎样的问题。尽管人们的互动相聚是由多方因素形成的，但室内空间的形式、内容和服务依旧是重要的媒介，室内设计应着力于空间的多样性和场所的适宜性，设计的要则应该落在互动相聚的和谐共处上，而不是唯风格的演绎。然而国内的室内设计总体上重视富贵化和绅士化，这不只是在公共空间中，而且扩散到了私人空间及其场所。大量的专业媒体和宣传足以说明，"低调的奢华""新中式""简欧式"等碎片化的风格命名，无不是将事件互动推向过度设计、过度装修、过度评比

---

❶　"前台"与"后台"这对概念是美国学者戈夫曼借助戏剧上的术语而提出来的，表明"前台"是一个举止体面、需要矜持和仪态社会化的领域，而"后台"是相反的情景，即是一个去装扮的、松懈的和自在的区域，二者完全可以对应空间场景中的各种现象（有关这对概念的详解可参见：欧文·戈夫曼，《日常生活中的自我呈现》，冯钢译，北京大学出版社，2008 年）。

所带动的"拜物教"❶（图1.2.8）。确切的情况是，那些无视于"事件互动"概念的室内设计，与其说是对业态、行情以及甲方利益的看重，不如说是对空间道义（利益适当的在场）和空间正义（权利平等的在场）的轻视。因此这类设计产品所带来的"离散性"显而易见，特别是那些莫明的差异图景——室内装修的"怪""奇""特"，大有应和商业的牟利本性和显贵阶层之嫌，而对于普通阶层来讲，一个并不符合实际需要的空间图景丰盛性基本上是不去理会的，而且很少会到这种场所去消费。为此需要注意，这种场所的"离散性"实质上在加速社会空间分化、交往领域分层以及人际关系分离，而与此相对的"共同""共享""共生"议题并未引起专业学界的重视和深入探讨，事实上已经关涉到社会与空间的正义话题。

所谓"新中式"实质上是借助传统符号来演绎一种炫示性的场景，而传统中的质朴、节约和适用却被忽略了，进而尽显豪华、上档和富贵。

所谓的"简欧式"其实是一种非常不严谨的风格变异，既不能传达出原有西方古典样式的意蕴，也不能与日常生活相联系，实际上是商业化、消费化和功利化社会催生的设计风格泛化。

图1.2.8　某社会餐厅与某高级会所
建筑的室内成为各种风格的演绎场，油腻的、浮华的和花哨的设计风行一时。

1.3　建筑与空间的话语性

今天，不仅建筑样态是复杂的而且空间格构是纷繁的，建筑的形式样态与室内的形式图景可谓：一是在现代技术下建筑的样态格构与室内的图景异构的并置已成为普遍性的范式，二是建筑和空间的样态图景与意识形态的联结已趋向于拼贴术的盛行。建筑与空间因此在成为"实"与"虚"相生的统合体过程中，既形成了确定固化的能指束——构成的量化系统，也出现了变动不居的所指簇——嵌入的纷呈概念。正如建筑样态将文脉的片断、符号，以及已知图式转换为现代惯用语系的同时，室内图景也在极力搜寻、复制和嫁接各种异质异构的流行手法，二者共同构成了现时的建筑与空间的话语性。所谓"话语"，本是哲学中常用的一个概念且意涵颇多，在大量西方学者的著述中均能看到对它的多种解释，不过在此引进这一概念是想说明，建筑与空间本身就具有鲜明的话语性，而且是由经验性的知识形式生产的一种意指性，即传达的是一种归属关系或价值立场。"话语性"在此是通过集体性的可见形式传达的，不只是历时性的绵延，还是共时性的在场。但从发展的情况来看，现代化的进程致使地方性的可见形式（如建筑样态及景观）本应该传递与人文地理相关的话语却出现了非地域性语境，而人居环境（如室内空间及情境）可谓与关系社会联系的话语却变为了冗杂的意指性，这些正是本节所要讨论的议题。

---

❶　"拜物教"一词起初是原始的宗教特征，在于将物质赋予精神（类似的生命）加以崇拜。然而马克思理论中的"拜物教"指向资本主义生产与再生产的推崇，尤其是在今天的市场经济中鼓励人们购买、再购买，以及赞美持续消费的行为等，可谓是资本主义与商品拜物教的盛行。

1.3.1　建筑样态与人文地理相关的话语

建筑同植物一样都是和土地相关联的，但有所不同的是，植物与土地直接联系，而建筑则和在这片土地上生活的人们直接联系，即体现为一种人文地理的情境。"人文地理"概括地讲，是有关一个地方的人居文化和社会环境的历史建构，包括一系列的演进机制和转换关系，以及不同群体建立的聚居环境和空间场所等。建筑正是一个地方的出生物，亦可视为地理事物中的真实性，同时还是与时空性和话语性关联的过程。"时空性"表明在时间与空间维度上的人居化存在着差异性，即：人居环境的代际性特质既是不同的又是继续的，而且存在着差别的生活权益，正如一个地方（或族群）所持有的时空性的归属关系，也是人文地理的可靠信源，系指场所、社区和景观等与定居性相关的环境意涵。按挪威建筑理论家诺伯舒兹的观点，环境或场所中的"认同感和方向感是人类在世存有的主要观点"。这里需要注意的是，"认同感"是一个继续的过程，其中经久性是它的特征之一，而且和个体在此生长有关，就像美国城市理论家凯文·林奇认为的"能够使拥有者在感情上产生十分重要的安全感，能由此在自己与外部世界建立协调的关系，它是一种与迷失方向之后的恐惧相反的感觉。"不难看出，凡是普遍认同的情境均是可体认的、乡土的，以及必然富有历史记忆的某些载录，并且赋予了"家"一般的亲切和熟悉，这种实例不胜枚举。"方向感"则关涉到一个物理向量的关系，或者说一个场域的情状是怎样的（意指量、形、质的关系），确切地说，场域中的建筑样态是当地建构的、适合的和可控的一种量变关系，其持有的"局限性"[1]确保了它的特性存在。那么"话语性"显然是指建筑及其场所与一个地方性的关联，也就是建筑的生成应该赋予物种的亲缘关系和空间逻辑，就像地方的方言一般具有它的鲜明特征。

然而，这里所论及的建筑样态与人文地理相关的话语已经被现代性篡改了，或者说，今天的新建筑与地方性基本上是无应答、无关联、无背景的非地域性在场。"非地域性"是现代性的一个概念，意指一种与地方疏远的现象，亦是分离的、不熟悉的事物展现在了一个地域的范围中。这种现象可视为现代性的侵入，正如无地方特性的建筑及其场景成为了现代性的一种图解，且直截了当地将遥远的东西——非本土性的意识形态、风格形式——飘移到场，后果是建筑的"新"与"旧"出现了失衡情状。与此同时，那些经验性的知识形式——传统的建筑及其形制——所具有的话语性，被误解、转义和重组，不但脱离了母体关系，而且和异质性编排在一起，甚至被切割后填充到一个陌生的场景中。"母体"是指一个地方的基质，诸如自然环境、栖居样态和地方坐标，这些重要的信息均关涉到人文地理的话语，而建筑作为其中一种话语性的知识形式，既是经验性的认知地图（熟悉的地方情境），又是物质实践所生产的纯正景象（本土的栖居样态）。那么"异质性"显然是针对人文地理的原生性而言的迭变、畸变和剧变，以国内的城市化进程为例，一种"混搭"现象足以实证，一边是地域性的建筑样态及其符号意义被非地域性的飘移、嫁接或编排到了异质性的建筑及环境中，另一边是地方（城市）文脉正在承受外来形式的强行置入，致使城市在大量的异质性（个体样态）侵入之中需要重新定义，尤其是城市的新范式直接指向了那些新奇而怪样的建筑物，且俨然是一派大象无形、大音希声。这不只是城市建筑设计方面的情状，在城市室内设计方面亦然，大量传统建筑中的构件、样式及符号图形被切割并植入各类室内场景当中，一边对传统图式呈现出迷信般的追崇，另一边空间场景再构则又是戏谑式的。这些说明，空间形塑的乱象正在误导社会的选择和专业的判断，系指缺失文化根脉的所谓设计创新正在成为城市更新中的范型而被推崇，实际上也在消解建筑设计本应与地方的关联性和相通性。

---

[1]　"局限性"是指既成的、保持的和有界限的范围，也指向一个地方所持有的工艺技术、材料资源和特色形式，同时可视为支撑地方性的一种权威，在于它保持并延续了人文地理上的特质，如同方言般赋予意义。这是其他地方所不可取代的，因此"局限性"实质上是一种"限制"因素，即对外来性提出的人文地理方面的要求和约束。

　　因此，探讨建筑样态与人文地理相关的话语十分必要，也是因为"推倒重建"式的城市更新已经出现失控、失衡、失范的情状，正像有学者认为"我们的城市比较杂乱，千城一面。为了追求特色，一些人向外国求救兵，鼓吹新城的欧美化。以房地产为主导的城镇住宅建设，不重视地方特点，相互抄袭等。"因此是到了该反思的时候了，并且需要明确"建筑样态与人文地理相关的话语"比任何时候都显得重要，在于反思我们的所作所为，当然这还得从以下几个方面来认识。

　　（1）建筑的特质应该归属于地方性。这是从自然与文化两个层面来探究建筑与地域的关系的，一是试图在对自然秩序的考察中理解一个地方的特性（如资源、基质和环境）是建筑特质生发的根源，二是希望认识到不同的文化必然会反映在建筑当中，或者说建筑的特质是保有的一种栖居性。显然建筑的特质问题与自然的限制和文化的差异有关，"自然的限制"体现为一个地方的"局限性"，如气候条件、地貌特征以及环境资源等是有限度的，也是建筑生成必须要考虑和依从的原则，从某种意义上来讲是地方模式的发现；而"文化的差异"表明选择的差异，也就是一个地方特色的形成在于这个地方的人们选择了一种特定的生活方式，建筑及其样态正是代表着一个地方栖居的特色，包括当地的技术、材质、工艺及符号等。与其说建筑的特质是与地方性密切关联的，而且其外在性可视为人类活动在自然中的嵌入，既是代际性的又是继替性的，不如说是人们的生活观、价值观以及天地观，致使建筑的特质明显传达出内在性的地方惯习、审美以及伦理等（图1.3.1）。

西北的生土建筑

江南的水乡建筑

图1.3.1　不同地方的建筑生成
建筑与土地环境的密切关联。

广西的木构建筑

皖南的天井建筑

　　（2）建筑的样态在于类型学的持续。建筑之所以拥有特质，其中一个重要的因素就是保持了相近性，这就是通常所说的一种类型学的持续。有关"类型学"的概念首先派生于生物学的分类学，在此与阿尔多·罗西所著的《城市建筑学》中的概念相联系，这里只是强调类型学的方法及其思想在现代建筑创作中尤为重要，如同亲缘般的关系，具有一种相近性，但不是相同性或同一性。正如莱昂·克里尔的建筑理论及其实践，实证了保持建筑的特质并历久弥新在于视其为一种文化的时间序列，并且认为类型学上的革新需要从经典的建筑形式中找到既能够适合当下之需要又能够应和可持续的发展。图1.3.2中的设计方案正是针对类型学的方法在教学上的一次尝试，一种不依样类型同质但求关系相续的设计思想贯彻于方案当中，建筑样态与地域类型取得了联系，其表达的不是一种建筑权力的在场，而是体现为在面对先前建筑的存在及条件的限制时需要做的是：既要以一种谦和的设计动机来考虑建筑样态和构序，又要对这种样态和构序进行深入的"类型学"研究，并探索出符合地方需要的新建筑。正如阿尔多·罗西认为，类型是最接近建筑本质的，也是可分析的建筑构成序列，人们完全可以通过对类型的分析创造出不同的作品。

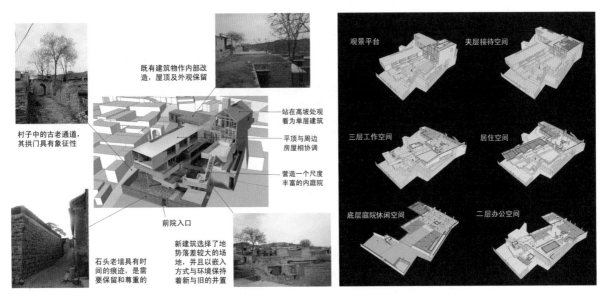

图 1.3.2　某乡村艺术工作室的设计概念（图片来源：许建伟设计作品）

建筑的构成与村落环境相应和，既有关系相续又有空间创新。

（3）建筑的概念需要样态关系合适。这里所提及的"概念"显然是涉及关系的所指，也就是概念支配着一个事物发展的方向，正像一个建筑的概念，如果能够与地方的经验性对接的话，那么它就有可信度和认知度，其概念图式（方案）自然是在一个合适范围内生产的样态关系。美国建筑大师贝聿铭设计的《苏州博物馆》就是有力的实证，其概念的来源和形成明显是样态关系的合适，既是与地方经验性的对接，又是和个人智慧联结的创新实体（图 1.3.3）。"样态关系"因此是值得重视的，在于彼此之间形成的互动，如新与旧、个体与整体，以及概念与事实等，是一种双向性的比较之后使个体思维从概念的单体性过渡到意指的整体性，从而促使创新的事实融入了一个地方的样态关系中并生发出建筑的"话语性"，这就是所说的"地域类型学"❶，贝聿铭的作品为我们做出了榜样。样态关系的合适因而在意把概念与事实联系起来，并关注建筑的概念应该是有范围或界限的，即：一个地方的样态关系既是世世代代的经历，也是形成建筑话语性的过程，亦可视为历时性（历史纵向）与共时性（现时横向）的在场，因此最为重要的是，后来者的态度和选择将决定地方样态关系的命运。

（4）建筑的话语生成为地方性文本。"话语"可谓建筑的一种意指性，既是外在性的也是内在性的，而且还是可生成的"文本"（图 1.3.4）。不过，"话语"一词在哲学家的眼里代表着权力，认为它表达的是人类的思想、价值和欲望等，比如物质的在场有可能体现为一种权力在场的话语，或者说话语的表现形式时常是通过物质形式来传达某种意涵或权力的。那么"文本"的概念本意是指文件或文献，其形式的固化一方面成了实体（如著作、论文等），另一方面便有了阅读的机会。就此而言，建筑的"文本"与一般性的文本概念既有相通性又有差异性，在于其话语性是植根于一个

---

❶　"地域类型学"可谓活着的、可持续的地方类型仍然具有效力，也就是那些可感知的、有归属和认同感的人文地理及其类型依然是新建筑生成的重要依据和参照系（有关"地域类型学"的详解可参见：阿尔多·罗西，《城市建筑学》，黄士钧译，中国建筑工业出版社，2006 年）。

图 1.3.3　苏州博物馆（左图）与苏州民居（右图）的比较

新与旧的并置，即对地域类型学珍视的同时不失建筑的创新意象。

具体的地方关系，之所以视作"文本"是想说明，建筑的话语性总是结晶于物质关系中并生发出意指性或生成为"文本"——样态，一样具有类似语言的结构性，一样可以解读和领会，甚至在某种程度上它一旦存在便是持久的在场，而且有它强硬性的一面，是使用者不得不接受的现实。显然，建筑的话语生成为地方性文本，是与在场权有关的实体性，但不排除强行置入环境的可能性，所以要警惕那种像轻视读者一样轻视使用者的建筑。建筑的话语性因而需要关注一个人的认知能力和他所生长的环境及其习俗有关，诸如地方自信、饮食习惯、交往方式和文化图式等存留在物质的环境中，这些均可能成为人们的生活信奉和地方坐标，那么我们在此解读的建筑作为一种话语性理应彰显地方性，而不是要瓦解地方性。

1.3.2　空间图景与关系社会相关的话语

空间与社会可谓两个不同的概念，"空间"可指向现实的图景概貌，而"社会"则充斥着各种的关系在场，二者由此构成了空间图景与关系社会相关的话语（图 1.3.5）。空间图景与其说是和社会的组织、方式及分布联系在一起，突显出"权力被建构在我们组织空间的方式中，而空间的组织结构正表达着权力的行使、分布和存在"，不如说是以空间为基础的各种关系的分属、分立和分群现象，后果是人们的行动、交往以及现时性被切分的空间场所支配了。而关系社会是基于互动、构建和网络的整体，其中关系即互动，既是可见的真实性也是不可见的话语性，关系与社会因此相联结并聚焦于内在的秩序——互动机制与互动范式——在引导着人们的行动。不过，这里更在意从"在场性"

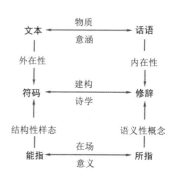

图 1.3.4　建筑既是文本的
也是话语的

来讨论此类问题，这要比纯粹的社会学视角更接近本专业的需要。所谓"在场性"是指人际关系的在场特性，包括那些不被看重的日常现象和能够感觉到的"空间话语"❶，以及在重商主义下形成的关系社会的在场异化。然而不管怎样，这一议题自然需要了解一些社会学知识，实际上也是必要的，因为今天的建筑创造与室内营造不只是物质性的，还是社会、文化，以及与消费关联的图景在

---

❶　"空间话语"是在空间计划（或意构）中输入的信息，即通过"布置"来形成非言语表达，不只体现为物质属性多样化，还在意不同的意识、概念以及客体姿态的明见性，实际上易于形成差异的图景。也可以说，任何一个场所及环境或多或少都可体验到空间话语，意指场所事实（或事件）汇集并呈现的氛围总体，包括人际互动、人与环境的交流等生产的关系。

场，甚至有可能出现一种寄生于场所中的"互利社交"。❶ 因此要深入探讨这一议题就需要拓宽我们的视域，事实上今天许多的专业边界正在融解，像跨学科、跨界和交叉性等均是在寻求一种兼容并蓄的发展。而室内设计既不是传统的独立学科，其本身就是派生的，且界定模糊，也不是单一性的事物发展，它包含的内容也越来越多，诸如公装与家装，硬装与软装，家具与陈设等的项目分类。因此，室内设计学科的跨越性显而易见，且全然透视出人人可参与、社会各界可参与的程度及热度。

　　空间图景与关系社会关联的话语，因而需要超越专业的单一性而进入多元性的考察范围，实际上建筑与室内的主张并非是设计师单方的，呈主流的社会关系和甲方参与其中，因此从样态的、领地的到环境的主张充斥着冗杂的意指性和话语性。其一，空间的组织方式不是单一性的结构关系或样态构成，而是一开始就涉及社会关系与权力在场，包括一个空间分配制度的情境与构成是怎样的，以及空间的属性、场所的命名和区位的界定等均牵涉到了社群、社区和社会，比如在城市更新中涌现的 CBD 中心、学区房、高档住区，以及纷繁的空间图景与场所命名，这些均可谓关系社会——是社会生产的殊异的关系构建。其二，自然或纯粹的空间既无属性也无意向，倒是在人为的规划和运作下空间图景明显趋向了非均衡化，这

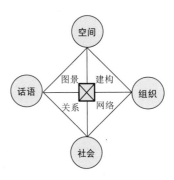

图 1.3.5　空间图景与关系
社会的矩阵

里主要是指空间中所形成的资源及配置或分配系统出现的差异性，诸如道路交通、公共设施以及与日常生活的便利度等，如果以城市为例，越是接近城市中心区域的生活的条件与环境就越好，或者说城市的资源像摊大饼一样越靠近边缘越贫乏，因此出现了中心与边缘的分化问题。其三，一种自上而下的空间分配机制在重新界定各种各样的区位属性和空间形态的过程中，实际上将不同的集体、社群和社区有意或无意地支配在差异显著的空间图景里了，例如城中村的拆迁、棚户区的改造，以及旧厂区厂房的置换等，无不是在去除"落后"之后原住民也相继离散了，进而新居民新居住引起的聚居疏离化突显在空间图景与关系社会关联的话语中。

　　显然，关系社会的话语与空间的组织、空间的属性和空间的分配是分不开的，实质上反映出一种社会制度的情境，如空间中的场所可类比棋盘中的棋子，其中每一粒棋子（指场所）的位置、移动和去留均体现为关系社会的话语和力量。因此，我们既要关注"棋盘"——构型模式——关系社会（机制），又要重视"棋子"——各类场所——空间图景（话语），也只有对二者进行深入理解，才能够意识到空间图景与关系社会关联的话语在场。如果以餐饮场所为例，那么我们就可以这样来理解：可见的真实性可谓空间的形塑和营造的秩序，其形成的互动机制和互动范式就是关系的真实性在场；不可见的话语性则弥漫在空间图景中，如场所中可能寄生着一种"互利社交"——"饭局"的情形在场。

　　"互动机制"是指人际互动，并非是简单的个体聚集，而是关系社会中的人脉节点，还可以理解为与特定的空间图景联结在一起的各种各样的身位在场，之所以强调为"机制"，是因为现代社会已经进入关系网络的交织、重组和变换的高频运作，所形成的分层、分群和分化，足以说明关系社会过度依赖关系搭建，也就是讲求一种人脉网络的社会机制。那么这种"互动机制"必然需要具体的场所来支持，而场所已然变为一种关系社会的模态在场。例如那些极尽奢华的场所，一方面向社会输送的空间模式样态——空间话语考虑的不是为实用而是为关系，一个由空间图景影响的人际

---

❶　"互利社交"是针对美国学者路易斯·沃思提出的"非人身化"概念的一种解释，他认为人们的接触并不都是为了关系自身（是指纯粹的友情、亲情和感情的交流），而更多的是为达到或实现设定的目标，"互利社交"显然是预设的目的性社交和刻意的人脉网络编排（参见：安东尼·吉登斯，《社会学》，李康译，北京大学出版社，2009 年，第 741～742 页）。

互动实证了社会关系的搭建（即人脉网络的编织）；另一方面关系社会在此类的场所场景中被异化了，诸如个体之间、身位之间以及情感之间难免充斥着功利性的话语在场，甚至时有成为权钱交易、腐败奢靡的首选之地。

"互动范式"意指人的机体不仅是身位在场（或身体的空间站位），还是身份话语（或身体的社会属性），前者在说明人的身体总是在占有一个时空位置，但取决于时间与空间的定义，有关这一话题已有学者做过深入的讨论❶，不过在此想要提示的是，人的身体不可能没有关系而孤立存在，意指身位在场就是一种赋有关系的空间图景（与场所、他者以及自我的心理事实有关）；后者则是将自我的身体置于一个互动定向的社会场景中，并能够意识到特定的关系社会必然使身份话语趋向于关系性的约定。以社会餐厅中的雅间为例，对于中式餐桌座次的排列来讲，相信人们会有意识，也很清楚什么人该坐在哪个座位上（不只在餐厅空间中，还在会议室、贵宾室以及住宅客厅中），而且呈现出一整套的关系社会学及其话语，尤其是在一些重要的聚会场合中，其布设显明关系到社会的具体化，此时人们的身体进入了一个话语性的关系社会的习俗之中（图 1.3.6）。

酒席座次排位示意

主陪或主人坐席

雅间酒席座位实景

图 1.3.6　身位在场的示意
身体身份的双重性在社交中的关系呈现——位置的差异。

现在来看"身位在场"是在强调一个身体与位置的联结在场，且完全不同于网络中的"在线"——"无身体"到场（如微信群、QQ 群等互动方式是以屏幕为媒介的去空间化），因此"身体"是主体性的而"位置"是客体性的，二者构成了交互的结构性特征，用英国社会学家安东尼·吉登斯的观点来说就是主体（人）与客体（社会）的二重性："彼此之间互相'定位'的不仅是个人，还有社会互动的情境"。由此"身位在场"反映了关系社会中存在的差别，虽然与物质单位密不可分，包括位置、质量和特性等，但身体姿态在一定的环境、条件及氛围的影响下易于出现殊异情状。例如城市空间中一种"边缘性"❷，就是从空间关系中分离出来的差别化，而且是无焦点的身位在场，像便道上出现的跳蚤市场、路边的餐摊，立交桥下的喧闹场面，以及公共地带的行乞、卖艺等行为，这些个体性（体态的、行动的）的差别情形，看上去是微不足道且习以为常的普通场景，实则是关系社会中一种"身位在场"的亚关系情形（图 1.3.7）。这种边缘性的亚关系情形：一方面时常出现"误用"的场景，比如超出了设定的场所功能或改变了原场地的内容而意外使用或替换使用；另一方面这些"身位在场"的空间话语很弱，这不仅是指空间物质标准的贫乏，还指向无

---

❶　"身体"一直是西方社会理论中的一个核心议题，从笛卡儿、斯宾诺莎到尼采、庞蒂和福柯等人，他们都将"身体"视为思考人之为人的关键所在，亦可说，人之身体既是生命存在的根本，也是人际互动的关系所在（有关对"身体"的具体论述可参见郑震《身体：当代西方社会理论的新视角》，《社会学研究》，2009 年第 6 期）。

❷　所谓"边缘性"，是指处于空间系统的外缘，如建筑物之间的空当/夹道、街头边角，以及立交桥下等剩余空间，同时还指涉与优势位置相对的弱势位置。然而有学者将这种"边缘性"称为"失落空间"，主要指向无组织、无维护和无人问津的场地，同时也是城市更新中所遗存的边缘（剩余）性空间（详见：罗杰·特兰西克，《寻找失落空间》，朱子瑜等译，中国建筑工业出版社，2008 年）。

人问津的空间中那些草根阶层的弱势。特别是一些公共场所消费化的日趋强劲，无花费或少开销的边缘性场地成为低收入人群日常交往当中最现实的选择，这里的社群互动无疑是去权力的在场。例如一些公共场所的外部空间及边缘场地上出现的不同活动（如贩卖、街舞及玩耍等）、老年人的路边闲坐、便道上的对弈者，明显少了些身位等级的辨识，多了些平等与包容的交往，亦可说与那些正规、正式的场所形成了鲜明对比——贫弱的空间话语呈现着自由自在。然而还需要意识到，接触与沟通是人类的本性所在，而公共空间的服务性与适宜性实质上关涉到"城市权利"❶ 是否普惠于民众，也就是不能只看重那些主题性、消费性和盈利性的场所，还要关注非主题性与非正式性的交往空间及公共场地。特别是那些极为普通的开放空间和站点，恰恰是日常人居互动最为需要的场所，比如边缘性的无消费性场地应和了低收入群体社交的意愿，它不仅提供了宽容的、开放的和多向的参与站点，而且这里无人编排形式和预设内容，一切都是那么自然地发生着，相比那些刻意的消费性场所来讲，这里更能够体现关系社会所需要的融合、融入和融洽。

路边的摊位

道边的餐位

街头的演唱

街角的互动

图 1.3.7　边缘空间的互动

草根阶层日常活动的领地。

　　那么再来解释"身份话语"，这明显是出于身体不是一个简单实体的认识，而是认为人的身体与关系社会有关，且可生产一种话语性在场。正如"身份"这个概念可指向个体的社会状况，尽管与职业、财富以及声誉等相联系，但也和具体的场所/场景有关，意指身份的加入所带来的"话语"既可能呈封闭的状态，也可能是开放的状态。所谓身份话语的"封闭性"是指在强化自身的话语性在场的同时也在搭建身份屏障或排他性，诸如高级会所、VIP 场馆以及各种名目的会员制场所等，无一不是某一身份群体所持有的话语性在场。而身份话语的"开放性"则显现出空间话语是放任的但也是模糊的，如商场、康乐中心和城市中各类公共场所，均呈现出领地主张或公共性话语是普适性的均衡化，且身份话语呈中性。如果我们针对身份话语中这两个相对立的议题再进行探讨的话，

---

❶　"城市权利"的概念来自于勒菲弗，他认为这是一种整体权利而非个别权利，然而这种"权利"却日益落在了私人或利益集团的手中，如权贵、精英和技术官僚的旨意取代了大众、社会的整体意愿（详见：亨利·勒菲弗，《空间与政治》，李春译，上海人民出版社，2008 年）。

那么就能清楚地认识到：二者的根本区别在于前者的封闭性（即排他性），在空间场所中是有意的身份隔离，或者是人际互动上的分群、分圈和分别，换句话说就是一种社会属性关系转换在空间价值中的异化，因而这类场所对于普通人来讲，它的可进入性程度明显受限；而后者的开放性即非限制性，从空间场所的视角来看，社群到场的权利排除了身份上的辨识度，此时人人可进入且每一位到场者在保持身份匿名性的同时享有平等往来，而场景也是宽容并去除了傲慢、浮华和特权的空间

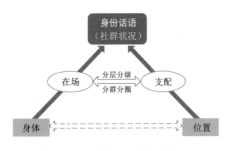

图 1.3.8　空间中身份话语示意

形塑。但需要注意，空间话语如果转向"身份话语"的异化，那么装修的手段-目的便会将"不豪华无以显耀"的旨意充斥在一些公共场所中，此时空间图景中凸显的"身份话语"呈炫示性，无形中挡住了一部分人的到场权（图1.3.8）。"公共性"的概念因而时有被异化为身份话语的特定性（或特权性），即一种利益固化在空间场所中的滞留，特别是一些公共空间及场所在空间价值认知上出现的偏颇，比如一种不在装修上多投入就难以获得高回报的观念，促使空间价值趋向于从切实需要转向牟利性的策略，这类场所中的空间图景往往缺乏通用、朴素和适当，且易于倾向攀比、臆造和媚俗。如果室内设计的图景异化带动的空间话语的异化与这里所讨论的身份话语的异化有着密切关联的话，那么室内设计究竟意味着什么？这令人深思。

本 章 小 结

建筑空间的价值在于满足持续的使用和考虑未来的需要，这就要求建筑必须重视空间的行为适合与日常的生活质量，意指设计师在空间中赋予情景性的表现和生活理想的具体化的同时，应当揭示空间的本质是营建而非装饰。进而要求设计师在面对场地、材料、技术以及资金等方面的时候做出理性的选择，并有责任修正人们需求和欲望中的不理性（包括人性中的贪欲）。也许，设计师善于以自我的专业感悟来力求设计的形式具有适应性，但是对未知的使用者和社会需求的多样性考虑得并不多，以至于建筑与人、建筑与环境、建筑与技术、建筑与城市，这些需要理性思维和适当方法来进行深入研究的议题，时常被概念化、口号化和浮泛化。特别是建筑与空间的关系涉及人们具体使用的问题，也是"表"与"里"的整体性和循环性的协同问题，并不是像有些人认为的：建筑设计关心的是形体、比例和所谓的城市文脉等重大问题，建筑的室内问题应该交付室内设计师来解决。这样的二元切分实际上是有害而无益的。

事实证明，建筑是引起室内话题的基础，也是将室内设计问题引向深入的一条路径。今天的建筑设计让渡了室内装修、陈设与软装、灯光设计等，总体上重视形态（外表）的效果要胜于空间（内里）的适用。因此，遗留的室内问题（例如能否适应多用、多样和多变，以及空间的层高、开间的尺度和房间采光及通风等），就与建筑设计有着直接的关系，对此，室内设计时有无力回天和难以应对的情况。从室内设计的视角来看，生活及意愿的具体化是激活建筑空间的因子，而室内设计正是实现生活意愿的终端性设计。设计师在对建筑空间特性有所把握的同时，还需要发现存在的问题，进而在着力实现使用内容细化的过程中以专业能力和智慧去化解一些建筑的问题。由此可见，室内设计是在建筑母体中进行的多维的空间营造，目的是创造具有普适性的空间惠利——适当、适用和适宜，也可以说，室内设计就是在建筑的感召下再度创造秩序的一种营生。

CHAPTER 2

第2章

历史建筑的空间语境

- 我们探究历史建筑的目的不是想重复或教条化，而是想在前人留下的遗产中发现些什么，甚至想重新解释些什么。
- 对历史建筑背后的思想、态度以及设计语境的分析与研究，是帮助我们树立正确的设计观和深入理解设计原理最有效的方法之一。
- 当代建筑所面临的问题就是要重建其思想内涵，而历史正如一面镜子映照出我们今天的一切所为，引用狄更斯的一句名言："当今是一切时代之最好，又是时代之最坏"。

2.1 中国传统建筑的空间与环境观

中国传统建筑在中国文化中树立了一种典型的样态集成，其总体面貌与地域环境密切关联，且蕴含天地精神、人和意境和家园神祇三个方面。建筑的空间与环境在连续相继中具有多维性，表明建筑既不是独立发展的事物，也不是一门独立的学问、艺术。可以说，中国传统建筑着眼于天地，并信奉"人神同在"，更着力于建筑与环境的相融，体现中国古人"天人合一"的宇宙观和自然观。这与德国哲学家马丁·海德格尔的"天、地、神、人"四重整体之说有着一定的相似度，他认为"天和地"意味着日月星辰的运行和四季轮回，而"神与人"则表明诸神与栖居者终有一死❶。为此，我们探究中国传统建筑不能只看重那些外在样态，还要对建筑的空间与环境所赋有的内在精神——"天地""人和"——进行深入探讨。因此，我们探究传统建筑的目的不是想去重复或教条化，而是想在前人留下的遗产中发现些什么，甚至想重新解释些什么。

虽然中国建筑不像西方建筑那样具有鲜明的时代特色和技术更迭与进步，也不看重建筑的永固性和单体特性，总体上缺少变化且演进缓慢，甚至有些人认为中国传统建筑缺少创新和活力，但是这里明显是轻单体变化而重群体组构。"群体"可谓中国建筑形态注重于场所及环境的一个有力例证，一种依附于大地并向水平方向延展的群体组合和由群体所围合的院落场所（环境）便是中国建筑的最大特征。显然这是与西方注重单体体量和垂直构图相反的情境，而且并不在意建筑实体的变

---

❶ 马丁·海德格尔在《筑·居·思》一文中提出了"天、地、神、人"四重整体的概念，喻示着"天地"是唯一可构造人类之栖居性，但并非是恒久不变的，因而"神人"指向诸神和各种不同的栖留者且终有一死。这种观点很接近中国人的建筑观——着眼于建立当下之天地（参见：马丁·海德格尔，《演讲与论文集》，孙周兴译，生活·读书·新知三联书店，2005年）。

化和永久性。看重的是"有无相生"的辩证观,即一种朴素的生态意识传达出人的"向死而生"的轮回观,正如梁思成先生认为,"我们的中华文化则血脉相承,蓬勃地滋生发展,四千余年,一气呵成。"

2.1.1 建筑中的天地精神

天地即空间,在中国人的心目中有两种观念:一是以道法建立的空间观,即"先天地生"的认识论;二是以秩序为基础的环境观,即"居中为尊"的方法论,二者显然是对天地精神认知的过程。正如,"空间观"在于既崇尚"道法自然"又注重"井然有序",前者是指天地万物的生产应归结于自然之"道"——规律,后者表明人向土地取得应视为"物"——规制,两者由此促成了中国的空间格局特性;而"环境观"表明,人的环境在于因栖居而筑造,即"栖居"构成了一个有用、有意和有效的"形制"——方正无邪的营造法式,不只是形成驻留与庇护的构型关系,还是营造一整套中国式人居环境的方法。因此,中国建筑中的天地精神自然指向一个鲜明的空间格局所呈现的环境建构,亦可谓在天地之间能洞见到的精神意象,即:空间生态与人居环境的联结而形成的"和"与"适"❶。

2.1.1.1 空间格局观

空间格局的概念在于,既仰观于天又俯观于地,表明"天"指向周而复始的天象和季节,而"地"则为能承受筑造的场域和环境,这里自然关涉建筑的选址、生态和布设等问题,但基本上看重人与自然的关系、空间方位之意象,以及轻单体而重整体的空间模式。尽管中国式的空间格局看似程式化且相对固定,但是对栖居的空间或场域还是萌生出了鲜明的空间观念,尤其在建筑的择址和方位上是要利于人类栖居需要的,并且体现出自然在影响人,而人也在影响自然的双向关联。很明显,这是指向自然生态与空间格局的对立统一,也是人为作用与其自身所处环境投向的既贴近又疏离的共同在场。"贴近"指向与自然相关联的存在,即可体认的物居留于天地之间,如建筑的生成,基于观天相地的综合评判更贴近于人与自然之和;"疏离"则系指超越物质表象的精神在场,也就是可领会的意象引导,如"占卜术"或称为"堪舆学"❷,显然是疏离现实且赋有玄奥的色彩。

1. 喜水忌风

择址定居是中国人向来看重的事情,也是安居乐业的基本保证。然而在传统的世界里"仰观天文,俯察地理"是建筑生成的重要依据,既充满着切合实际的需要,也透射出浓厚的神秘色彩,当然也包括对场域基质和自然景象的勘察和质量评价等,总体上体现为"生气"与"聚水"。"生气"意味着一种"和者"在场,意指各种力量或因素的汇集之和谐;而"聚水"指向"四水归堂",即是一种富有内聚意味的象征性。因此,风与水成为中国人的一种文化意象,其中风之气也而水之动也的观点,显明具有气动则水动之意象。然而风水术认为,"风"为害是居住之大忌,而"水"为益是生活之有利,故"风要藏,水要聚,'藏风得水',生气才能旺盛"。实质上"生气"还意指"聚人"——人丁兴旺才能家庭幸福、传宗接代,这是中国人一种普遍的传统观念;"聚水"更体现为"聚财"——素有"肥水不流外人田"的说法,而且水又具有滋润雨露,万物生长之含义。由此见得,一种喜水忌风的观念在空间格局中演绎为与水相关的内容,如"近水之利"就充分说明人们喜水的心境,且不难看出,这种朴素的生态意识在空间格局中萌发并形成其精神之意象(图2.1.1)。

---

❶ "和"与"适"的基本出发点是儒家的中庸,正所谓"居处就其和,劳佚居其中,寒暖无失适,饥饱无过平",不偏不过、不亏不盈,方为和适。进而,和者,天地之和,阴阳之和也;适者,大小之适,高低之适也(详见:萧默,《中国建筑艺术史》下册,文物出版社,1999年,第1074页)。

❷ "堪舆学"即相地术,其中"堪"通"勘",有勘察之意;"舆"本指车厢,有负载之意。二者联系起来具有相地、占卜的意思,且有"堪,天道也;舆,地道也"(详见:程建军,《风水与建筑》)的意思。

图 2.1.1　江西民居（左图）与山西民居（右图）

"聚水"是建筑环境的一种要素。在我国北方，庭院中放置水缸就有"聚水"之意。

2. 向阳之愿

对于房屋而言，房间的朝向、开间尺法以及使用功能的合理布局是非常重要的，在中国人的心目中向来认同阴阳学说，因而在空间格局中"阳"是指地势高、日照多，而"阴"则指地势洼且日照少。正如在古人眼里，阴阳两极包含一切事物，并且视为是自然运动和发展的基本规律。因此建筑格局与阴阳相联系也是必然之事，像择地要"负阴而抱阳""背山而面水"；而室内则要规整方正、向阳之屋为吉利等。古人的这种风水理论不免是对建筑位置生态的看重，系指一种"向阳之愿"——坐北朝南——在空间格局与房屋构成中得以呈现（图 2.1.2）。确切地说，空间格局需要关注一个场域的生态平衡和栖居情境，正所谓"天地精神"在于法天相地的"便于生"❶，意指便于现世之人的生活和需要的同时要与自然及历史的场域和谐共生。而房屋构成的区位差异也不容忽视，一方面关

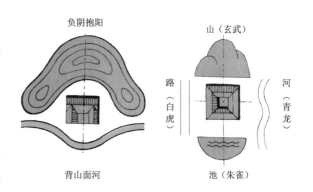

图 2.1.2　住宅最佳选择

"风水宝地"的说法体现的是古人的择居智慧和朴素的生态观。

系到人们的生活与质量，其中房屋的开间与进深是重要因素，比如房屋平面不宜大于 1：2 的比例关系，以 2：3 和 3：5 的开间与进深的比例为宜；另一方面地区差带动的"向阳之愿"也是不同的，如炎热的南方应注重室内的隔热和避免过多的热辐射，而进深大些的房间还需要保持良好通风的效果，相反在寒冷的北方地带，大开间小进深的房间布置就更为合适，因为这样能够有效地获取更多的日照，使室内光线充足而保暖。

3. 凶吉之向

人们通常把房屋的方位与五行八卦相联系，并明确了凶吉之向（图 2.1.3）。尽管这里有着一定的神秘色彩且难以用现代科学来解释清楚，但是我们还是可以从中提取到一些有益的价值，比如"坐北朝南、定之方中"，"东南门，西南圈，东北角上来做饭"等均是房屋定位的基本格局，显明具有一定的可讲得通的道理。正像房屋多以南向为主，强调气候日照，本身就是对居住生态的重

---

❶　"便于生"是墨子提出来的，可从两个方面来理解，一是便生人，即便于现世的人；二是便生活，即便于居住者的生活（详见：萧默，《中国建筑艺术史》下册，第 1074 页）。

图 2.1.3　离卦伏位凶吉方位格局
四吉：伏位、生气、延年、天医。
四凶：五鬼、六煞、祸害、绝命。

视，至于将养生、沐日之事物宜于吉利方位，而生活污秽之事物宜于凶煞方位等说法，权作是一种朴素的生态观。因此论及空间格局观，实质上在意一种自然场域的生态视界，并非仅是人为的某些观念。另外，所谓的"凶吉之向"完全可以转换视角，如"正房宽敞出贵人""堂屋有量不生灾"可以理解为是赋有生态意味的居住意象，也就是对于室内空间不是越高大越好，因此也有"室大多阴，室小多阳，阴盛则阳病生，阳盛则阴病生"之说法。由此可见，房间的尺度和布局应该是和平面计划、窗地比以及通风采光等相关联，这也是评价室内优劣的重要方面，而房间的"凶"与"吉"并非和家具陈设的摆放方位以及主人的生辰八字等有关。故此，我们应该认识到风水术的内容驳杂、鱼目混珠，而且存在着一定的封建迷信和神秘说道，事实上建筑的空间及环境更多地在于科学与合理的设置，并非像有些人认为的是取决于风水术的，也就是说风水术除了赋有一些地理生态的意义和环境科学的意向之外，其他的虚辞说道等理应给予批判甚至摈弃之。

2.1.1.2　环境建构观

现实环境即天地之意象，在于中国人的空间意识始终是水平向度的体系建构，且更注重于人为环境的前后、左右与中心等空间方位的情境定义。人为环境显然是主体性的具体体现，不只是对一个场地的形状、向背和走势的把握，还是对可能组合的群体的追求，即环境建构的是一个确指性的院落形制。显然，院落形制代表着中国人的一种空间理想情状，亦可谓"适者"以适应、适合、适形为基准，并赋予环境建构之意义。正如，"适应"在于彼此是并置的应和，如建筑与环境的关系所保持的和而不同；而"适合"意指适-当与合-宜，即一个适当单位的合宜情境是营造之法；至于"适形"表明切实的形式，也就是一个主观能动的作为是基于"有度"的空间规制。

1. 纵向的南北论

中国传统建筑历来强调南北纵向的空间布局，无论是合院建筑的布局，还是宫城的总体规划都强调了南北纵轴线为主的思想，即便是自由式的园林布局，也不免布置一些南北纵向为主的院落。而且，这种南北纵向空间布局如同中国卷轴画，空间像卷轴一样慢慢展开而渐渐显现。一个院子接着一个院子，直至全部走完，才能真正领略到空间的全部，因而中国人把"空间意识转化为时间进程"，并形成了独特的环境建构观（图 2.1.4）。然而值得注意的是，这种赋有时空特性的人为环境在 20 世纪初才被西方人意识到，也就是现代主义建筑所强调的"四维空间"概念，即将时间因素纳入到建筑空间中，并发展了一种可体验到的时空性的变化，这不正是中国式的环境构建观吗？由此让我们感知到，中国传统的空间格局具有一种现代意识，并且在空间组织上已达到了极高的造诣。

那么这种纵向的南北观之所以能够在人为环境建构中得以发展，其主要因由是：一方面中国人素有南北向为主而东西向为辅的空间格局意识，因而重"北屋为尊，两厢次

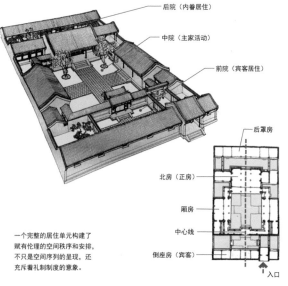

一个完整的居住单元构建了赋有伦理的空间秩序和安排，不只是空间序列的呈现，还充斥着礼制制度的意象。

后院（内眷居住）
中院（主家活动）
前院（宾客居住）
后罩房
北房（正房）
厢房
中心线
倒座房（宾客）
入口

图 2.1.4　北京四合院布局
内外有别的构图，体现了中国人外谦内扬的处世观念。

之，倒座为宾"的空间排序；另一方面南北向的序列布设，似段落式的递进方式，即通过一道道门的设置而形成封闭庭院的纵向性，且主要建筑物总是布设在南北向上（安排在中部或中后部）。这种空间序列明确而富有节奏，应该说是在适应一种"礼治"制度❶。进而，在中国的传统观念中，如果说建筑物一向是当作容器的话，那么环境建构便会偏重一种精神意象，或者说，建筑营建体现了工匠意识，而环境建构则反映了礼制意志。由此见得，纵向的南北观既达成了空间序列也充斥着空间规制，"空间序列"注重分层或分段的空间构图，并给人以行进中的时空变化和体验（并非出于兴趣）；而"空间规制"则是能够感知到井然有序的内外、主从、先后等，喻示着规矩（习俗的）、规则（关系的）和规范（标准的）在空间中的呈现。

　　2. 横向的对称观

　　在中国的传统建筑中横向的对称观始终如一，直到今天人们还是愿意接受对称的建筑布局，建筑模式因此以"居中为尊"为基准且根深蒂固。"居中"显然充斥着一种浓郁的人本主义❷，而且是通过空间图式来弘扬的。不过问题是，中国在崇尚自然、尊重环境的同时，对对称图式是如此明确而坚定，也就是建筑以中心线为准的两侧对称布局成为中国传统建筑思想的典型代表，无论是古代都城布局还是民宅建筑，无不体现出一种对称观念，实际上是在突出唯我（人类）的中心论，这是否与自然环境相对立，值得考量。因为自然环境并非存在完全对称的场景且难以找到，因此有人认为，非对称的建筑布局才是与环境相应和的。这就引发了人们的思考：中国人所强调的与环境相和谐究竟指什么？而天地精神又是指什么？以我之见，一方面中国人对建筑生成的体量、规模、数量以及确立的位置等，在意尽可能降低对环境的破坏程度；另一方面在环境建构中人们有意树立人本精神，即将环境与人生、伦理、礼制相联系，同时希望通过一种人为方式来建立某种秩序，以此来保持它的严整性及适当的关系。因此，理性而严整的建筑构图成为一贯坚持的模式或标准，那么"天地精神"显明是指与人本即社会相关联的环境适合——中心论的形制（图2.1.5）。

图 2.1.5　中心对称的形制
居中为尊的秩序与节律映射出礼制精神和社会规制。

　　其实在任何一种文化中，"中心"的概念自古有之，比如在中西方的建筑布局中素有中心对称意识，但有所不同的是，西方建筑单纯强调两侧对称的关系，而中国建筑则在对称中注重数字概念。中心论实际上还反映出人们对世界的认知：一是自然界充满着对称因素，像生命体征、植物形态以及雪花的结构等均为对称的形式，因此人们认为中心对称是合乎规律的，但似乎也意味着驯服；二是人类社会中的等级制往往以"中心论"来支配当下的天地，如中国的"三纲五常"在建筑形制中的反映就代表着一种社会规制。由此见得，横向的对称观实质上指向一种社会合宜的情境营造，不仅关涉地方文化的进程，还关乎人居环境的发展。

---

　　❶ "礼治"是儒家的治国主张，要求社会各阶层要遵守"礼"的约束和规定，在建筑方面则表现为井然有序和稳定的标准。可以说，中国传统建筑的标准化是礼治制度下的产物，具有明确的规制、形制和节制。

　　❷ "人本主义"是以人类自己为中心的一种观念，认为人的因素存在于所有的人造物（在某种程度上，我们所说的各种真理也是人造的产物）之中，如德国哲学家席勒所说：世界基本上是我们造成的这个样子，……因此世界是可塑的（具体可参见：威廉·詹姆斯，《实用主义》，李步楼译，商务印书馆，2018 年）。

3. 构建的院落情境

如果西方建筑是以"座"为单位的建筑体，那么中国建筑则是以"院"为单位的建筑群。合院建筑的外在性在于外整内繁的环境构成，将单座建筑弱化，强化总体的布局；而内在性则表现出了中国人的一种内向性的生活态度。因此谈论中国传统建筑必须从院落入手，一种以房间数构成的建筑体量完全不同于西方古典建筑的体量关系，而是把主要精力放在以院落为基准的空间单元布设

图 2.1.6　山西民居内院
建筑立面似室内隔断且富有轻盈和通透之感。

上，正如"无院不成宅""无墙不成院"，与以"座"为单位的西方古典建筑相左。这种强调了内与外界定清晰的做法，想必是在传达一种院落情境——"门堂之制"，即门为脸而堂为心，这种变换封闭空间景象的转接点——院门，可谓能形成环境属性及确切意指，如递进式庭院的内容界定。实际上建筑"间"的组织充当着围合因素，而一个个露天的"院"即空间段落，在层次分明中展现出了一种正负空间的关系——生活单元。单体建筑在此不足以形成空间的完整性，其形成的立面倒更像是"院子"的背景（墙体），二者共同构成了一个规制方正的环境意象（图 2.1.6）。

因此，"门"在中国古代建筑中作为一种空间边界的重要元素之一，是组织空间（院子）分段的一种"适形"——内外有别的"礼"之精神，目的是可形成递进有度的庭院合宜；"堂"是单座建筑中的主体内容，在大小建筑中都有不同规模的"堂屋"概念，正所谓"居中向阳之屋，堂堂高显之意"，说的就是"堂屋"作为群落建筑中的一个核心空间，与周围的连廊和庭院形成了"堂下周屋"，一种正空间——"正房""正厅"——扮演着空间的主角。那么与此相对的负空间——露天庭院——可视为没有屋顶的大厅，并且与堂屋连接在一起共同促成了一个完整的院落情境，即"有意识地去创造一个完整而合用的露天空间"。由此可以得到这样一种认识："间"即房屋为"实"或"正"，"院"即院落为"虚"或"负"，一种实与虚、正与负、内与外的切换、交换和变换显然是在"门堂之制"中实现的，也可以说，这是中国传统建筑中空间与环境的真正意涵和天地精神。

2.1.2　建筑中的人和意境

"天时不如地利，地利不如人和"，这是中国人的普遍认知。然而这种认知在建筑中被转译为"和-形"、"和-色"、"和-位"与"和-数"四类样态，实质上反映的是人与建筑的和谐、和悦与和顺等。用海德格尔的观点就是"人，诗意地栖居着"，也就是人与建筑之和既需要一份安定的物境，又需要寄期于物的特性来传达"人和意境"。这里明显赋有"人"之善意与"和"之公意，总体意涵大到"天地之和""阴阳之和"，而小到"居处就其和""以适而求和"。实际上这是在建构有度的"便于生"，诸如添加在空间图式中的象征性、符号性以及意指性均充满着"人和意境"，亦是人们所富有的想象力的发挥与部署。

2.1.2.1　立面的"和-形"

中国传统建筑有"三分说"的理论，早在北宋著名匠师喻皓所著的《木经》一书中就有"凡屋有三分：自梁以上为上分；地以上为中分；阶为下分"之说，这实际上是指建筑的屋顶、屋身和台基三个部分的构成。然而，中国传统建筑的立面构成是以屋顶最为突出，其次为屋身，再次是台基的整体组合。建筑的"三分说"因此既能自成整体又可各自分立，而且不难看出，其分合自如的势态

显明是"和-形"的意象，在于构成法则强调了"和-形"中各部分的功能在保持独立存在的同时又可统合成体。其实建筑的"三分"说法中西方皆而有之，但不同的是中国建筑的"三分说"赋有"和-形"的独具特点：和谐于形式的圆满。

"屋顶"即房首，是中国传统建筑当中最显有的特征，因而得到一种说法："中国建筑就是一种屋顶设计的艺术"。"大屋顶"显然是中国传统建筑中最富有表现力和最具有美学意象的房首，其"形"和"量"的声势远大于世界上的任何建筑。实际上中国式的"大屋顶"在与自然保持着和谐状态的同时，隐喻着一种"心之适也"——谦和于天地之意向，与西方穹隆顶建筑完全不同（图 2.1.7）。如在构图上，一边屋顶的凹形曲线有着向下的趋势，存有谦恭之意，即表达对天空的接受态度；另一边屋脊的曲线向上翘起反倒使屋顶又有轻盈飞起之感，同时在建筑的外轮廓线上呈现出优雅的曲线和丰富的变化。所谓"和-形"就在于，"和"为内在的

苏州拙政园

西方建筑屋顶意向

中国建筑屋顶意向

佛罗伦萨主教堂

图 2.1.7 中西方建筑屋顶比较

中西方建筑屋顶在造型、用材、色彩等各方面都各具特色，代表着不同文化对自然的不同态度。

多义性之适宜，而"形"是表象的生动性之显著，二者由此构成了意涵丰富的中国式"屋顶"特性，与西方的建筑形成了鲜明对比。

"屋身"即立面，中国传统建筑的立面也有"和-形"的意味，即建筑置身于院落中，其正立面对着庭院并形成一种"四壁"关系。这种既是建筑立面又是庭院背景，恰如构成一个没有屋顶的大厅一般，也就是在大多数情况下建筑的立面具有双重意味的"和-形"——房屋的"外"与庭院的"内"的和适（和出于适）。事实上，可以将庭院内的房屋立面视为具有室内性质的界面，意指"墙壁"式的立面效果，这并不是说室内外没有区别了，反倒是一种颇具微妙的内与外的切换性可指向"和-形"（图 2.1.8）。例如建筑立面或屋身着力于近观性的视觉感受，例如一些细部的工艺处理和构形的精致入微，完全是考虑了人的近赏的"和-形"——比例符合于人的视觉法度。因此，建筑立面的表现在于"以身为度，以声为律"的宜和适，其构形完全避开了不切实际的夸张的建筑立面之风，这对于今天而言依然有着启示性的意义。

图 2.1.8 隔断式立面

一种弱化界面的意识。

　　"台基"即基座，是承载建筑体量的基础，如同一个平台。整个建筑坐落在其上。这种板块式的台基在传统建筑中被赋予了等级的象征和空间的表现力。例如，随着院子的进深变化，台基的高度也随之变化，堂屋或最重要的建筑物的台基一定是最高的（图 2.1.9）。由此可见，建筑的基座已经趋向于一种"和-形"——形式与内容的"和"与"适"，即表征是针对建筑的，但实质上是"人和"（与房屋主人的身份、地位等相合）。台基因此在中国传统建筑中有着重要的作用，成为一种固定的建筑形制而得以沿承有序。台基有"平座式"、"高台式"和"须弥座"等形式。台基立面装饰颇为丰富且有等级标准，台基的大小、高低与房屋主人的权势、地位有关。另外，台基还可独立成体并具有特殊功能和意义，如用于祭祀，最著名的是北京天坛的圜丘坛。

图 2.1.9　台基的等级

台基步数越多，其级别也就越高，最高级别为三层须弥座。

2.1.2.2　部位的"和-色"

　　在中国传统建筑中的构架、构件上适当装饰，可称为部位的"和-色"——一种美学与力学、形式与功能、匠心与匠工相统一的忠实效果，也就是"调和"（内在的）与"润色"（表征的）在建筑中时常出现，几乎绝大多数的建筑构件及形制都经过审美上的考虑且匠心独具，因而一些部位的构件所赋有的双重性——既是结构的又是美观的——显而易见。诸如在月梁、额枋、雀替等部位进行装饰和雕梁画栋，均是赋有审美意味的结构构件，亦可称为"构件的装饰"，或者说有"一物多义"之意味。因此部位的"和-色"，一方面展现出建筑的独具匠工，另一方面反映了一种栖居的人和意境，而且总体上以"福""禄""寿""喜"的世俗观来传达人们的某些意愿，无论是彩饰还是雕饰都表达了人们对美好生活的祈盼和向往。

　　建筑彩饰的应用十分谨慎，因为色彩在中国传统建筑中有着特殊的地位和象征性，并非什么建筑都能使用彩饰，因此，论及建筑的彩饰，更多的是那些重要的建筑物。尽管如此，中国传统建筑拥有丰富的色彩。但不同于西方建筑中的色彩，中国的统治阶级力求通过色彩来建立一整套的社会秩序，不仅仅在建筑中实施彩饰控制，而且在服饰方面都有所体现。例如，明黄色历来归属皇家专用，而彩饰只允许在皇家建筑和官式建筑中出现，庶民庐舍不得使用彩饰。建筑彩饰因此并非只是装饰性的意义，还代表着权力支配和等级形制（图 2.1.10）。进而"设色方案"，尽管不妨有中国画中的"经营位置"之意，但还是不同于中国画那样单纯，在于起初有防护构件之意，且对部位的施彩很是讲究，并不是随意而为。一般多是在屋檐下的梁枋间布设彩饰，而且青绿色系在屋檐的阴影里显得宁静而含蓄，从而衬托出屋顶出挑更加深远。建筑上的这些部位彩饰，一方面种类很多且等级分明❶，审美水准也很高，如彩饰多以纯净的青绿色调为主，其淡雅的风格常常与金黄色的屋顶

---

　　❶　彩饰是中国古代建筑特征之一，包括油彩、彩画和壁画三种装饰方法。彩饰有保护木结构的作用，后来则被赋予审美倾向和特定的寓意。建筑物上的彩饰源自古代的绘画。不过，建筑上的彩饰越发地等级化，如明末清初出现的和玺彩画属于最高等级，其次是旋子彩画、石碾玉彩画、点金彩画和苏式彩画等。

形成冷暖对比的关系；另一方面内容上既有抽象的图案式样也有具象的植物形态，但寓意较为深刻，除了一些指向性的表达之外，还有"防火免灾"之意，如描绘一些水生植物及图案来表达厌火、防火的意念，完全是一种"和-色"的效果。

图 2.1.10　金龙和玺与旋子彩画（左图）及苏式彩画（右图）

和玺与旋子彩画端庄大方，金龙彩绘为皇家专用。苏式彩画则以山水、花鸟为主，也有仙人故事题材，生动、活泼。

　　建筑雕饰是中国传统建筑中的又一大特色，其应用范围没有色彩那么严格，无论是官式建筑还是民居建筑，都能看到不同程度的建筑雕饰。传统建筑中素有木雕、砖雕和石雕❶，其内容繁多、纹饰图案丰富，表现较为自由随意，被称为中国传统建筑中的三绝（图 2.1.11）。然而值得思考的是，人们在赋予建筑文化表现的同时，对生活的坐标、定义和理想十分看重，尤其是那些表象精美的建筑雕饰，看上去是在满足视觉的和悦，但内里却是一个地方乃至一个家族的图腾，注入的向往感十分显著。这与今天的建筑装饰大相径庭。那些雕饰具有丰富的象征性意涵和美好情节，以及那些丰富的想象和神话无不是与"天地人和"的主题密切关联，不仅在传达人类栖居经验的认知，还在表达生活的理想境界。可以说，传统建筑中的部位"和-色"既在"和"人之意向，也在"色"润于栖居之情境，这些显然与当前浮华、肤浅及敷衍的建筑装饰风不能同日而语。

2.1.2.3　技术的"和-位"

　　建筑的技术与审美相结合是中国传统建造中的一个既定原则，尽管中国传统建筑技术是标准化的、通用式的，如《冬官考工记》《木经》《营造法式》等无不是传统的房屋法式，但是以直线为主体的几何形体与一系列柔顺曲线的房屋构件，既形成了精确而清晰的力学受力关系，又符合中国传统建筑的审美取向，并由此体现出一种刚中带柔，柔中有刚的品性。实际上中国传统建筑技术一贯倡导合理（结构优化）、合情（当代够用）与合时（人和意境），这是在宣示一种遵从于天地的节约观。亦可说中国自古以来崇尚节俭，"中国建筑是世界上最节省的建筑，换句话说，也是最经济的技术方案"。由此可以认为，建筑技术的"和-位"是在探究建筑中精确、完善的结构形式的就位情状。

　　这里的"和"喻示着建筑技术不是孤立存在的，而是在考虑一个合理构造方式的同时又要合情于一个美学意象。例如，斗和拱作为中国传统建筑结构中的基本单元，在三维空间力系的组织上既是精确的，也是美的，其成功的造型已经成为中国传统建筑的一个象征符号（图 2.1.12）。那么这

---

　　❶　在中国传统建筑中，木雕的应用最为广泛，被用于建筑木结构的各个部位，大到梁、柱、门窗、隔扇等，小到雀替、椽头、花罩和天花细部，都可见木雕工艺。砖雕只用于建筑中，其工艺独特、艺术价值颇高，在宋元时期曾被作为建筑等级的标志，是中国建筑所独有的装饰工艺。用石雕由于工艺难度较大，且材料昂贵，在民间建筑中应用得比较少，一般多见于柱础、外门框和门鼓石等部位；重要建筑或皇家建筑中才会采用较大量的石雕装饰。

木雕：一种在结构构件上的本真性装饰

砖雕：一种注入寓意性的材料工艺美

石雕：一种赋予天然材料之神祇的表现

图 2.1.11 中国传统建筑中的三绝
一种物质的双重性意象，既是构件也是意构。

里的"位"，除了建筑物所站住的位置（如方位、区位和地位）之外，还可指向一栋房屋的构架、构件和构形的各自就位（即相互关系），比如中国传统建筑中的大木作与小木作之间的关系与组成❶，显然涉及构件形制是以"模数制"来调和的。因此，谈论技术的"和-位"必然要关注由宋至清近千年的"模数制"的推行，可以说这是中国传统建筑技术中一个重要的支持。这也透射出中国传统建筑中所赋有的理性意识——结构逻辑的清晰性，而且始终坚持力学与美学相结合的原则，因此我们不难从中汲取到一种"非多余"的建筑观反映出的节约思想。

技术的"和-位"因而秉承表里如一的"实在"，既是承重的构架构件，也是审美的工艺技艺。建筑计划与形式构成基本上体现为"以材为祖""以材为分"的原则，例如，木材不宜置于完全封闭之中（如木料一旦被泥土或砖石掩埋必然会容易腐烂），而为了让建筑使用的木材延长其使用寿命，建筑结构就必须暴露，且需要做适当的防护和修饰。因此对于建筑结构的暴露不得不出于审美上的考虑，如构架、构件等必须精确到位，不浪费、不过分、不虚设就是合乎美的，这完全可视为一种技术的"和-位"——真实构件的情感赋能。这些本真性而非表皮化的空间意识形态，相对于今天的建筑装饰观而言着实需要反思，那么，什么是中国传统建筑中的装饰精神，就不难得出结论：提倡节约、反对浪费，而且基于功能和审美相结合的一种真实性效果。

2.1.2.4 开间的"和-数"

中国传统建筑中的"和-数"重视奇数关系，即发展出了"五"和"九"的空间图式，"九"在数字中最大，而"五"是数字的中位，因此素有"九五之尊"的说法，且含有"至尊中正"之意。尤其是在建筑中强调奇数的空间排列是中国建筑空间构成的一大特征，它代表了古人的某些思想，如老子《道德经》中"道生一，一生二，二生三，三生万物"的世界观与中国传统建筑思想有着某种契合，"三"因此作为中国建筑最基本的空间单元，也是建筑布局的原型（图 2.1.13）。平面形式呈"间"的方式并

图 2.1.12 传统建筑中的斗拱
斗拱在屋檐下构成了一组组雕刻性
的设计语言，立体而精确。

❶ 中国传统建筑有大木作与小木作之分，大木作是指建筑的主要承重构件，如柱、梁、枋、檩、斗拱等；小木作则是指建筑的非承重构件，如门扇、窗、木隔断、栏杆、天花、罩等。

以奇数为基准的横向排列，在单体建筑中十分重要，即开间"和-数"，如三开间、五开间、七开间，直至最高的九开间，充分表明数字观在中国传统建筑中的地位。不过值得注意，这种数字观的背后是在推行与礼制相关的内容，其等级制十分显著，而且名目颇多，例如正中的间为"当心间"（又称明间），明间两侧为"次间"，次间以外左右的间均称"稍间"，两端的末间则称为"尽间"（图 2.1.14）。不仅于此，开间的"和-数"还与主人的身份、地位及官职有着直接联系，如《唐会要·舆服》中记载："三品以上堂舍，不得过五间九架。厅厦两头门屋，不得过五间五架。五品以上堂舍，不得过五间七架，厅厦两头门屋，不得过三间两架。"其中"五间五架"和"三间两架"就是指门屋的长度是五个"开间"或三个"开间"，深度是"五檩"和"三檩"。

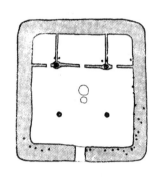

图 2.1.13　西安半坡遗址石器时代的"大房子"复原平面
三开间的雏形。

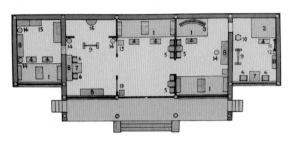

1—炕；2—床；3—炕屏；4—脚踏；5—一几二椅；6—椅；
7—方桌；8—长桌；9—穿衣镜；10—脸盆架；11—衣架；
12—几；13—方凳；14—圆凳；15—立柜；16—半圆桌

图 2.1.14　清代五开间住宅平面
居中为明间，两侧为次间，两端为尽间。

这里不难看出，在开间的等级制中官职似乎决定了房屋的规模数量，不仅在开间上有明确规定，而且房屋的进深也有确切要求，开间的"和-数"明显透射出中国"礼制"精神在建筑中的呈现，或者说"礼"在中国传统建筑中占有重要的地位。因此，中国传统建筑的模式是封建制度下的产物，也是一种重礼制、伦理和秩序的社会形态之表现，其中大量的细节、情景等可谓是社会制度影响的物性、物境。正如对开间"和-数"的要求，一方面空间秩序、居住伦理以及礼制内容得以强有力的推行，另一方面对可能的建筑浮夸、建设膨胀和建造浪费形成了遏制，从而在社会中倡导了建筑的够用、实用和适用的思想。尽管这些均是封建制度的等级观所致，但是从整体社会来看还是具有一定的积极性，起码避免了建筑的过度占用、僭越欲求和铺张造势。那么由开间的"和-数"传递出的人和意境，在于差异平衡的氛围建构，意指"差异性"是一定存在且不可能排除掉的，但关键是人际之间生存、活动的差异需要一种平衡力来调和，因此这里所说的"差异平衡"就是指"和而不同"与"适而存异"。或许应该像老子所讲的，"不见可欲，使民不乱"，意思是不要鼓励和显耀那些足以引起贪欲的事物（如建筑物），可使人心不被迷乱（攀比而膨胀），这似乎是值得我们深入探讨的一个问题。

2.1.3　建筑中的家园神祇

中国传统建筑的各种样态看上去大同小异，并没有形成"性格"鲜明的不同建筑，因而不同用途的建筑却采用了相同的形制和布局，以至于在西方人眼里认为中国建筑过于单纯，千篇一律，从没有变化。那么，中国建筑当真没有"性格"吗？答案是有的。中国人把环境理解为精神的，从而把建筑当作可以添加不同意向和表现的载体。我们已经在建筑的形、色、位、数中看到的工艺做法和纹样图案等，与其说是充满着意趣和活力的建筑，不如说是"气运图识"和"物化于人"的传达。所谓"气运图识"是指五行所说的"气运"——观运候气的观点（有时来运转之意），并且是通过空间图式来传达和认识的。而"物化于人"则是指物的标准与人格相通，以此来实现不同的特性和理想。但需要注意，中国传统建筑与中国古人所定义的"艺术"并没有什么关系，因为在古人眼里，"艺术"从未将可实用的物质创造纳入其中，而是指那些非物质化的纯情感的表达，如琴棋书画等。那么在建筑室内中注入的工艺精神和人文品质，更多的是出于礼制规范和栖居意念的需要，也可以说是更贴近于居住者的意向，更富有家园神祇的意味。

2.1.3.1 室内调性

中国人历来是把房屋当作了住人的"容器"，具体言说，就是既要符合人们栖居的需要，又要应和某种理念的实施，但这并不表示房屋就是简单的使用关系。事实上，如果说西方建筑空间是注重于集体意志的，那么中国建筑空间可以认为是重个体意向的。特别是在中国传统建筑中，尽管建筑形制是标准化的，但对于室内空间的营造没有多少限制，因此可以时常看到不同的个体意向添加到建筑中并成为某种精神的载体。不过需要注意的是，建筑中的个体意向就今天而言，往往充斥着各种权力的话语和旨意，且不排除社会各种权力的行使在左右着建筑的生成及命运，建筑师即设计者在多数情况下只是充当工具或听从于指令的侍从而已。个体意向实际上是在玩弄外在形式的游戏中宣示着它的权力性在场，与这里所要论及的家园神祇是两回事。

所谓"家园神祇"，首先是要富有"和"而"适"的栖居意象，即因栖居而筑造的自然，表明既和顺于天地又适当的取得；其次，因人而异、因时而不同的栖居性体现"和而不同"的共生情境，意指代际之间、彼此之间均应保持代际差异的平衡或可持续发展；再次，栖居的在场必然会生发某些意义或场所精神，具体来说就是室内调性——诗意地栖居着。由此言之，室内空间是一个居住者所能够发挥的地方，而所说的"诗意地栖居着"不是指文学意味的情境，更多地是指社会伦理的体现和家庭福祉的祈盼，或者说是对某种理想生活的向往，如常见于空间中悬挂的书画、匾联、题咏等，这些是作为居住者及家庭成员的人生理想和行为规范来看待的，且富有神祇感（图2.1.15）。相比之下，今天某些家中所悬挂的名人字画等，充其量是作为收藏品或用以向人炫耀而已，似乎缺少了一些神祇的意味。因此，室内调性不是指装饰或摆件、陈设品那么简单，而是在超越物质之象、寄兴寓情之中，使空间品质更高、意境更深远。虽然室内空间中"名人尺幅，自不可少"，这也是增加室内调性的方法之一，但是内容、意涵等是否和居住者的心境与品性相符合，值得考量。实际上，古人所倡导的"厅壁不宜太素，亦忌太华"，或方正端庄或素雅凝练，这些都能够体现出室内调性的走向（图2.1.16）。室内调性无疑是"中正无邪，礼之质也"观念的外化，但也是人之精神的在场表现，正如"堂中宜挂大幅，斋中宜小景花鸟"和"高斋精舍宜挂单条"，表明室内场景应崇尚"室雅何须大，花香不在多"的境界，这显然可

图 2.1.15 江南民居客厅
室内在书画、家具及陈设的
烘托下带有几分神祇感。

视为一种家园神祇。

室内调性由此与家园神祇相联系，并在意重道、遵理、助人伦和敦教化，此时，"诗意地栖居"自然就在其中。在具体的空间布设上，应重视"白贲"❶的境界，即贵在自然朴素，鄙视过分的文

---

❶ "贲"出自于《易经》中的"贲卦"，包含两种美的对立，即华丽的美与素净的美。但这里的"贲"（bì）者，饰也，而"白贲"一词表示"绚烂又复归于平淡"（详见：宗白华，《美学散步》，第36～38页）。

饰。正如老子在《道德经》中所说的"复归于
朴",中国画中的"妙造自然",以及明代造园
家计成所著的《园冶》中描述的"时遵雅朴,
古摘端方"等,均可体现"诗意地栖居"。所
以,我们要少一些金碧辉煌和雕镂藻饰,多一
些质朴本真与平实淡泊,正如一句"绚烂之极
归于平淡"道出了室内调性的立本之源。

2.1.3.2 室内氛围

室内如果没有了家具、陈设,也就没有什
么氛围了。因为家具与陈设,一方面为居住者
提供日常生活需要,另一方面又是居住者生活
情趣、修养和爱好的体现。因此,室内氛围并
不是指设计师的单方面所为,也不是一蹴而就

图 2.1.16　江南民居书房

一种淡化装修而重视空间本真和使用的场景。

的成效,而是指一种生活情境的持续过程。家具与陈设因此决定着室内氛围,在于它不但是某些人
文体裁的适当运用,还是一定的社会与文化属性的体现,比如中国传统的世俗观、等级观以及审美
观必然会反映在家具与陈设中。像官帽椅、交椅、太师椅以及罗汉床和八仙桌等名头的家具,在赋
予其丰富的想象和说法的同时,家具的寓意性代表着人们的生活追求,表白着居住者的地位与实
力,以及所赋有的审美价值等意指性。不仅如此,室内中的屏风、博古架和隔扇等与居住者的心境
相关联,既赋有功能作用,又给人以风雅的感受,整体上与那些图书字画、文房四宝、瓷器宝瓶等
室内摆件形成了一种"物化于人"的神祇意味。因此,在室内营造中装修是配角或背景,家具与陈
设才是空间中的主角或前景。

家具在室内空间中是一个活跃元素,它出现在室内是有章法的,一般分为规则性布局和随意性
布局两种。家具是需要结合室内空间及场所的属性来安置的,例如,厅堂空间中的家具布局一定是
以中轴对称的方式,形成庄重平稳的规则构图,以达到"立必端直,处必廉方";而书房、卧室等
房间则在意随和、方便与惬意,基本上体现为实用、适用和够用的布设原则(图 2.1.17)。由此可
见,家具布局的位序充斥着社会伦理和生活逻辑,实际上是儒学礼教的观念在室内空间中的外化表
现,而且具有普适性的意义。即便是在今天的室内空间布局中,家具依然是形成室内氛围的一个重
要因素,不只因为家具通常具有优雅造型和精巧工艺,还在于其品相、档位和质地等能够映现出场

图 2.1.17　传统客厅(左图)与居室(右图)中家具布设的不同

客厅室内氛围端正大方,而居室室内空间则随和平实。

景是风雅讲究的还是平庸俗态的。可以说，中国传统建筑中的室内氛围营造者把精力放在了家具选配和布局上，而对室内装修时常做淡化处理，这和今天的室内装修正好相反。这就不难理解中国传统家具在选材选料、工艺制作以及造型创作方面为什么那么考究，特别是中国的明式家具已然超越了自身物象，不但其审美趣味及样态格调处于极高层次，而且充满着平稳洗练的意蕴，难怪现已成为人们争相收藏的佳品。

图 2.1.18　明式圈椅
中国家具工艺与建筑做法有相似之处，
都富有中国传统的思想和精神。

中国的明式家具是一个高峰，也的确富有浓郁的文化品位和高超的工艺表现力，比如圈椅的上圆下方，就体现了古人天圆地方的理念，其结构与理念结合得如此巧妙和完美，似乎能让人感受到一种神祇已经注入其中（图 2.1.18）。中国的明式家具不只注目于造型之美，还传达出"道法自然"的思想，在使用上既注重人体尺度和人类活动规律的把握，又与建筑的结构美有着异曲同工之妙，正所谓繁简不同而各有所宜，因此可以说中国的明式家具是形式与内容完美统一的一部教科书。

2.1.3.3　室内生气

中国传统建筑向来是"宫室务严整"，喻示着房屋是赋有神祇的栖留物，也是人生的一个坐标，那么严整而郑重则表示对天地的一种敬畏——栖留于馈赠中。然而也有"园林务萧散"的说法，表明人们对自然的感知依然在建筑中呈现，正如"屋中有园，园中有屋"一直是中国人的一种空间情结。这里值得关注的是，在室内空间中表达自然、诗情和画意往往是通过象征性手法来达成的，例如植物作为屋与院之间的一种媒介，时常穿插在屋内外并传达着某种意境。正是因为植物寓意着生命的同时也是可拟人化的，因此中国人时常将植物、山石等当作一种空间意趣来布设，实际上也是对中国标准制式理性空间的一种回应，或者说是在"端庄廉方"中寻求的柔美和轻松。

室内生气因此离不开植物、山石等自然物象的烘托，这显然与严整的空间形成了对比，二者有着迥然不同的空间意象：一个是重规则、对称、直线和等级性的传达，另一个则在追求不规则、非对称、曲线和自然的本原形态，由此刚柔相济成为室内的完形图式。"一刚一柔""移天缩地"可谓是对中国传统建筑中室内生气的一种解读，无论是视觉上的还是亲历体验的，室内因自然的意象和表达而得到了调和。比如，以"一卷代山，一勺代水"的画意与室内相交融，在于有限的空间里寓意更为广阔的天地精神。而且，把代表自然要素的奇石、花木、干枝及插花等置于室内顿然充满生气，这也是对自然本色风格的一种推崇，并在空间构图中起着积极有效的作用。不仅于此，室内生气在意于植物的置入，像"移几竿竹，栽于窗前"，以此来效仿自然且传情而达意，进而时有用盆景形式来表达一种花木山石的意境和拟人化的性格。盆景是中国的独创，尽管它源于佛教的供花，但经常被人们借用于对自然的一种象征性表达，在室内生气中起着重要的作用（图 2.1.19）。

室内生气由此展现出人们对自然的崇敬和眷恋，且充分表明人始终欲近于自然的心态。

图 2.1.19　客厅中的盆景
盆景与字画相应和，具有拟人化的寓意，
同时体现了主人的一种心境意象。

越是现代化，人们对自然景境的追求越是
强烈，难怪在很多室内空间中，人们不遗
余力地置入与自然相关联的景境（图
2.1.20）。然而值得思考的是，人文题材和
自然意象是中国传统建筑中的一大特色表
现，特别是中国人把一些植物比拟为人的
品性（例如把梅、兰、竹、菊称为"四君
子"），且常借植物来抒发和寄托自我的情
感与意趣，这要比硬性的装修深远得多，
也绿色得多。《园冶》中也有相同的举例，
如"至于玩芝兰则爱德行，睹松竹则思贞
操"，全然与人生的节操相联系，进而"松
的苍劲、竹的秀挺、芭蕉的常青、腊梅的
傲雪、牡丹的尊贵、莲花的纯洁、兰草的

图 2.1.20　北京中银大厦中厅
室内植物与山石构成了自然景境。

典雅"各自给室内增添了生气和拟人化的表达，这些景境难道不值得我们继承和发扬吗？

2.2　西方古典建筑的空间意象

　　如果说中国建筑经历了一个土木的历史（框架式），那么西方建筑就是一部石头的发展史（砌筑式），二者有着迥然不同的结果（表 2.2.1）。可以说整部西方建筑史实际上是以神庙和教堂为主干的发展史，宗教可谓西方建筑发展的重要动力。也正是宗教的广泛传播激励着那些伟大而富有标志性的建筑的大量涌现，才创造出灿烂辉煌的西方建筑历史。试想如果没有教堂和神庙建筑，那么整部西方建筑史便会大打折扣，也不会留下如此之多可借鉴的经典建筑。尤其是在西方古典建筑中，一方面，图式语言一直统治着人们的意识，不但决定着建筑发展的方向，而且以传播西方文明为由而被经典化和风靡化，直到现代建筑运动的出现，才将其彻底打破；另一方面，建筑的不断变化和技术进步向我们传达了太多的人文精神和建造理念，也正因为经典建筑的持久在场，才使我们清晰地体认到西方古典建筑的空间意象。

表 2.2.1　　　　　　　　　中西方建筑的特征比较

项　目	中国传统建筑	西方古典建筑
布局	水平向度，纵深院落	垂直向度，纵深房间
体形	宫室严整，园林萧散	体量宏伟，样式多变
构成	群体复杂，单体简单	单体复杂，外部简单
技术	木构框架，轻巧薄透	砌筑墙体，坚固厚实
审美	世俗情节，复归于朴	艺术表现，富丽精微
意识	人伦礼制，当下天地	神权人权，永久占有

　　不难看出，中西方建筑的一个根本不同在于：中国传统建筑着眼于当下天地，故而为后人留下的建筑不多；而西方古典建筑着力于持久占有，因此经久的建筑遍及世界。双方这种迥然不同的建筑观必然关涉不同的文化、制度、习俗以及地域差异。在中国人的观念中，建筑应该是当代的，人只是环境中的过客且并非永久的占用；而在西方人的观念中，建筑是天地间的人造神物，理应是永久性的纪念物。或许，正是中西方观念的差异性才使得双方的建筑交相辉映，一方是迭代更替的蓬

勃滋生且一气呵成四千余年，另一方是历史段落清晰且风格迥异的变化与发展，显然双方共同为今天人们探究、比较和思考人类的建筑历史提供了有力支撑。

2.2.1　规范的建筑与自然的场地

论及西方建筑的发展史，古希腊建筑显然占有主位，可以说"古希腊的建筑乃是美学上反映西欧传统作品中最杰出的实例之一，同时也是随后世界各地兴起的多种建筑风格的基础"。然而，古希腊建筑对于今天的人们而言，不仅仅是那些雕刻与柱式的完美组合，还让人看到规范的建筑与自然的场地的并置，即一个自然的场地中出现的规整建筑，或许这是一种值得探究的古希腊建筑精神。但长期以来，人们始终把目光投向希腊风格和那些造型，诸如将柱式、装饰和雕刻等细节不厌其烦地移植和复制，从某种程度上来讲在肢解古希腊建筑。也可以说，西方经典建筑的源头在希腊，而实际上存在于人们心里的只不过是那些柱式、柱头和雕刻而已，至于希腊在建筑空间方面的贡献究竟是哪些似乎含糊不清。事实上希腊并没有留给后人有关建筑最为本质的部分——室内空间，也正如赛维认为希腊神庙的一个缺陷——"在于忽视内部空间"。所以，我们应该清楚地认识到这种有着雕刻特征的建筑从未有过建筑空间即室内的创造性发展。

2.2.1.1　规范的建筑图式

当我们面对古希腊建筑时，第一印象就是其唯美的特征。可以说古希腊的建筑已上升到了精神层面，即将建筑、自然与诸神结合成一个令人惊心动魄的整体，用柯布西耶的观点就是，希腊帕提农神庙标志着一个精神的纯创造的顶峰。这种看上去创造了一个神灵的圣地而非是人化的场所，显明是以"神"为中心的设计理念，并且视建筑为一个空窍而已，一种"非建筑"化的营造完全是出于对诸神崇敬的表现，人在建筑面前只剩下参观它了。尽管如此，我们还是能够感知到古希腊建筑中的唯美图式、精湛技艺以及宏伟体量，透射着崇高的情感、数学般的秩序和精神的纯创造，也可以认为是和古希腊的哲学、数学以及艺术方面的成就分不开的。因此，探究古希腊建筑依然有意义，在于唯美图式传达着整体的和谐。而精湛技艺则为探求的理性，那么宏伟体量显明是形塑的理想。

1. 唯美图式

如果说中国建筑讲的是法式，那么西方建筑则看重图式，因此建筑图式是研究西方古典建筑的一个切入点。尤其是古希腊建筑留下来的那些图式，可谓是西方古典建筑的原型，如立面三段式——三角形山花、柱廊和台基——成为经典图式，或者说是范型。那么所谓的"唯美图式"，是指规范的立面构成中赋有黄金分割率的比例，精炼的细部处理，以及让人感到再也不能舍弃什么了。

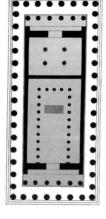

"唯美"在于只剩下纯粹的、纯表现的东西了，而"图式"是关于深刻的、和谐的和充实的，甚至已经摆脱自然样式的那种人造物。由此它鼓舞着后来者不断创造的勇气，这也就不难理解西方人始终具有的创造精神，不只是在建筑方面，在其他方面也是如此。像"唯有创造才是生命"这句名言，在西方被发扬光大。相比之下，中国在创造创新方面较西方逊色不少，直到今天，中国仍为创新所困，这在于我们缺少创新的勇气和对极致精神的追求。因此古希腊建筑中存有的那些极致性的表现，是值得我们敬重和学习的，比如规整的建

图 2.2.1　希腊帕提农神庙外观与平面
与其说是一座建筑物，倒不如说是一件完美的雕塑作品。

筑形体与具有良好视觉法度的柱式、柱廊、线脚，以及不同尺度的细节组合，反映出唯美图式所呈现的不只是一个和谐的建筑整体，而实际上已经达到当时人类的智慧和创造的一个顶点（图2.2.1）。

2. 精湛技艺

古希腊建筑的精湛技艺众所周知，在于建筑师与雕刻家合作的成效，或者是同一个雕刻家在起双重作用，例如帕提农神庙就是菲迪亚斯所为。这和后来所有的建筑有着根本的不同，表明古希腊建筑的确可以称之为艺术的，亦可证明"不是一个经营者、工程师或平面描图员的作品"，而是"菲迪亚斯造了帕提农，伟大的雕刻家菲迪亚斯"。不仅如此，规范性促使建筑的严谨性在于，古典的科学精神影响到了建筑，使得每一个细节（如雕刻装饰的细部等）在考虑施工方法和技术的同时不失其精确和丰富，进而体现出最大限度的严整与合理。建筑的造型因而是非常纯净的，以至于觉得虽为人作，却有着鬼斧神工般的魔力。正像那些壮实雄大的柱头都是有意用整块大理石精雕细琢而成，其细微的程度"连一毫米的细枝末节都起作用"（图2.2.2）。这使得我们读出了另一种精神，就是基于数学般的缜密和对比例系统的控制与把握，这显然具有科学而理性的意识，转换为今天的认知就是在树立精简、精密和精妙的建筑精神。

3. 宏伟体量

古希腊建筑是以宏伟体量而著称的，每一栋建筑均是以规范的几何形体、简明的柱廊以及协调的线角（檐部）制式

图 2.2.2　爱奥尼克柱头

纤细的线条是手工雕琢的，精致而准确。

构成的，特别是在海岛景色的衬托下表现出一种壮观的整体效果（图2.2.3）。但值得注意的是，这种宏伟体量的建筑物，其外观虽规整但室内却相对简单，而且与罗马时期的建筑以及后来西方各时期的建筑大不相同。尽管可以说，古希腊建筑的外观是丰富的且体量宏伟，但是对于建筑结构和建筑平面较其外观立面要简单得多，尤其是屋顶处理还不够成熟，以至于屋顶都不在了，留下来的是柱廊、墙垣等。因此有人认为，古希腊建筑是"非建筑的"，意指希腊人将神庙的室内视为诸神们不容入侵的圣所，而人们在此举行活动大多是在露天进行的，因此室内不是人们礼拜时使用的空间。

图 2.2.3　晚霞中的神庙遗址

与天地相连的自然之美，如柯布西耶所说的它更像是某种生命的载体。

但也不尽然，其实古希腊建筑中的室内还是有表现力的，比如由于体块围合的缘故且墙壁上很少开窗，室内大部分光线是从天井射入的，与中国南方某些民居建筑的天井采光有着相似之处。然而有所不同的是，这种天光凝聚了一种神圣而精妙的漫射光的效果，从而使室内的神圣感更加强烈❶。由此可以看到，古代设计师们一方面能够对空间节奏有所把握，另一方面也能够利用光线来组织光影变化，与其说这种构想能力表明建筑的魅力与光影是分不开的，不如说这更多的是来自设计师的内心参悟和形塑理想。

2.2.1.2 自然的场地布局

古希腊建筑是以适应需要与有机性为原则的构成，并不受到人为和对称性的约束。这一思想来自场地的布局，如雅典卫城为人们展现出单体建筑之间的关系呈自由组成的情状，虽然看上去整个建筑群是顺势而立且格局自然，但实际上它存在着自在的轴线与空间的民主意象。因此，我们从古希腊雅典卫城这一例证中可以看到，一个具有对称要素的建筑安置在了一个不对称的场地当中，总体平面布局由此呈现出双重性的特征，即对称与非对称的并置在场。这种场地规划的思想实际上在后来的现代主义建筑中有所体现，我们完全可以从柯布西耶、密斯等人的一些作品中找到对称与非对称并置的空间特性。

1. 自在的轴线

古希腊建筑的环境观明显倾向于场地规划的自然化，例如建筑应该顺势且自然地坐落在周围起

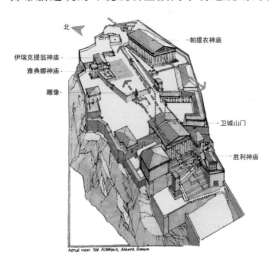

图 2.2.4 希腊雅典卫城

红轴线：空间序列关系

蓝轴线：行进的路线、引道

绿轴线：主建筑中轴，一种对称关系

伏的场地上，而不去改变自然的原貌，这里显然在用一个"不规整"的场地规划来传达包容与共生的理念。那么所谓的"自在"就是，既要顺应当地的自然条件，也要规划出人们所需要的朝拜场地和行径路线，但不是硬性的态度，而是折中的思想和方法，比如通过轴线（而不是中心线）来建立所需要的场景（图2.2.4）。从雅典卫城来看，虽然没有总的中心线来控制场地规划（如中心对称的关系），但是轴线的概念已然存在，只不过此时是遵循空间序列而自然形成的线性引导，其中不同的轴线赋有自己的目标，其清晰而丰富的线路引导着人们，并在给人以不同视景效果的同时把原本平淡的东西表现了出来。就像柯布西耶在《走向新建筑》一书中对雅典卫城规划描写的那样："雅典卫城的轴线从彼列港直达潘特利克山，从海到山。山门垂直于轴线，远处的水平线就是海。而水

平线总是跟你感觉到的你所在的建筑物的朝向正交，一个正交的观念在起作用。"轴线因此串联起建筑和场景，并构成自由又自在的空间序列关系，用柯布西耶的话说"轴线可能是人间最早的现象，这是人类一切行为的方式。"轴线虽然是想象的，在现实环境中看不见，但它却有引导性的能力，我们从图2.2.4中的分析就能够看到轴线在其中所起到的作用。然而奇怪的是，雅典卫城这种自在轴线的空间意象在之后的西方建筑观中很少出现，反倒是对古希腊时期的那些图式、风格及其

---

❶ 古希腊建筑的室内可能受到古埃及绘画的影响，往往在墙壁上施有一些色彩，特别是在精湛的艺术处理方面和对自然光的效果把握中，还善于将室内的光彩生动、色彩效果和绘画效果相交融，从而形成一种强烈的整体性的视觉感受（详见：罗兰·马丁，《希腊建筑》，张似赞、张军英译，中国建筑工业出版社，1999年）。

样态热衷追求不减，完全忽略并放弃了古希腊对自然场地的重视以及所持有的空间环境观，这着实值得我们深思。

2. 空间的民主

古希腊建筑的空间意象还体现出一种民主的意向，在于空间场地去中心对称、去空间等级明确，喻示着去权力化的场所精神在意建立一种空间的民主，也就是人际之间应当平等相处，尤其是人们在面对诸神时应保持虔诚的心境，而不是过分强调人世间的等级和权力。这一点在朝拜的线路设计上十分明显，如三条轴线看似没有规律，也不显示主次关系、等级秩序，更不像中国的空间层级那么清晰，行进的路线因此透射出一种平和的、不刻意的空间意象。如果从建筑物的分布情况来看，也能够使人感受到圣地中的神庙是如此随意而自由的安置，进而建筑自身的规范严整与场地规划的自由自在形成了对比，达到了一张一弛的效果。场地中空间的民主意向由此在设计师那里精心地演绎着，比如未采用正面或中心突出的方式来展现最重要的神庙（帕提农神庙），而是需要沿着斜线或对角线的方向才能将神庙的面目逐渐看清楚，这似乎有点像中国园林中的手法。这些方法无不反映出古希腊建筑的空间意象在发展人与环境和谐相处的理想，具体而言就是屏弃了中心对称式的场地规划和等级秩序，而真正投向建筑与环境的相融，尤其是建筑群与场地面貌的关系是顺势而为，而不是强行布设，这一点在雅典卫城中能够充分地感受到（图 2.2.5）。因此，雅典卫城是古希腊建筑中的一个典范，也为世界建筑的发展树立了一个标准，事实上我们今天依然可以继续从中找出许多意义和价值。

图 2.2.5　从远处看雅典卫城
一种地缘关系与人造场所的有机结合而达到的自然和谐。

2.2.2　宏大的空间与世俗的建筑

如果说帕提农神庙为世人创造了完美无缺的建筑艺术，那么罗马建筑就为我们留下了无与伦比的文化遗产。尽管罗马建筑是多种不同要素的混合物，在很多方面吸取了希腊建筑的成就，甚至有些是直接借用了希腊的建筑形式、风格样式和装饰细部。不过，罗马建筑还是有古意大利的文化基因的，事实上希腊建筑与罗马建筑各自都是主角，如同二重奏，共同奏响了西方古典建筑的华彩乐章。然而不同的是，"希腊建筑按照其社会和美学前提的内在逻辑性曾非常自由地走向成熟，而罗马建筑发展的大部分历史却否定了这种艺术上的奢求。"

可以认为，罗马建筑的最大成就是建筑技术（券拱技术）的发展和现实主义的建筑观，例如罗马混凝土❶（Roman concrete）的出现使罗马建筑迈出了革命性的关键一步，同时也是对以后整个西方建筑发展的一大贡献。值得注意的是，这种材料促成了巨型建筑，即以墙体受力的方式围合空间，同时也可以用于各种形式的拱或拱顶来替代老式的木结构平顶和水平额枋或过梁，发展了拱或筒拱的建筑结构体系，从而使建筑空间形成一种组合关系。由此不难看出，罗马建筑以穹隆顶和使用一系列拱或拱形来构成大小不一的空间，从而在改变希腊式的矩形开间的同时促进了空间类型多样化，这着实是一大创举。尤其是穹隆顶的出现使室内空间的尺度增大，而且室内空间与建筑外形相统一，这显然构成了罗马时期独特的建筑风格。

与此同时，技术的进步明显为现实主义的世俗观置入建筑提供了支持，这也是罗马建筑的一个亮点。实际上在罗马人的眼里，建筑物不是一个中看不中用的躯壳，而是包含功能组织及全部内容的容积体，一种为生活需要而设计的世俗理念得以实施。因此大量的世俗性建筑涌现了出来，充分表明罗马人对自我生存的关注要高于对神灵的朝拜，这又一次证明罗马建筑与希腊建筑的不同。进而言之，罗马人为社会生活创造了各种集合性的场所和大规模的建筑形式，无论是剧场、公共浴场和广场等都体现了对群众集会和群众活动的一种热忱与重视。世俗性的建筑因此可以看作是罗马人生活中的一个重要组成部分，也是一种现实主义的建筑理想。

2.2.2.1　宏大的空间

罗马建筑与希腊建筑的不同在于"建筑"与"非建筑"，其中最为显著的特征就是罗马建筑重视室内空间的可参与性，即一个可使用的建筑。罗马人并不像希腊人那样，对艺术的追求热衷于人与宇宙的和谐与理想，而是立足于现实，且勇于实践和善于借鉴，特别是在工程技术与材料应用等方面表现出他们的强大能力和聪明智慧。例如巨型建筑的出现足以实证，罗马人的伟大成就既是宏大、豪迈和率真的，也是技术、技艺和技法的。事实上罗马人的成就不仅是在建筑上，还在一系列的城市建设方面取得了巨大成功，这对于后来的西方建筑及城市发展有着深远影响。

1. 静态的室内

罗马建筑的空间形式是多样的，与古希腊建筑的单一体裁形成了鲜明对比，其中最为突出的就是宏大的空间创造。例如大剧场、斗兽场和神庙等都是巨大尺度的建筑，最为熟知的罗马万神庙就是通过围合的、封闭的盒子或圆筒结构来实现前所未有且具有一种令人视觉震撼的伟大空间（图2.2.6）。正如赛维言说的，这种宏大空间"基本上是不因有观者而在效果上会有任何变化的、沉静独立的存在"。空间意象由此完整地展示在人们面前，和谐而统一，且不需要观者走动或改变什么就可以形成整体的空间感受。这种静态的空间，时有因为其简明的特性和庄重的尺度，使得空间呈现出几分纪念性和仪式感。显然，罗马人热衷于这种宏大的室内效果，而且完全不同于希腊神庙——室内不是礼拜的场所，此时的室内已然重视人的参与，人作为空间中的主体在建筑中给予了充分而明确的肯定。

图2.2.6　罗马万神庙室内图
（约公元130年G.P.潘尼尼绘）
人与空间的关系在制造的宏大
尺度下被前所未有地展现。

---

❶　罗马混凝土既不是水泥，也不是现代意义上的混凝土，而是由一块块骨料在灰泥中混合搅拌形成的灰浆质量很高、强度较大的建筑材料（详见：约翰·B.沃德-珀金斯，《罗马建筑》，第59页）。

由此可见，罗马人在对待种族与宗教、阶级关系以及民主方面，要比希腊时期更加宽容，甚至在政府公务方面也允许平民参与。

2. 序列的空间

巨型的建筑不光是神庙，还涌现在其他各类建筑当中，例如罗马的帝国广场群就是一种规整而巨型的建筑组合，其几何形式的布局和对称性（双向轴线的应用），以及多层次的空间关系和室内外空间交替等方法，显明是有意地利用一系列空间序列来建立一种城市空间的纪念物（图2.2.7）。这种极富现代特征的城市建筑体，无不在展示罗马人的建设能力和建筑智慧，宏大、壮观和永恒是他们的主题。不难发现，这种大尺度的序列空间，不再与它所处的周遭环境相应和，表明罗马人忽视了希腊人的场地环境观，或者说有意放弃对自然环境的重视而转向关注于自身的统一。这种变化喻示着罗马建筑重空间形塑的规整和空间序列的场景，轻视场地环境的协调和缺乏对自然世界的谦恭，从而强调了一种人为规划的能力。这使得序列的空间主要体现以下三个方面：

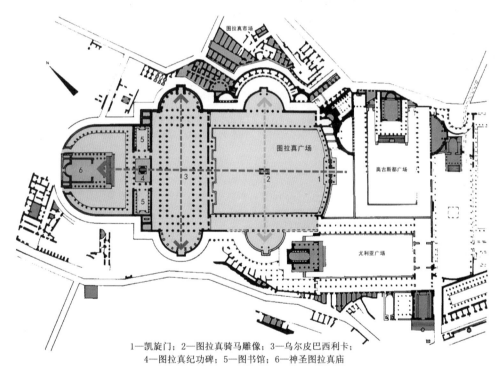

1—凯旋门；2—图拉真骑马雕像；3—乌尔皮巴西利卡；
4—图拉真纪功碑；5—图书馆；6—神圣图拉真庙

图 2.2.7 罗马帝国广场群

轴线起决定性作用：纵向轴线形成空间序列关系；横向轴线构成空间对称关系。
场地形式不再注重周围环境的关系，而强调自身的完整性。

（1）建筑结构的先进。由于采用了混凝土拱顶墩柱技术，一方面，空间布局可根据需要而变化，且空间组合层次分明；另一方面，一种构造逻辑所支持的大体量建筑综合体得以实现。

（2）多重功能的组合。以浴场为例，作为罗马人社交活动的重要场所之一，在功能设置上场景宏大，例如将图书馆、演讲室、健身房、游泳池和商店等融入到浴场当中，构成了系列性的公共场所。

（3）空间节奏的明确。在很多的公共建筑中，双轴线的应用和对称性的布局是罗马建筑师遵从的一个惯例，不仅决定着空间发展的方向，而且由此产生的一系列富有节奏的空间秩序和空间情境在引导着人们的行为和意识。

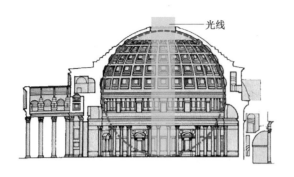

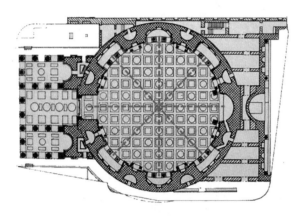

图 2.2.8　罗马万神庙
剖立面与平面形成均衡的构图,
空间极其稳定而静态。

3. 屋顶的突破

建筑革命一定在于材料与技术先行,正如我们所看到的罗马建筑的历史实际上是一部技术发展史,其中罗马混凝土就是推动建筑革命的一股力量,以至于后来的建筑发展和诸多现象都是源自这个基本的发现。可以说材料与技术既改变了建筑也创新了建筑。这里最为突出的是罗马建筑的穹隆顶,它的出现标志着罗马建筑在工程技术方面迎来了革命性的变革,万神庙就是一个经典的实例。可以想象,当人们进入万神庙一定会出现戏剧性的一幕:被一个直径为 43m 的穹隆顶而高度同样为 43m 的空间所震撼,而且顶部开有一个直径 8m 的圆天窗,光线均匀地洒满了大厅(图 2.2.8)。这完全突破了希腊时期简单而不够成熟的屋顶,由此可以领略到空间关系的和谐与其空间尺度的设置密不可分,正如万神庙无论是平面还是立面又或是屋顶的直径都是那么一致且富有规则。这也因此引起了人们关注,"空间尺度"是罗马建筑中的一个重要因素,而屋顶的突破无非是为了获得一个宽敞的室内空间,但是在空间构想上完全让给了以超人的宏大尺度来形成一个室内空间。因此"尺度"在罗马建筑中就是构想的尺度,而且"也从未打算去适应人的尺度",这亦可谓罗马建筑的一个共性。

2.2.2.2　世俗的建筑

罗马人是一个求真务实的民族,因而罗马建筑的公共性或世俗性指向对生活需要和社交活动的追求,其中浴场是典型的世俗建筑之一,这似乎透视出人们构建的是一种世俗性的观念(当下的生活享受),并且以建筑的方式展现了出来。事实上罗马人所营建的多用途的建筑群:一方面以其巨大规模、设备完善和功能繁多为著称,并映现出一种敢想敢干的民族精神;另一方面体现出一种社会的主题,即建筑立面的符号性、场所精神的表现性,以及社交活动的丰富性。因此,罗马人的世俗性建筑摒弃了希腊人为艺术或神灵的建筑理想,在某种意义上开辟了建筑类型的多样化,从而也促使建筑结构的创造性得到了空前发展。

1. 建筑立面的符号性

罗马建筑的形制显然不同于希腊建筑,但有一个不争的事实:罗马人把希腊柱式拼贴在了罗马的建筑上,因此有人认为这是一种像对待"字帖"一样的简单摹写,其纯粹装饰性折射出一种肤浅的心理❶。这种做法在当时被视为罗马人的一种创新,在于将柱式与拱券结合在一起,并形成了一种建筑立面的符号性表达,甚至这也成为后来西方建筑构图中的一个范式(图 2.2.9)。如果从结构上来看,拱券套在装饰性柱式的开间里,是一个很理想的做法,无疑让我们感受到罗马建筑不仅是

---

❶　罗马建筑的墙体为支撑结构,柱子在结构中不起承载作用,因而希腊柱式仅作为一种建筑物正面的装饰镶嵌在墙体上,俗称"附墙柱"或"半附墙柱"。这一方面表明罗马人善于吸收外来文化和艺术,在建筑形制和风格上反映了外来文化的影响;另一方面,也展现了罗马人在建筑的结构与装饰之间求得平衡的智慧,亦可谓是罗马建筑的一个标志性样态。

在崇尚技术与结构，而且其建筑构图还是富有符号意味的表达。

实际上罗马人在吸纳其他建筑形式和风格的同时，也在克服简单的抄袭和模仿，其中重要的一点在于操作方法和材料方面有着自我的创新。比如在建筑装饰方面，柱子上使用了巨大的肖像装饰、室内半圆式的壁龛装饰，以及地面铺设的华美的尼罗河马赛克等，这些明显是在把古典元素进行分离、重组，其做法可谓具有符号性的意指性，似乎有点像后来的"巴洛克"式的不屈从于传统或正统。然而值得一提的是，今天我们所谈及的建筑表皮性的话题，实际上在罗马时期就已经出现，也就是早在奥古斯都时期就有人关注建筑表皮的问题，例如把砖作为构造性饰面材料是可行的，并且得到了迅速的传播❶，从而喻示着罗马人开创了材料审美与工艺技术的完美结合。

图 2.2.9　罗马大角斗场

首层为多立克柱式，二层为爱奥尼克柱式，三层为科林斯柱式。

2. 场所精神的表现性

挪威建筑理论家诺伯舒兹在他的《场所精神：迈向建筑现象学》一书中提到"场所精神"是罗马人的想法❷，认为罗马人将自己的灵魂与场所联系在一起了。罗马的场所内容与象征意义因而有着一定的特色，一是"场所内容"在意与自己所认同的文化系统相联系❸，二是"象征意义"包含着政治性意涵和对统治者的崇拜之忱。可以说罗马建筑装饰中的政治性主题显而易见，装饰艺术在此作为政治和权力的一种表现工具显示出它附庸的一面，像"奥古斯都的宫廷中有当时最伟大的作家、建筑师和艺术家侍奉"。图拉真广场中的图拉真纪功碑（建于公元 112 年）就是一个很好的例证，也是第一个摆脱了希腊趣味且富有创新性的国家雕塑（图 2.2.10）。然而在这件雕塑品中，我们能够体会到一种政治性的装饰主题覆盖了场所精神，或者说场所精神可指向鲜明的形式所赋有的权威话语，这似乎与周围的一切没有多少联系，或许那些罗马建筑群也是如此，充斥着权贵意志的确指性和对统治者存有的侍奉。"壮观""宏大""权威"这些关键词均是罗马建筑空间意象的写照，也为后来者提供了一种空间范型——罗马风格。

3. 社交活动的丰富性

集居式住宅是罗马时期的一个城市缩影，但它反映出了许多问题，美国城市学家刘易斯·芒福德在《城市发展史》一书中描写道："大部分人口就居住在拥挤、嘈杂、憋闷、充满臭气和传染病的居住区里"，与此相反，"罗马贵族们的住宅则宽敞、明亮、卫生，配备有浴室和冲水厕所，冬季有罗马式火炕系统供暖，暖空气可流通至各层楼的房间"。然而居住的差异情状，让人感到那些处

❶　罗马人将一种狭长的瓦状面砖作为混凝土极好的装饰面层，除此之外，大理石、马赛克和抹灰工艺都成为了建筑面层的装饰材料，其工艺性和拼贴方式多样丰富。同时还有毛石乱砌法、网状图案拼贴（凝灰岩小方块或砖），以及错缝面砖拼贴和网眼砌法等（详见：约翰·B. 沃德-珀金斯，《罗马建筑》，85～92 页）。

❷　在古罗马人的信仰中，每一种"独立的"本体都是自己的灵魂，而这种灵魂赋予人和场所生命，同时也决定着他们的特性和本质。然而古人所体认的环境都是有明确特性的，这一点中国人也不例外，用舒尔茨书中的话说就是"他们认为和生活场所的神灵妥协是生存最主要的重点"（详见：诺伯舒兹，《场所精神：迈向建筑现象学》，第 18 页）。

❸　希腊艺术一直深受罗马人的青睐，如在罗马的各处庙宇中存有一些希腊艺术形式：雕像、绘画及饰品等，而且当时罗马的艺术形式是直接借鉴希腊的，甚至雕刻者也是来自希腊，但是场所内容却反映的是罗马的现实（详见：约翰·B. 沃德-珀金斯，《罗马建筑》，第 11 页）。

于底层生活窘境的人们的家庭神祇和虔敬习俗已丧失殆尽。这对于草根阶层而言，住宅仅是单纯的庇护所，并不能满足日常生活的需要，比如交流、晒太阳和休闲等活动。因此，家之外的活动成为罗马人最实际的需要，这就不难理解为什么罗马时期的广场、公共浴室、剧场等公共性场所如此之发达，显然是对那些生活在糟糕环境里的人们的一种补充，或者说也许正好抵消了市民居住生活中的杂乱不堪和乏味环境。但事实上，社交活动的丰富性主要还是倾向于有钱有闲阶层的享受，这完全可以从那些壮观、宏大和豪华的场所中找到答案。不过，从另一角度来看，社交活动的丰富性一方面应得益于罗马时期公共建筑及环境建设的发达和活力，另一方面表明罗马人的生活乐趣是在公共空间及场所中，而不是在私人空间或住宅里，难怪欧洲的人们至今都保持着在户外场所或公共环境中互动交流的习惯，这可能与历史情结有着内在的联系吧。

图 2.2.10　罗马图拉真纪功碑

碑体上记载了英雄的功绩，因而摆脱了希腊式的趣味而成为一种政治性的象征意义。

2.2.3　教义的建筑与教化的室内

我们将视线从一个重视世俗建筑的时期转向一个被宗教笼罩的时代，这就是欧洲的中世纪——前后经历了一千年左右的历史，用恩格斯的话说："中世纪是从粗野的原始状态发展而来的。它把古代文明、古代哲学、政治和法律一扫而光，以便一切都从头做起"。也可以说一种强劲的宗教意识在取代古典精神，并成为当时主要的意识形态和上层建筑，这就是大约在欧洲进入封建社会初期时出现的基督教。也正是这种宗教运动试图从罗马帝国的废墟中建立一种新的结构，即"天堂城市"。故此，基督徒们首先要寻求一个适合基督教的聚会方式和祈祷的场所，这自然就从古希腊建筑和罗马建筑的语汇中来选择自己的圣殿形式——哥特建筑❶，于是作为基督教的教义和教化的最有力的场所形式而得到重视。"教义的建筑"可以理解为将浓厚的宗教色彩置入建筑当中，建筑已然成为宗教教义的传播工具了，且遍布欧洲各地；而"教化的室内"则是通过一种氛围营造来影响人们的意识及观念，正如人们走进教堂的那一刻，顿然产生由衷的宗教敬畏和笃信的教义体验。

2.2.3.1　教义的建筑

基督教徒们并不想为上帝建一座像古希腊那样的神庙，教堂根本就不是上帝的住所，而是人们聚集祷告的场所。因此基督教所修建的教堂必须满足更多的人来参与，同时还要为讲求精神内省和仁爱的宗教考虑一个特定的、不同凡响的场所。事实上这是对旧建筑形制和功能上的改革，或者说变为了一场革命。这里，有建筑结构与技术方面的创新，如拜占庭时期的穹顶就是以四根独立柱或更多的柱子为基础，并结合集中式的格局来达成空间的扩展，其最大的优点是摆脱了罗马式的承重墙结构体系，使空间获得了向外延伸的可能，包括哥特时期的教堂建筑中被称之为尖拱（或尖券）和飞扶壁等结构方法同样富有革命性，而且在欧洲盛行且影响深远（图 2.2.11）。此外，又有建筑

---

❶　哥特建筑的概念在历史上并非是统一的、清晰的，原因是时间跨度长且分布区域广，因此在形式、技术和造型特征上也不是一成不变的。各地的哥特式教堂建筑都有所不同，尽管如此，人们还是为中世纪的教堂建筑贴上了"哥特式教堂"的标签，并被广泛接受（详见：路易斯·格罗德茨基，《哥特建筑》）。

形制与空间构成的教条化，如哥特式教堂的意象首先要符合教义，也就是按照教义的规定要求教堂圣坛必须在东端，教堂入口一律在西端，并形成西立面为教堂主立面的趋势。因此哥特建筑与其说承接了教义的指令——拉丁十字形平面引导的线性空间（图2.2.12），不如说从罗马的权贵意志中解脱出来又进入了宗教意志当中。似乎建筑物总是被各种权力意志所左右，而且不断地演绎着。

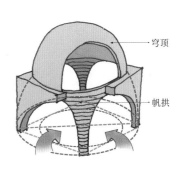

图 2.2.11　帆拱示意
空间被打开并向外扩延。

1. 意识形态的建筑

在中世纪，教堂建筑显然是最为突出的，它代表着建筑的最高水平及成就，正像有人认为西方古典建筑中教堂建筑是佼佼者，而且是集体意向的在场，因此人们能够看到众多的优秀教堂建筑不足为奇。但是，这种特定建筑所充斥的教义色彩着实令人感到西方的建筑实质上一直被意识形态所掌控，因而难免会通过各种手段和方法来传达各式各样的旨意，那么教堂建筑就是一种意识形态的产物。当然教堂建筑的技术和创新不容忽视，但不管怎样，它的立足点是宗教教义，而并非在反映人们的生活必需。所以需要注意，我们所了解的西方古典建筑大多是教堂建筑，而对于人居环境的知晓却不多，比如大多的住宅建筑与生活场景以及其他建筑等在西方建筑史中站位低微，似乎总体上形成了一种建筑片面观——人们总是把目光投向那些少数华丽而宏大的建筑。

进而，深入分析拜占庭时期的圣索菲亚大教堂，可以感知到空间的延展与复合性为室内带来了活跃的气氛，无论是建筑的外观还是室内，宗教色彩依然浓厚。"教义"在空间中得以演绎，但不再是罗马万神庙的那种静态的和封闭式的效果，空间关系明显具有多圆心、多向性和多重性，且赋有开放、宽容和平等的意向，圣索菲亚大教堂因此被誉为"叙述与否定的辩证原理的建筑"。主大厅空间与四周大小不一的空间构成了交错状的时空性，人们在走动中能够体验到室内景致的变化，且完全不同于万神庙那种无须走动便一览无余的简单空间。这种景境既表达了人们向往的自由、活泼和灵透，也表明空间不仅是仪式性的，还是贴近人的体认过程的，其实它还可以解读为既有崇高的尺度张力也有平和的尺度适宜（图 2.2.13）。

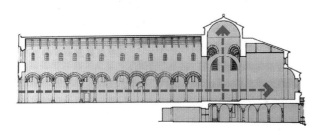

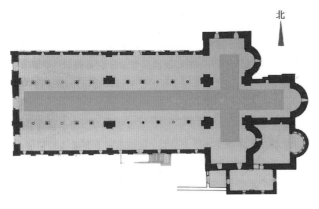

北

图 2.2.12　杰拉切，阿桑塔大教堂剖立面、平面
拉丁十字式构图既有一种行进的线性感，
又有一种向上升腾感。

2. 通往空灵的建筑

哥特式教堂以另一种方式来展现前所未有的空间意象，亦可用"轻巧的结构体系、达到空间极限的空灵、具有清晰的逻辑性呈直线状的室内特征"来表述它进入了空间与结构完美结合的最高境界（图2.2.14）。通往空灵的建筑因而是哥特式教堂的一个宗旨，虽然吸纳了古罗马巴西利卡式的空间形式以满足教徒们的集聚祷告，但是在空间形塑上远不同于罗马时期的神庙，且有着清新的自我特性，主要表现在以下几点：

（1）空间布局呈纵向比横向长得多。教徒们的祷告大厅作为主厅呈长条形空间，圣坛、祭坛在

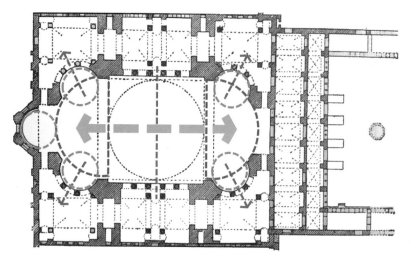

图 2.2.13　圣索菲亚大教堂平面和室内
中心圆形并向两边扩延打破了罗马式的向心性和均质空间，而且一种多圆形构成的
方式使人在行动与视点的移动中体验着空间变化。

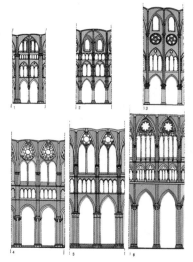
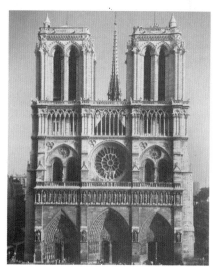

达勒姆主教堂室内　　　　　　　教堂三层式范型　　　　　　　巴黎圣母院外观

图 2.2.14　哥特式教堂

建筑的东端并有一个十字交叉式的横向厅，形成拉丁十字的平面。

（2）双塔式西立面被确立为教堂形式的标准。塔楼通常为封闭的立方体（也有圆形、长方形、六边形和八边形的例子），大多数作为钟楼使用，有时人们认为它可以理解为是瞭望塔或者是城市火警监护塔，甚至还具有标志物性质或纪念物之意义。

（3）教堂呈线性式空间。这是按人流活动的方向来组织的空间，即空间概念以服从一个灵动的原则：双向的动感——向上看和向前进的线状情景，进而这是以坐标方式来传达教义和感悟上帝的存在，且不同于古罗马建筑中的双向对称式的空间序列和层次划分。

（4）教堂巴西利卡式大厅。建筑室内的立面视同外立面的处理方式，如中部高大且立面构图分为三层：连拱廊、中部区域和窗层（高侧窗），其中两侧的侧厅更像是带券洞的走廊且尺度降低了许多，由此看到的是两侧侧厅夹着高耸的主大厅的形制，显然二者之间尺度上的对比和空间上的切分，给人的感受是既为崇高又呈比例的。

2.2.3.2　教化的室内

哥特建筑的总体精神就是以宗教为源泉并传达为教义的，教堂显然被当作了天堂和一种人世间的幻象景境，并以此来满足教徒们对上帝的虔诚、向往和笃信，其中大量的形式符号作为一种图解式的要素，如束柱、图案、彩绘玻璃窗等被安排在教堂中，以强调神圣意义的表达和说教。哥特建筑的形式因此不单是从结构或空间的角度考虑的一种垂直向度的发展，还是从宗教思想的表述来获得普遍适用的意义。在此，室内空间不仅是时间的还是视觉的，"时间"在于人们行走在垂直向度的空间关系中感受到与上帝的联系更近了，并增强了对信仰的坚定信念；"视觉"是指那些富有意指性的视觉形式，是可阅读的，如彩窗、装饰物以及光晕效果等都能够使教徒们领悟其中的含义。教化的室内实际上是由一系列视觉形式构成的教义场景，具象性是它的特征，且非常适合教徒中多数不识字的人来理解教义——身心被教化了（图 2.2.15）。

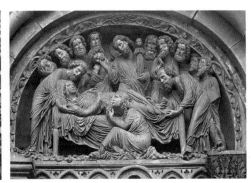

图 2.2.15　哥特式教堂的教化空间

一系列的具象形式既传达着教义，又使教徒有所感悟，宗教氛围十分浓厚。

1. 高耸的意象

哥特式教堂，尽管呈直线的结构形式且逻辑清晰，并以工艺巧妙和做工精良为著称，那些柱子和束柱形成的竖向线条感，既秀丽又富有动感，仿佛整个结构是从地下长出来似的，也像是热带雨林中高高的植物在攀岩生长，给人一种极度的精神震撼力。然而这种高耸的意象在表达崇高、敬畏和灵透的同时也让人感受到自己的低微和渺小，这似乎与基督精神中"神具有人的形体"相矛盾。正如芒福德在《城市发展史》中所述："我们教堂的内室应当比教堂的主体简朴低微一些，因为它们象征着奥理玄义；因为我们的主耶稣基督——他是教堂的主——比他的教堂更低微些。"这说明教堂与人的关系应该是相应和的，而不是教堂越建越高。但事实上，当时教会手中的权力很大且财力雄厚，在对物质的追求上出手阔绰，从一个侧面能够反映人们在意现实的天国应该比来世的天国要更加富丽雄伟些。难怪乎室内大厅达到了令人惊叹的高度且一般都超过了 30m，这种窄而高耸的空间意象，在强烈的升腾动势中令人望而生畏，虔诚无比。哥特式教堂之所以如此作为，毫无疑问来自对教义的高扬，但也说明西方人对建筑的高度始终抱有兴趣，并向着更高的方向发展到了今天，显然与中国传统建筑一贯横向发展、依附于大地自然的思想大相径庭。

2. 可读的彩窗

哥特建筑的表现力大部分是在窗户的形式上，那些尖拱式瘦长形的窗子同样表达了垂直线性的语义。窗子既是建筑的眼睛，也是室内的气眼，正所谓"凿户牖以为室"道出了建筑的真谛。然而哥特式教堂中的窗户已然成为墙体的化身，意指建筑几乎没有实墙面，极具通透的建筑立面更像是镂空雕刻的宝器，显得无比精致而光彩夺目。这些窗户多是以狭长、繁复的窗棂和五彩缤纷的玻璃构成的❶，它既担负着室内采光，又承担着教义的传达，亦是可读性的图示语言。因为教堂窗户上的彩绘玻璃大量传送着圣经故事，可作为不识字的教徒们的圣经，因此大而高的侧窗布满了整片墙面，透过光线的照射有着一种非常动人的视觉效果，同时使室内产生了一种叙事的情景空间，宗教氛围被演绎得非常生动、浓厚并带有几分浪漫的情怀。此外，实墙面减少，甚至被玻璃取代在今天是随处可见的，而在哥特时代的建筑工匠们就有将建筑变轻、变透、变巧的意识，这实在是一种创新精神。而且令人叹为观止的是，建筑立面中的石质竖框非常精致纤细且完全出于手工打造，与彩色玻璃浑然一体，这无不让人感到由衷地敬佩。人们也能够从哥特式教堂立面及窗户上的那些精致无比的装饰中读出当时人们对建筑与工艺品质的表现能力，从中感受到建筑已达到一种诗意地建造。

3. 晕染的光线

哥特式教堂中非物质化倾向最有力的代表就是"光线"，也是考察其室内空间特色的方法之一，在于它是透过彩色玻璃窗而形成晕染的光线，这完全不同于罗马时期建筑的用光方法。首先，罗马神庙注重顶部来光，光线呈漫射状，室内光线均匀柔和，光与影的效果明确而清晰；而哥特式教堂主要为侧射光，光线通过半透明高彩度玻璃的过滤呈漫折射，室内光线明显变弱且带有几分幻影效果。其次，罗马时期的建筑采光远不及哥特时期，原因是受限于结构技术与采光材料（如玻璃）；到了哥特时期玻璃尽管昂贵，但对于教堂而言是可以被大量使用的，因为在基督教的世界里物质化即是宗教化，因此光线与色彩是一对绝配，能够构成教堂的特有效果，是其他任何建筑都不可相比的，在后来柯布西耶的朗香教堂中能够再次感受到这种魅力。哥特式教堂以纤细的窗棂和通透的玻璃使光线能够更多地进入室内，从而建筑的外观在充斥着轻盈而新颖的同时，设想在夜晚，教堂里的灯火穿越彩色玻璃之后势必将为城市带来一道绚丽多彩的视觉夜景。由此说明，哥特建筑既注重室内光环境的营造，又表现于城市景观效果。

4. 寓意的装饰

宗教建筑作为城市中的一种纪念物，可以和我们今天所说的"高大上"相联系，显然和中国"舍宅为寺"的理念有着很大的不同性。特别是在13世纪以后的教堂建筑，无论是外观还是室内都以装饰丰富著称，如玫瑰窗的花饰、镶有复杂装饰边框的壁画、雕像以及高浮雕饰和线脚等造型，图案几乎饰满了教堂立面。这种赋予教义的装饰艺术，一方面在炫耀工匠们的精湛技艺和城市的富足；另一方面，当时的艺术兴趣和品位可谓自由而多样，用英国艺术理论家贡布里希的话说，就是"艺术家有时会抛开他们的范本，去表现自己感兴趣的东西"。由此可见，教堂接纳了众多的手工艺者和他们的作品，尤其是教堂中那些富有寓意的装饰并非来自建筑传统，诸如原本为手工艺的金属工艺制品、彩色玻璃工艺以及情节性的雕像等被融入到了建筑中。这就不难看出，哥特式教堂在某种程度上，一方面呈现出世俗与宗教相混的现实，从而为人们留下了生动感人的景境；另一方面走向一条建筑形式与实用艺术相结合的道路，显然为后来的西方建筑起到了一种示范作用。

2.2.4　古典的再生与戏谑的空间

如果继续沿着西方建筑发展线路来探究的话，就会发现建筑总是随着社会的进程而变化，或者说社会的变革必然影响到建筑，那么西方的"文艺复兴"将建筑推向了一个划时代的新风尚。这是既有开始也有结束的一个时代，也是一系列完全有意识的革新运动，因此"被恩格斯称为人类从来没有经历过的最伟大的、进步的变革。"显然这是以人文主义为主旨的一场变革，在于肯定了一种自由主义，并以此来焕发对现实的热情、宣扬个人才能和自我奋斗精神等，也可以说是从中世纪的

---

❶　15世纪以前，玻璃是贵重物品。到了16世纪时，玻璃的价钱便宜了，玻璃才被广泛应用。所以，哥特式教堂是当时最豪华也是最昂贵的建筑。

宗教禁欲向近代文化开放的过渡。"人文主义"❶ 一边在寻找"再生"或"复活"的可能，系指从宗教精神回归于人文精神；另一边将人视为自由的生物和个人天赋的存在，并极力宣扬资产阶级精英意识。那么建筑的革新而非原创，在文艺复兴运动中更多的是资产阶级意识的产物，即将建筑视为一种知识形式，也可以说是在古罗马废墟上寻求的再生，或者是对过去一千年中的古典语言及风格的复苏或重塑，并且"在相当程度上，是他们自己的历史想象力的一个虚构"。

15—16 世纪是意大利文艺复兴的蓬勃时期，建筑的成就当然备受关注且占主导地位，致使其他各国都从风而偃。但到了 16 世纪下半叶，意大利文艺复兴运动渐趋衰落，人们开始认识到，那些严格而程式化地处理建筑构成的方法显得有些机械繁琐和狭隘。特别是笛卡尔的思想极具启发性，促使人们非专注于"古风"，而开始怀疑并冲破了既有的范式。可以认为，17—18 世纪是叛逆和动态的时代，人们不再信仰旧秩序和旧风格，而是把目光再一次地投向了前方，这就是被人们称之为的"巴洛克"❷ 时代。建筑与艺术自然成为"巴洛克"最具表现力的形式，在于形成一个有意义的形体的同时，看上去既是放松和跳动的，但又有些戏谑和异样的感觉，总之，就建筑而言，此时已不再是恪守成规了。

2.2.4.1 古典的再生

建筑尽管都是针对当时人们之所需的，但是建筑从来没有放弃过探索和创新，这是西方建筑不同于中国建筑最显著的特征之一。也正因为如此，历经近千年的禁锢时代，人们的思想开始萌动，而建筑也再次踏上它的探索之路，不过这次目光却是向后看的——古典的再生。究其原因有三点：其一，神学与信仰在 13 世纪末就出现了危机，预示着理性主义的衰败将由人文主义来取代，意味着长期的秩序观念在被打破之时会进入一个自我解放的时代；其二，人们之所以投向古典文明，一方面是古典思想的丰富性足以说明它的多元融合为后人提供了多重遗产，另一方面是古典的辩证发展进程可谓令人欣喜的精神食谱；其三，古典时代中人的意识为后来勇于探索和革新的人们提供了原动力，如希腊提倡的人的智慧理念（人类具有认识客观真理的可能性）和罗马热衷于世俗观和英雄主义，无不是人们意识与能力的释放。由此见得，意大利文艺复兴运动标志着人文主义和精英主义时代的到来，也正是他们推动了人类文化的整体进程，并为以后几个世纪的建筑发展开辟了广阔的天地。

1. 人文主义的建筑观

哥特式教堂曾是中世纪最荣耀的成就，但在文艺复兴时期它被视为僵化的、乏味的且缺乏宽容度，也显然与当时人们的观念和追求不符。由此一种批判意识和革新做法涌现了出来，这里当属于意大利文艺复兴建筑的奠基人伯鲁乃列斯基（Filippo Brunelleschi，1377—1446），其最为重要的是将古代与当时的工程技术与美学原则进行了独一无二的结合（佛罗伦萨主教堂圆顶的建造）。可以说，人文主义的建筑观在伯鲁乃列斯基的建筑作品中十分显著，在对于古典原型的回归不是机械的，也不是成为一种限制因素，而是更为积极的、富有创新的大胆实践，例如他设计的巴齐小礼拜堂（建于 1430 年），是一座几乎和任何古典神庙都不相同的建筑，无论是建筑外观还是室内，都力求轻快和简雅，如平面虽借鉴了拜占庭的集中式布局，但室内空间抑和扬的关系明确，立面图式明

---

❶ "人文主义"首先是在思想界展开的，如从 16 世纪初的人文主义者的著述中可以看到，人们对一个枯燥乏味的"理性时代"或"禁欲主义"的反叛，因此人文主义在哲学、文学、绘画等知识领域展开了轰轰烈烈的运动，当然建筑也不例外，可以说它们共同构建了文艺复兴时期几乎完美风格的智慧宝库。那么，人文主义的一个宗旨就是赋予人一个特定的位置或特权，在于人们从对宗教仪式的热忱转移到对世俗生活和人世间的重视，而且提出人类的进步应该转向丰富和陶冶人们的心灵，也就是可以通过伟大的艺术作品来影响人的性格和节操。

❷ "巴洛克"一词的原意是指畸形的珍珠，随后被意指为极具矫饰性的一种风格，亦可视为一种现象，而且这个词是先用来表示一种艺术风格的，如绘画、建筑、雕塑和音乐，后来又扩展到文学，以及涵盖了当时欧洲的整个思想文化，因而有人称之为"巴洛克时代"，其时间段大约是从 1570 年到 1650 年，但学者们对巴洛克的起讫时间说法不一，相差数年（详见：罗兰·斯特龙伯格《西方现代思想史》，第 22 页）。

显有类似剪纸般的效果，更为重要的是，这座小建筑在让我们读出几分平和与自然的同时，建筑立面中的廊柱是直接与地面相接，一改过去的三段式构图和厚实的台阶做法，使得建筑有一种冲破性并带有亲切的氛围（图2.2.16）。正如布鲁诺·赛维所说："建筑师并未被宗教狂热所征服，而是一贯寻求不带神秘色彩的合理和有人性的表现方法。"

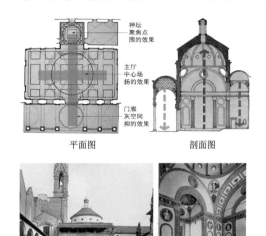

平面图　　　　　　剖面图

外观图　　　　　　室内图

图 2.2.16　巴齐小礼拜堂
室内空间抑和扬的关系明确，立面二维图式平面化。

人文主义的建筑观，一是不再拘泥于过去的样态，虽然采用古典平面构图的方式，但是能够明显地感受到立面图式构件趋于扁平和图案化，立体的光影效果减弱了许多；二是在古典品质的把握和技巧方面能够得心应手，但一种设计的感性语言颇有开放自由的意味，建筑格调更趋向于知识形式的演绎；三是视建筑为一项需要伟大技能和相当天才的事业，因而建筑是向人类提供的既可使用又有思想的事物，绝不是什么人都能从事建筑创作工作的。正因为这三点，人文主义的建筑观实际上开辟了建筑领域的一个新天地，在于将古代法则与当代精神、工程技术与美学原则，以及现时实用与知识形式的完美结合，从而成为了人类文明进程中划时代的一个里程碑。

2. 精英主义的建筑

文艺复兴时期的几位著名大师均是人文主义者，即知识分子建筑师，他们既注重对建筑理论的研究，又勇于大胆实践，可以说他们的建筑作品基本上是他们理论学说的副产品，因此要了解这几位建筑大师就必须了解他们的理论思想。诸如，阿尔伯蒂（Leon Battista Alberti，1404—1472年）是一位学者式的建筑师，在1470年设计的圣安德烈亚教堂是他的一件颇有影响力的作品，在于建筑立面上一个神庙的正立面与罗马凯旋门的有机组合，而且非常突出的是中心拱门的虚空处理，既打破了过去教堂的一贯范式，又在建筑整体尺度上呈主导性的作用；伯拉孟特（Donato Bramante，1444—1514年）著名的坦比哀多建筑，虽小但影响力大，因为赋有一种罗马建筑的宏伟和刚健的情结，而他的梵蒂冈宫改建工程中令人感叹的是建筑立面，即巨大的龛形象是一种电影蒙太奇式的效果出现在建筑外观中，或者一个剖切的室内景象的外显，并且有一种时间上的错觉感；再来看米开朗基罗（Michelangelo Buonarroti，1475—1564年），首先他是雕塑家、画家，然后才是建筑家，他还是"手法主义"❶建筑风格的代表人物之一，特别是"巨柱式"是他的一个创举，即将柱子提升到两层或多层的高度甚至有时与建筑立面等高，因而他的建筑形式语言多是自我设计意识的大胆表达；最后一位，帕拉第奥（Andrea Palladio，1508—1580年），是一个严格的古典主义者，虽然受到过米开朗基罗的影响，但是其建筑思想主要来自维特鲁威的原则，且建筑作品基本上反映了古典比例与和谐的数学理论，并创造了"帕拉第奥母题"——一个单元中出现的两个小方形空间夹着一个大拱门的组合（图2.2.17）。

上述几位建筑大师的作品和设计思想充满着精英主义的色彩，他们将建筑提高到知识形式的层面，这一点对后来的建筑学发展十分重要。尤其是阿尔伯蒂和帕拉第奥，他们各自的建筑理论对建

---

❶　历史上的"手法主义"是一种美学现象，也是一种风格分类，其基本特征就是构图复杂与多样，在体现艺术家的技巧和鉴赏力的同时也在传达其个人的独立性、创作性和表现性。如文艺复兴时期的朱利奥·罗马诺和米开朗基罗是手法主义的代表人物，不过二者的创作活动是不同的，有着各自的独立方向（详见：彼得·默里，《文艺复兴建筑》，第83~118页）。

筑学界影响很大。我们由此可认识到，西方建筑发展的历程始终有理论伴随，从维特鲁威的《建筑十书》到阿尔伯蒂的《论建筑》和帕拉第奥的《建筑四书》，再到拉斯金的《建筑七灯》，以及柯布西耶的《走向新建筑》等，这些完全可以证实西方建筑实质上是在发展一种知识形式及体系。相比之下，我国在建筑理论研究建设方面则有所欠缺。这值得我们重视与深思。

阿尔伯蒂设计的圣安德烈亚教堂

帕拉第奥设计的帕拉第亚纳巴西利卡（母题）

米开朗基罗设计的劳伦齐阿纳图书馆

伯拉孟特设计的梵蒂冈宫改建工程

图 2.2.17　精英们的设计
"文艺复兴"的建筑风尚，可谓有意识的革新活动。

2.2.4.2　戏谑的空间

17 世纪的物理学和天文学领域的"科学革命"，让我们看到哥白尼的"日心说"使宗教信仰出现了一道恐惧的裂痕，致使人们开始怀疑现实中发现的事物，也正像笛卡尔总结的那样，怀疑是一种思想，这种思想代表唯一的必然性，即"必然遵循一点，那就是，我是存在的……"。也正如艺术作为一种意识形态的上层建筑，开始出现了艺术与科学统一性的分裂，艺术家不再同时是哲学家和科学家，艺术仅仅就是艺术而已。那么 17 世纪的建筑也在开放和动态的年代里冲破了一些图式上的教条、格律，甚至一种无限的潜力被激发，而"这种无限的潜力能够赞美为存在的无限作用"。事实证明，这一时代将原本静态和封闭的世界加以改变，以至于"艺术专注于生动的图像，包括现实和超现实的图像，而非专注于'历史'与绝对形式"，这也被人们称作巴洛克艺术。显然这一时代情境也影响到建筑意识及其活动，其具体体现在以下几个方面。

1. 矫饰的空间

自从米开朗基罗的手法主义和他的巨柱式表现以来，影响着后来的室内设计及其思路，使得建筑空间变得越发趋向于纯粹的形塑，这并非指空间形态的创新，而是指空间二维图式的表现。因此，现代室内设计的发端应该追溯到"手法主义"，一方面大量的二维图式涌进室内，似乎向静态空间发起了挑战，如各种线形、图形及塑形布满室内空间，紧张、刺激和异样是总的特征；另一方面这种矫饰性的空间有意在搅乱原本存在的空间尺度和体量关系，使得室内呈现出视景片断的拼凑、空间造型的花哨以及空间符码的编制。这应该说是一种心理事实的反映，意指人们将内在的叛逆性置入建筑当中，并以此来传达自由、解放和挣脱正统的心境。巴洛克空间因此被人们视为一种超脱理智且带有精神叛逆性的动态空间意象，比如室内中墙壁所呈现的波浪状弯曲变化、繁复的线条装饰以及使视觉感到紧张的图形等，均可谓对惯用体系的改变或瓦解。尤其是巴洛克式的建筑平面，以椭圆形代替圆形并成为巴洛克的经典形式或基本图形，从而将希腊十字平面向纵向拉长、变形，形成非中心匀质的平面关系（图 2.2.18）。这显然是对文艺复兴时期静态空间关系的一种破坏，并以异常、异形和异样的空间来回应古典的图式范型，实质上折射出当时人们普遍的骚动心理和怀疑姿态。

2. 暧昧的空间

"暧昧"一词用来描述巴洛克的建筑并不为过，在于巴洛克的表象既此又彼，如椭圆形就包含了既圆又非圆的意象，亦可谓两义性是它的一个特征。正如波罗米尼（Francesco Borromini，1599—1667 年）设计的圣卡罗教堂，就富有两义性及其表现形式。在这个小教堂的平面中，包含着

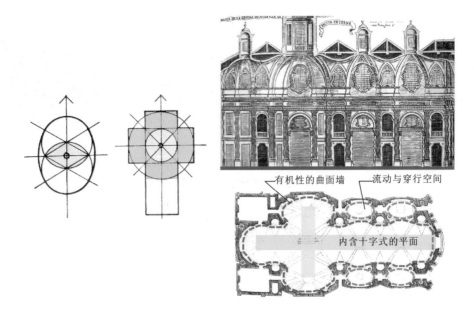

图 2.2.18　巴洛克教堂立面、平面图式
立面和平面中的曲线成为一种要素和特征，显然与古典样式样态拉开了距离。

复杂性与矛盾性的并置，例如空间依然采用集中式的布局，但一个拉长的希腊十字式（可以通过轴线分析出内含的对称式）被椭圆形构图掩藏了，实际上可以分析出其中含有多个圆形并构成了空间界面的曲线状。复杂性就在于室内出现的那些异形的、抽象的组合，如曲线、曲面且看似随意的空间造型着实让人匪夷所思；而矛盾性则指向如此开放的建筑构图及思想，为什么还要坚持对称与非对称的两者兼有呢？像两侧的凹室形式异样且难以理解（图 2.2.19）。进而，通过这件著名的建筑作品可以感知到，巴洛克建筑空间复杂而矛盾的构成方式背后一定在意指着什么，这还需人们深入探知。但不管怎样，暧昧的空间是值得关注的，实际上在今天的建筑空间中这种情境十分常见，而且比过去更为复杂和矛盾，特别是室内设计制造出的多层、多重和多变的场景，并不仅仅是形式和形态上的表现，而在于它的目的和它生成的关系（如话语、权利和效益）充斥着暧昧性。

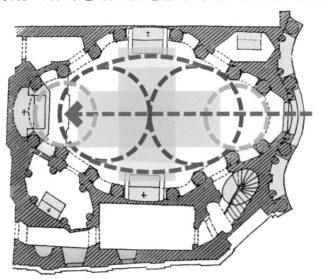

图 2.2.19　圣卡罗教堂平面（左图）与外观（右图）
一种放弃了几何法则的建筑构图，有点戏谑，也有点挑战古典的意味。

3. 摆布的空间

巴洛克建筑无疑具有表现性十足的空间意象，似乎有针对古典建筑语言和正统精神的挣脱之意，看上去空间形式有意在摆布一些跳动和奇异的节奏，用来表达一种玩世不恭的心境，事实上那些图式编排和柱式摆布更像是简单加法，但却破坏了古典的严谨（周密）、严素（庄重）和严整（规矩）。究其原因，从宏观上来看，当时正处在封建制度面临解体和资本主义萌生发展的交替时期，诸如科学、哲学、政治、经济以及人文社会出现的大变革，其中启蒙运动促使人们的民主意识与日俱增，在思想上形成了前所未有的骚动；从微观上来说，人们在思想上不再只是追求平稳、安定，而要尽其胆识去冲破一个权威、权力和权位的世界。反映在建筑中就是，人们不再崇拜看似严谨且显刻板的建筑样态，反而用一种戏谑式的表现来加以回应，这既让人感到莫名的出奇而不可思议，但又与时代的变革有着内在的关联。然而这种弃平稳、静态而求变化、动态的心理及意识，所引导的室内明显是不拘泥于既有范式的一种随意性组合，从而营造出以科林斯柱式为起点且带有几分不恭的变异效果

图 2.2.20　拉泰拉诺的圣乔万尼教堂
多种艺术形式和造型进入教堂，其拼贴效果
十分明显，给人一种视觉的紧张感。

（图 2.2.20）。因此，我们所感受到的巴洛克建筑，实际上是一个文化与时代的观念转变带动的畸变情境，这可否是后来现代主义建筑运动的前奏呢，同时当今世界不断全球化是否也在经历裂变呢，事实已经说明了一切。

2.3　现代建筑的空间意识

西方建筑的发展类似一条长河，每一段景致都是不同的，且对立而统一。"对立"在于彼此之间呈现的是一种各自站位不同的对面，或者视对方为自我存在的因由；"统一"则表明代际或先后均保持着贴近性的发展特征，系指始终在宗教信仰中成就着事物。但情况未必都是如此，有时也会因受到某种机制的催化和作用而出现畸变，如同化学反应那样，既变得骚动不安又令人振奋。19 世纪末到 20 世纪 30 年代左右，建筑遭逢了一种催化或狂热，甚至可以视为跳崖式的变革，这就是我们所认知的现代建筑。正如有人认为文艺复兴至新古典主义的建筑该结束了，之后的建筑应该进入一个崭新的"现代"时期（表 2.3.1）。而"现代"这个词过于笼统，且含糊不清，其实它应该包括"现代性""现代主义""现代化"❶ 这三个不同的概念。如果对这三个概念有所了解的话，那么就能够区分现代建筑与现代主义建筑乃至现代化情境下各种建筑观的不同性，而且似乎始终处在开头，与历史再也没有什么联系了。或者说，现代建筑彻底摆脱了宗教信仰的教化而转向社会现实的目的，即社会因素开始影响建筑，如社会的制度、支配、利益等诸多诉求促使建筑进入了多元重构之中，那么现代建筑的思想必然是整个建筑学界的先行者，也是对建筑的根本问题的探索过程，并由

---

❶　"现代性"的概念应该是出现在 17 世纪和 18 世纪的"古今之争"中，或说它已持续了几个世纪的演变之中且带有批判性的评估，因而现代性的特征不仅是知识领域的，还是有关权力的话语之争，曾有许多学者致力于现代性的研究之中。那么"现代主义"一词可以指向现代性文化中的一个转向，严格地说，现代主义是指审美现代性中的各种发展，如绘画、雕塑、建筑等领域且具有特定形式语言的表达，或说某种经验形式所给予的批判性表现。至于"现代化"的概念则指进程的状况，它既可以向后意指也可以向前指涉，如文艺复兴可以说是当时的现代化，而时下亦可谓现时的现代化，由此见得，现代化是一种进程之情境或为一段时空性的整体意象之所指（详见：杰拉德·德兰蒂《现代性与后现代性：知识、权力与自我》）。

此推动了现代建筑的向前发展。

表 2.3.1   西方古典建筑与现代建筑的比较

古 典 建 筑	现 代 建 筑	古 典 建 筑	现 代 建 筑
规范的图式——集体形制	自由的形式——个体定义	静态的空间——封闭盒子	动态的空间——时空连续
感性的构成——柱式意涵	理性的构件——柱子承载	服务于宗教——权贵意志	服务于社会——精英意识
叙事的空间——丰富具象	本原的空间——纯粹抽象	装饰性表现——二维界面	情结性营造——四维空间

2.3.1　现代性促使建筑思想的改变

"现代性"这一概念，"首先出现在 17 世纪和 18 世纪的'古今之争'中"，其自身是针对人类经验中某些核心方面发起的怀疑和批判，不只是知识领域的，还是和权力有关的话语竞争，因此也是自我观念的建构过程。"怀疑"意识可以追溯到笛卡儿思想，而"批判"是指具有说服力的反思性，二者显然是现代性进攻的武器，也是赋有激进性的选择。"怀疑"可谓现代性的一个起点，正如笛卡儿认为怀疑是一种思想，在于"我思，故我在"，也正是"我思"的在场，一种"方法论的怀疑"成为近代哲学的开端，并指向"怀疑任何似乎可以怀疑的事物"。那么"批判"显然是怀疑的派生，或者说是怀疑的结伴兄弟，其实它更像是采取的态度和做法，实际上批判并不执意要去否定对象，很可能相反，即是在追求更加深入的理解和纠正，批判就是对怀疑作出解答。由此见得，怀疑与批判构成了反思性和话语性，而且直接进入现代性之中并占据了核心位置。

因此，现代性的一个显明特征就是批判性，是指人类批判意识的发现，正如法国哲学家米歇尔·福柯认为"人的出现现代性就开始了"❶。福柯所指的"人"是一个能思辨、有态度和会怀疑的"主体"——表现自我，而不仅仅是一个肉身存在，这在 18 世纪以前是难以设想的。哲学家认为"人"这个概念是晚近时期才出现的，在这之前人仅仅是作为自然界中一个存在的生命体或活着，而对我们所讲的"人性"并无概念和认识。由此可以说"现代人"是现代性的一个别称，在于人作为在场的主体，有他的主权、言论和自由等，这也是 18 世纪的人们的一种觉悟。尽管文艺复兴中的"人文主义"能够在世界之序中给予人一个位置或特权，但绝没有像 18 世纪以来这样重视"人性"的存在，这还要归功于为此做出努力的哲学家们及他们所散发的思想。那么这里所说的现代性，就可以看作一种具有批判力度的公共性话语，并有多维度、多领域和多层次延伸的能力，建筑学显然是现代性对准的一个目标。

毫无疑问，现代建筑思想是在现代性的背景下发展的，或者说是植根于现代性的观念之中，并需要通过知识形式来展现的，也就是一个思想投射到了形式之中。具体而言，建筑学首要的问题是重构思想和方向，因为之前的建筑物所存留的意义值得怀疑且需要批判，因此新的建筑意涵必须与时代密切关联。这也是建构现代建筑观的大好时机，例如建筑的本原性、合理性和时空性等均是重大问题需要去面对。这种建筑思想足以说明，一方面建筑的变革不会自动产生，建筑也不是孤立存在的事物，它必然随着时代的步伐而跟进着；另一方面人们对以往那些陈腐的建筑图式可谓是由衷的腻烦，因而需要借助现代性的观念推翻它。由此不难看出，现代建筑思想的涌现是建筑史上第一次建构建筑话语和建筑关联，所谓"建筑话语"是指前所未有的原创性，在于回归建筑本原性的同

---

❶　福柯认为，人只是晚近时期才出现的，正如他在《词与物》的著作中所陈述的："在 18 世纪末以前，人并不存在。"这其实是指我们所说的"人性"，也就是那时并不存在关于人本身的认识论意识，那么有关"人性"的研究自然也是欠缺的。由此，福柯强调说，人能够让世界进入一个话语世界，能够辨别自然，也能够来展现自己（思想、记忆和话语等），进而人应该是有深度的在场，并成为独立自主的主体（详见：米歇尔·福柯，《词与物：人文科学的考古学》，莫伟民译，上海三联书店，2016 年）。

时开始关注自己应该赋有的意义和价值，如同绘画界的印象派一样；而"建筑关联"则为首次将建筑与社会联系在一起，认为建筑师应该担负社会责任并树立服务意识，这实际上是现代性的影响。那么，现代建筑思想的产生必然离不开具体的时空环境，即"时空"意指时代的特征，不是抽象的而是具体的，关涉着社会进程的方方面面，建筑的时空性因而是一种情境，但同时也是时代影响下的产物。进而可以认为，时代的气息影响了建筑及其思想，或者说现代建筑思想必然反映时代的某些特征，这需要从以下四个方向来加以分析。

其一，众所周知的英国工业革命，也就是以蒸汽能源为中心的产业革命，直接推动了整个人类社会的进步。如果说这是资本主义催生的市场扩张，并且把城市变为像战场似的生存竞争环境绝不为过；那么人们的生存便成为一个头等问题，意指大批量的人口涌向城市，或者说城市人口增长率的惊人提高，必然带来诸多问题的出现。具体的实例在芒福德的《城市发展史》著作中有过详细描述，从中可以感知到一个时代的转变总是在生产其特性的同时也伴生着它的副产品。显然，社会需要成为时代的主旋律，正如大批移民者的重新定居和生活需要是当时工业化城市必须要解决的问题，建筑再也不能像之前那样去追求宏伟的、浪漫的和权贵的意象了，需要转向更为重大的社会主题。城市人口的居住问题、建筑生产的多快好省以及建筑应该面向社会大众等社会需要正促使建筑思想及其方法的必然转变。

建筑学由此踏上了一条功利主义与功能主义相结合的道路。"功利主义"[1]在于，关注民众幸福、社会福利和公益德行，其中有两条重要主线：一是人人应享有同等的权利和获得幸福的机会，二是只有保障社会的平等和安全才能求得最大的幸福。建筑是人们获得幸福的一个基本点，也是考察社会福利的一个基础，建筑还应该赋有公益德行。由此而言，如今建筑应该放弃一切古典图式和无用的装饰，而转向为更多人争取可居住的条件，其本身就是社会的一种福利。现代建筑思想因此提出，那些陈腐的建筑样态与大众生活无关且完全是一种浪费，设计的目的就是为了解决问题，而不是去表现装饰。正如建筑师阿道夫·路斯，他的一句"装饰就是罪恶"就充分的反映出当时一种建筑思想的定位，显明是投向纯粹的实用观，并视为社会之所需。

于是，建筑上的"功能主义"便成为当时的一个亮点，即以功能为基准且一切服从于使用的要求。功能主义建筑因而完全不同于古典主义建筑，在于屏弃了古典式的构图样态之后转向了现代技术、标准构件和组织生产的综合考虑，此时建筑关心的是结构、材料和施工的合理化程序如何，其中更经济、更实用是重要的指标。就像现代建筑先驱之一迪朗说过的，"在建筑中只有两个问题：第一，对私人用的建筑来讲，就是如何用最少的钱，提供最适当的便利。第二，公共建筑的问题，是如何以现有的资金，提供最大的便利。"这两点足以实证，现代建筑思想及其准则完全是基于实用和造价最低的概念之上的，这难道不是一种公益德行吗？

其二，启蒙运动的影响力及其持续发酵是催生现代建筑思想的又一动力，正如民主与自由是当时的一些建筑家所积极倡导的，认为建筑形式应该代表时代，也是社会、文化、经济的集中体现，不应该纠缠于古风和权贵意志的建筑观。这种建筑思想的产生必然会以具体的形式代言，也就是建筑的样态是怎样的，不只是形式的走向，还是新思想的体现，或者说是对社会做出的一种回应。不难看出，建筑的主动性落实在对社会的批判性上了，例如 19 世纪末和 20 世纪初的"工艺美术"运

---

[1]　"功利主义"的目标就是"最大多数人的最大幸福与快乐"，这里有两位主要人物，一位是杰勒密·边沁，他认为，人们都在谋求自己的最大可能的幸福，而幸福与快乐是同义的；另一位是约翰·穆勒，他认为功利主义所搭建的框架是以"最大幸福原则"为核心的伦理学和认识论，其中包括道德标准和行为规则两个主题。由此可以说，功利主义是一种真正的现代思想，这也是探究现代西方文明的必由之路，而且它完全不同于我们日常所讲的"功利主义"（详见：约翰·穆勒，《功利主义》，徐大建译，商务印书馆，2014 年）。

动与"新艺术"运动❶，企图以传统的手工艺来抵抗工业机器化的进步。事实上这种青睐于装饰性图示与符号的表现，并没有改变历史的整体进程和发展，不过"工艺美术"运动与"新艺术"运动在为现代建筑奠定意识形态基础的同时掀起了一股建筑与设计的潮流，如著名的"红屋"、维也纳分离派以及德意志制造联盟等以不同的方式向机器使人异化的力量发起了挑战。不仅如此，在关注新材料、新技术方法和社会需求比古风演绎更为重要的过程中，人们已经认识到工艺、生产和产品的有机融合是摆脱工业投向自动化的最好方式。这种建筑观实际上反映出设计的民主与自由已深入人心，一方面表明人们激进的行为和对新出路的探求，必然会不断派生新思想、新观念和新形式；

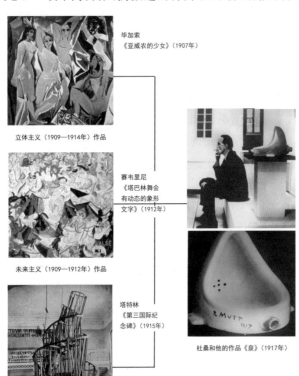

毕加索
《亚威农的少女》（1907年）

立体主义（1909—1914年）作品

赛韦里尼
《塔巴林舞会
有动态的象形
文字》（1912年）

未来主义（1909—1912年）作品

塔特林
《第三国际纪
念碑》（1915年）

杜桑和他的作品《泉》（1917年）

现代艺术中的"三大主义"遭遇杜桑
对艺术的调侃或说戏谑，实际上在宣
扬一种"现成品"即艺术的观念，由
此将"艺术"拉下圣坛，回到日常。

构成主义（1913—1916年）作品

图 2.3.1　现代艺术
经历了百年的现代艺术留给人们
更多的是启示和新发现。

另一方面这些运动从不顺应形势或简单的依附于时代，而总是在构建自我话语体系的同时不忘对社会（市场）进行批判，似乎已成为西方的一个传统，从而为后面的现代主义建筑实践奠定了良好基础。

其三，现代艺术的起始年代众说纷纭，但却缤彩纷呈，除了 19 世纪的印象派和后印象派之外，应该就是 20 世纪初法国的立体主义、意大利的未来主义和俄国的构成主义了❷。这"三大主义"之所以成为现代艺术的核心，主要是将现代性融入其中并真正做到了艺术的革命性，这对后来的各种艺术现象明显有着引领性的作用。特别是在建筑领域，如果不了解这"三大主义"就不能真正的理解现代建筑，这里充满着全新的观念和革命的实践，诸如反叛、决裂和创新是总体特征，因此这自然会影响到新建筑及其思想。现代建筑思想也因此成为建筑学的先锋性，意味着"先锋性"对未来的某种意识和作为在时间上的抢先意识，比如一种"为新而新"的观念出现在前台，由此掀起了一场现代建筑的形式主义盛行。就像立体主义的形式、未来主义的宣言以及构成主义的形态无不是在"造新"，但这些艺术创新的悖逆性也凸显了出来，即最后的结局为杜桑的现成物——

"泉"（图 2.3.1）。现代建筑思想正是在现代艺术观念的影响下，一方面开始搭建一个形式主义的建

❶　19 世纪下半叶的"工艺美术"运动，是建筑师与艺术家针对当时的工业化对传统建筑和传统手工艺的威胁而展开的一场较量，尽管没有撼动现代工业的发展，但却通过建筑实践和产品设计传达出了一种民主思想和对自然美学的向往，对后来的建筑和其他设计具有一定的影响，主要人物为约翰·拉斯金和威廉·莫里斯。"新艺术"运动可谓与"工艺美术"运动先后发生的，亦可认为英国的工艺美术运动影响了新艺术运动，但需要注意，它不是一种风格，是实实在在的一场运动，而在欧洲各地和美国均有不尽相同的形式发现，比如有维也纳分离派、德国的青年风格派以及德国的包豪斯等，主要人物有凡·德·费尔德、彼得·贝伦斯、查尔斯·麦金托什等（详见：王受之，《世界现代建筑史》，中国建筑工业出版社，1999 年）。
❷　有关现代艺术这段历史可谓令人兴奋不已，大师众多且作品纷呈，不仅是视觉上的影响，更是思想及观念上的引导，可以说 20 世纪初的艺术经历所创造的高峰直到今天都没有能够冲破，或说我们依然沿着他们铺好的道路前进着（详见：H. H. 阿纳森，《西方现代艺术史》，邹德侬等译，天津人民美术出版社，1986 年）。

筑王国——现代主义建筑，因而建筑的形式成为人们关注的一个核心；另一方面不可回避的问题也发生了，如同现代艺术的结局一样出现了它的僵局——"国际式"（图 2.3.2）。因此需要注意，建筑形式背后的思想常常被人们忽略，尤其是一种思想的产生并非是孤立的，要了解它就必须到更大的范围或整个时代中去探寻，这样才能够把握你所关注的那一点，即建筑这档事究竟意味着什么。

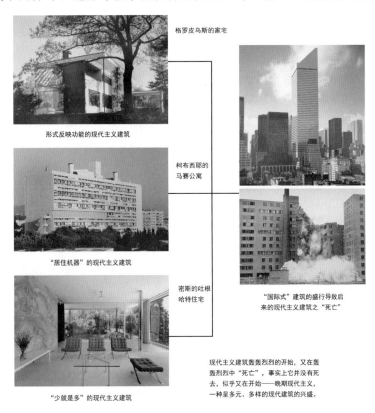

格罗皮乌斯的家宅

形式反映功能的现代主义建筑

柯布西耶的马赛公寓

"居住机器"的现代主义建筑

密斯的吐根哈特住宅

"少就是多"的现代主义建筑

"国际式"建筑的盛行导致后来的现代主义建筑之"死亡"

现代主义建筑轰轰烈烈的开始，又在轰轰烈烈中"死亡"，事实上它并没有死去，似乎又在开始——晚期现代主义，一种呈多元、多样的现代建筑的兴盛。

图 2.3.2 现代主义建筑
一场先锋运动开启的新纪元既有兴旺也有萧条，甚至会有转化的可能。

　　其四，促使建筑思想改变的另一个重要因由就是"技术革命"，事实上英国工业革命必然带动一系列前所未有的技术革命。就建筑而言，真正能使建筑新思想转变为具体形式的当属于建筑材料上的革命，这就是钢筋混凝土的发现，如同古罗马时期发现的混凝土一样，从此建筑构成发生了根本性的改变，即一种框架结构支持了建筑"墙倒而房不到"的现实（图 2.3.3）。这种建筑结构的变革，使得现代建筑思想中所包含的形式意向能够实现，也着实是建筑师遇到了形式创新的成熟时机。建筑如果不谈形式就是在空谈，而建筑的形式完全不像其他艺术形式那样单纯，它首先需要工程技术的支持，然后需要材料科学和众多专业的通力合作，其宏大的体量足以说明一切。这也让我们联想到扎哈·哈迪德的那些高难度且复杂的建筑方案，如果没有现代科技的发展给予支持的话，就根本不可能实现。由此可见，建筑形式的每一次革命都是在科学

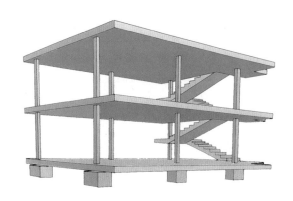

图 2.3.3 框架结构
柯布西耶的"多米诺"单元结构——一种可组合的结构形式。

技术发展的影响下展开的，可以说科学技术的发现和创新是建筑形式的创新之母，或者说，不关注现代科技的发展，和对新材料、新技术和新方法的漠不关心，而只一味探讨所谓的思想或概念，那建筑形式的创新永远只能停留于纸上。因此，建筑学既要有新思想、新理念的不断产出，也要有科技意识和探究实践，正像时下的 3D 打印技术、新材料研发以及参数化设计等，很可能将会带来一场新的建筑学变革。

2.3.2　现代主义建筑的基本特性

论及现代主义建筑，必然关涉到建筑形式和主张，这也就自然的指向具体的人和事，正如现代性思潮和现代艺术运动影响着建筑学人，用美国建筑师菲利浦·约翰逊的话说，建筑因此搭上了艺术变革的末班车。建筑之所以被冠以"现代主义"之名，在于它是向前看而不是回头看（和文艺复兴时期完全不同），而且在建筑理论和方法上是极具创新的，冲破既有性、与历史决裂以及重构体系是现代主义建筑的总体特征。赛维因此为现代主义建筑总结出七条原则❶，让人们从中感悟到，19 世纪之前的建筑空间虽说有甚多的变化，但基本上是停留于二维装饰的方法，空间意象更是纪念性或叙事性的。实际上人们一直在利用空间而并非在创造空间，如同古典绘画一样是宗教意识和权贵意愿的附庸，没有真正面对绘画自身的形式而展开研究，建筑亦是如此，没有回到本原（即空间的形式）。而只有到了现代主义建筑这些原则的出现，才能在建构其方法体系的同时为后来的建筑及发展树立新的范型、规则和意识，其中空间形式的实用性必然在建筑实践中得以高扬。

2.3.2.1　结构的形式意象

现代主义建筑是在技术先行中探求空间结构的形式意象的。"空间结构"有两层含义：其一，钢铁与钢筋混凝土新结构技术的发明与应用预示着建筑空间的真正开放与自由的到来；其二，建筑构成被提到首要的位置，在于空间结构是以平面布局为基础的形式组织。因此结构的形式意象，一是对哥特式空间的某些做法（如大窗户、连续窗和整面墙作为玻璃等）进行的普适性应用；二是框架结构使空间的自由划分成为现实，并能适应未来使用空间的各种需要和变化。这意味着一种形式意象（人为计划或方案）在新结构、新技术的支持下得以落实或实施，从而促进了人的主观能动性和创造性，难怪有人认为现代主义建筑就是在推行形式主义。毫无疑问，建筑是形式的也是人为主张的，纵观建筑历史，你会发现建筑的形式从来都没有像现代主义建筑这样掌握在建筑师的手中，而且还在宣示一种前所未有的主张："建筑形式不仅需要理性来证明是正当的，还需要从科学推导出其法则，才能证明是有理的"。有人进而认为，现代主义建筑应该反映直接的、诚实的美学态度，反对一切虚掩和装饰，如建筑中的梁、板、柱应该成为最真实的形式美学概念，并且提出剔除多余的装饰就是一种崭新的形式审美。阿道夫·路斯在《装饰与罪恶》一文中也明确表示："既然装饰不再是我们文明的有机整体，它已不再是这种文明的正确表达。今天设计的装饰与我们自己无关，与整个人类无关，也与宇宙秩序无关。它是落伍的、没有创造性的。"同样，柯布西耶在《走向新建筑》一书中写道："工程师们正在生产着建筑艺术，因为他们使用从自然法则中推导出来的数学计算，他们的作品使我们感到了和谐。"这些富有革命性的立论，说明一种工程师美学在当时的建筑中占有席位，建筑不再是往日的那种雍容华贵，变得纯粹而直截了当，一种由结构的形式意象引起的真实性建筑喻示着与历史建筑的彻底决裂。

结构的形式意象，因此不只是指向一个技术要旨，还是一个建筑构成的转变。"结构"一词在

---

❶　赛维认为设计方法论，非对称性和不协调性，反古典的三维透视法，思维分解法，悬挑、薄壳和薄膜结构，时空连续，建筑、城市和自然景观的组合，这七条代表了现代主义建筑的原则。而且他还说，只要和这七条不矛盾，还可以再继续加下去（详见：布鲁诺·赛维《现代建筑语言》，席云平、王虹译，中国建筑工业出版社，2005 年）。

建筑学中赋予了新的内涵，正如古典建筑一种正交的盒子——几何形体，其所持有的结构定义就是指支撑起建筑主体的那部分，直到现代主义建筑的出现才被打破，继而转向可构成、可组织的空间实体。也就是传统的几何形体此时被打开或分解了，意味着框架结构的出现彻底将盒子式的房间变为结点分离、平面自由和空间流动的构成，或是说原本正交性的房间不再是封闭的容积体，如墙体的拆分导致房间的四个角落被裂开并形成可穿越的空间组织（图 2.3.4）。这不仅仅是建筑结构的意象，更是空间构成的意向，结构的新意因而在建筑中指向空间要素的成分和空间构成的方法。那么"形式意象"自然是结构新意的映现体，正像密斯的巴塞罗那德国馆建筑，我们看到的墙板不再是一个限定空间的结构构件，此时已变为一种富有节奏的、连续动感的空间片墙组织——线性要素，也正是这种建筑的结构（构成）所产生的形式意象——流动空间，可谓一种时间性注入在了建筑空间当中（图 2.3.5）。

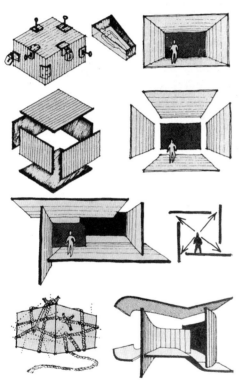

图 2.3.4　打开的盒子
建筑空间由此开放了。

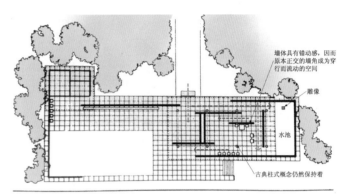

墙体具有错动感，因而原本正交的墙角成为穿行而流动的空间

雕像

水池

古典柱式概念仍然保持着

图 2.3.5　巴塞罗那德国馆
平面中的片墙促进了空间流动。

2.3.2.2　建筑的功能意识

"形式追随功能"是现代主义建筑向古典建筑发出的宣言，喻示着要排除一切不合乎实际需要的建筑观念，主张空间形式与空间内容相结合是最为重要的原则。建筑的功能意识因此成为一种核心价值，在于重视"形式"中必须考虑"内容"。比如建筑的开窗，在哥特式建筑中是非常隆重的且构图及意涵丰富，但现在却完全冲破了古典法式而转向直截了当地反映开窗的本质——采光，因此窗户在意需要，即其选型取决于房间的具体采光要求并可自由设置。然而更为重要的是，建筑布局发生了根本性的变化，最为经典的例子当属格罗皮乌斯的包豪斯校舍了，从中可以看到一个根据不同内容、不同功能的组合式建筑（图 2.3.6）。其意义在于：一是提出了建筑内容的组合已成为趋势，因此应该考虑不同功能的组合关系，具体而言就是建筑要区分不同的内容特性和满足不同的使用要求，并且既要形式也要内容，包豪斯校舍显然做到了；二是提出了形式组织应随其功能属性，

因而建筑形体有可能是不完整的，也就是不再像古典式的正立面建筑那样构图协调，包豪斯校舍就没有所谓的正立面，也不存在一个全景的焦点透视，想看到它的全貌就必须绕着它行走，这类似于中国传统建筑的方法；三是包豪斯校舍树立起了一面反古典的旗帜，正如"不完整""不协调""不对称"是它的特性，而且发现了建筑具有的时间性——一种四维空间的概念，这着实成为了现代主义建筑的一个典范，且影响深远。

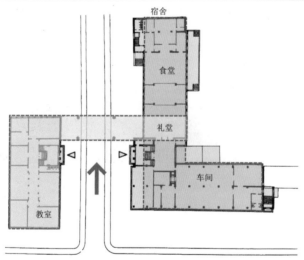

图 2.3.6　构成的建筑

体块构成带动的功能分区和时空连续。

　　不仅于此，建筑的功能意识被另一位建筑大师演绎着，这就是柯布西耶提出的"建筑五原则"❶，与其说这是他个人的建筑主张，不如说为整个现代主义建筑提供了一个新的起点。这种极具反叛性的功能原则纯属是在向古典建筑语言宣战，诸如屋顶花园——将建筑占有的土地还原，横向带形窗——一反古典的竖向开窗，柱子落地——一反古典式柱子落在厚实的基座上，以及自由平面可适应更多功能等，这些完全颠覆了古典建筑所建立的图式体系（图 2.3.7）。同时也能够让人感受

---

　　❶　勒·柯布西耶的建筑五原则：自由平面，自由立面，底层架空，屋顶花园，条形窗户。这些原则为现代建筑提供了一个新的起点，尽管今天的设计方法总体上突破了这些原则，但是其中的一些要素依然存在着意义，比如"自由平面"在室内设计中就值得深入探究，意指平面的丰富性将决定着空间的生动和富有情趣感，如果把时间概念添加其中那空间就更富有意蕴了（详见：布鲁诺·赛维，《现代建筑语言》，席云平、王虹译，中国建筑工业出版社，2005 年）。

到，建筑的功能意识实质上夹杂着设计者
的一种理想主义，如柯布式的建筑形式明
显在宣示一种"居住机器"——像机器一
样的周密并运行着。建筑的功能意识由此
呈现出一副客观冷静的面孔，不免让人感
到了几分抽象和理性，而且创作的方向转
向了外整内繁，就像一个里面装着各色货
物的包裹。

　　这里难免会缺乏空间信息的传达或忽
视空间情感的表现，这也是人们对功能主
义建筑的大致印象。正像人们认为的，虽
然建筑的功能意识能够适应工业文明社会
的一些要求，即以标准化和批量式建造房
屋的方式来应和社会的实际需要，但是在
满足更为复杂的需求和功能方面，比如人
的心理需求、情感需求上就显得力不从心，
建筑时常给人一种冷峻或千人一面的感觉，
以至于最后有人称其为"国际式"。这不是
建筑大师们所要的结果，这里肯定存在着
一些误解、误导和误用，或者是后来者缺
乏深入理解而导致功能主义的发展变得教

萨伏伊别墅外观

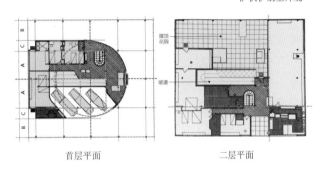

首层平面　　　　　　　二层平面

图 2.3.7　"居住机器"的范型
一种外简内繁的精密安排与组构。

条化。其实，无论是建筑的功能意识还是功能主义建筑，它既有严整的形式表达也有抽象的美学语
言，而且可贵的是，它持有一种社会责任感，认为建筑应该为更多的人服务，而不是仅为少数权贵
服务，这是建筑的功能意识的真谛所在。进而关注民生、社会及城市的问题成为了现代主义建筑师
的一份职责，这也是将建筑与现实社会相联系并做出的积极反应。

　　建筑的功能意识实际上还包含着一种多快好省的建筑观，正如建筑不必纠结于陈规的图式和没
有什么用场的装饰，而应该以结构合理、功能完善和经济实用来传达现代主义建筑的主张和范式，
然而这种赋有现实主义立场的建筑观，似乎在表达建筑应有的民主性和社会性，意味着设计服务的
对象应该由过去的教堂、府邸等转向社会大众的普遍需要。更值得重视的是，这种视建筑为一种社
会性的集合产品，显然是以结构技术的进步为先导的，在平面布局上真正做到了的灵活和多样，尤
其是对建筑空间的探索是当时建筑师的一个中心课题，如按功能来组织空间成为建筑的第一构成要
则，并在意空间的适用性、动态的格局和形式的简明性，这些完全是在反映建筑的功能意识，其结
果必然是真切、实际和节约的建筑。

2.3.2.3 空间的本真意义

　　现代主义建筑打破了古典封闭式空间，继而转向对空间本真意义的探求，并且提出建筑无论从
什么角度看，都应该首要表达空间的本真性，而不是空间以外那些装饰。建筑的空间因此被视为积
极的特性所在，在于空间确实能够给人以新的体验和想象，而不再是一种二维装饰的视觉效果，完
全可以转为一种四维甚至是五维的空间意象。这就需要通过"自由平面"来达到空间与时间的连
接，从而使空间形式赋有参与的体认，如当人们进入建筑时能够充分感受到空间编排赋予了一种时
间感的步移景异的效果，即人们的参与既在空间里也在时间中。然而在过去，建筑的空间一直被视
为图式的表现，大量的装饰性图式明显是二维的，与空间和时间的行为没有关联，而且更多的是权
贵意志或出于教化的目的。直到 20 世纪初，人们才意识到建筑的空间不完全如此。人们发现建筑

的空间是包括时间因素在内的一种形态组织，建筑所创造的时-空特性能够使人们的视点在不断移动或行动改变的过程中产生某种心理反应——或积极或消极的反应。这种情况尽管在哥特式教堂中也出现过，如时间的要素在行进式的空间关系中有所体现（单向线性的），但空间的总体布局仍然是单调的、僵化的，一种对称式构图并不能出现多样的时空特性。就是在巴洛克建筑中，空间的动态性也只是表现为二维的界面关系，并没有真正解决时间与空间的问题。

到了现代主义建筑，时间与空间成为一种连续性的思路，人的行动体现为空间中的时间连续，即一个持续发展的行动带来的不同体认。因而时空连续意味着消除了焦点透视的感知空间而转向散点透视的体认空间，就像柯布西耶的萨伏依别墅，一条坡道贯穿整个房屋，从地面直到屋顶，人在信步穿越的过程中，被眼前分层的景致所吸引，不断地调整着视点和心理活动，最后抵达一个不可能想象到的尽端空间——屋顶花园（图2.3.8）。这种时空连续可谓空间的本真意义所在，系指一连串的规则设定后所产生的丰富性显明是适应人们的行为及心理活动的过程，而且是在空间中加入了时间要素而达成的，这是现代主义建筑的一大贡献，并且使人们对第四度空间有了进一步的认识和理解。其实人的一生都在使用空间，但对空间却不知情。因此建筑师有必要深究空间，捋顺空间中的各种关系，从而在空间秩序中发展一种"时空连续"，如同中国长卷画中的散点式构图一样，在移动中感受和体验景致（情形）的变化。由此而言，空间因时间被激活并成为时间的空间，那么空间的本真意义也因为时间因素而被编辑和组织，继而强调了"空间剧情"的发展。现代主义建筑的构成法则正是体现了这种"时间的空间"概念，使空间变为一种可阅读和交流的具有本真意义的场所，这远比一个装饰性十足的空间要有意义得多。比如，你可以通过材料的变化来表达空间的序列和引导，也可以用不同的空间尺度及比例来体现时间的进程，还可以使用光线和色彩的手段来提示不同空间的氛围等，种种手段都能够对时空连续进行充分的演绎。空间的本真意义由此可以说是现代主义建筑中最值得重视和探究的一个议题，也是室内设计原理中不可忽视的一个方面。

图2.3.8　萨伏伊别墅展现的时空连续

空间被编排为一种"空间剧情"，但需要参与者来完成。

2.3.3　现代主义建筑中的精英实践

"精英"一词出现于文艺复兴时期，指杰出的个人和取得一定成就的社会阶层。这一用语延续至今。19 世纪末至 20 世纪初可以说是一个向传统意识形态发起"总攻"的时期，变革的思潮席卷了哲学、美术、文学、音乐、诗歌等意识形态的几乎所有领域，建筑必然也在其中。尽管建筑不是一种纯意识形态，它受到物质技术条件的很大制约，但是仍有一批精英建筑师参与到这场大变革的浪潮当中。勒·柯布西耶、密斯、格罗皮乌斯、赖特、阿尔瓦·阿尔托是当时建筑界的先锋人物，他们在为现代主义建筑建立完整思想体系的同时，进行了大量的建筑实践，使建筑构成的新方法及一整套原创性的形式语言得以呈现，从而影响了后来建筑的整个进程。直到今天，我们仍然在延续和发展着现代主义建筑大师们的思想及设计方法。

2.3.3.1　不同的空间理想

有机性与无机性是现代主义建筑中最鲜明的两种建筑观点，透视出不同的空间理想，但二者均具有国际性。两种观点及理论必然关涉到具体的人，正如有机建筑的倡导者当属赖特和阿尔托，而无机建筑的支持者则是柯布西耶和密斯。有机派注重建筑与环境的应和关系，如以非对称的、结晶状的平面形式来探求可加建或增长的可能性，而且重视地方材料应用和材质的表达；无机派则注重建筑的构成规整和功能合理，而室内空间的几何式布局与组合性具有抽象意味和理性精神，且很少与周遭环境相应和。但是两个派别依然共同遵循"建筑的逻辑应当反映内容"的原则，只是他们所坚守的理念及方法不相同。

对于赖特来说，"自然"是设计的关键词，正如他所表白的那样："不是因为自然是神，而是因为能够从神那里学到的所有东西，我们都将从神的躯体中得到，而神的躯体，我们称之为自然。"那么，阿尔托在将建筑功能的观念延伸的同时，也重视建筑的有机性，即"自然主义的吸引力已经融入到一系列故意含混不清的、多元的、暗示的形式当中"，包括满足人们生理与心理的全部需求。而赖特的作品充满着他所强调的"自然"，而且在建筑与环境的态度上表现出尽可能使建筑贴近于地面的一种横向的发展趋势，这也是他的"草原式住宅"的一大特征。阿尔托的作品则有意在抽象形式与有机主义之间寻求一种平衡机制，以此来达成人们精神意图和实际需要的和谐，同时绝不会使建筑脱离地方性或土地意义，因此他的建筑创作有一种游离于现代主义建筑主题之外的感觉，且建筑的品质能够与身处其中的人们的活动和生活相联系。正是这一点，使有机派建筑一直以来被世人认同，并得到了北欧建筑师的青睐、继承和发展，直到今天。

柯布西耶显然紧随时代的步伐，并积极倡导他的"居住机器"理念，无机性建筑因而成为时尚的批判性容器。尤其是建筑的框架体系为一种"多米诺式住宅"提供了有力支持，这也是柯布西耶出于当时社会需要和易于重复生产而考虑的一种模式，它不仅能够降低建造成本，而且使用者可以拥有完全的自主性（可以按照自我意愿布设）。这种建筑观显然是一种社会责任感使然，也是建筑趋向普适化的一个方向。密斯的建筑作品则反映出另一种倾向。尽管也是无机性建筑，但是密斯主张"少就是多"的设计理念，他更注重于室内虚空的不确定性与尽可能的多用性。他冷静、纯净且更具先锋性，他的建筑实践既重视形式但也不拘泥于形式，目的是要赢得空间，正如他所说的：形式一旦确定就不可改变或难以改动了，而使用内容却可以改变。因此，重视建筑形式是他的作品的必然结果。正因为如此，无机性建筑观在现代主义建筑中占有主导地位，因为它更具有普及性和效仿性，可以成为现代建筑实践的蓝本，以至于后来演变为国际式风格并遍布世界各地。

2.3.3.2　不同的空间语境

现代主义建筑中，无论是有机派还是无机派的作品都具有非对称性，这是与古典建筑的分水岭。但就两种建筑观所产生的空间语境来看，前者与环境相联系，自然会将室外环境引入室内。例如，从赖特和阿尔托的作品中能够看到自然中有房屋，房屋中有自然：一种有机建筑的思想表达得淋漓尽致。后者则少与周围环境相关联，而转向建筑自身的语境建构，如柯布西耶的室内空间丰富而有变化，密斯的作品则体现为流动空间的意象。那么这两派建筑所持有的不同的空间语境为我们带来了什么启示呢？首先，应该明确的是，现代主义建筑精英的实践，无论是从建筑外观还是室内空间都能够感受到一种非对称的空间语境，尽管有时也隐含着对称因素，但总体上还是表现出一种动态的建筑构成；其次，需要注意，在一些经典的建筑作品中对室内空间极为重视，可以说对室内的空间表现要大于建筑外观，不仅在空间的比例、材质、色彩以及光线等方面有着严格的控制和要求，而且始终坚持空间性大于装饰性的原则；再次，应该意识到，建筑的空间语境或调性意味着是一个思想（设计者）为另一个思想（使用者）提供的富有意义的情境，前者明显需要关注后者的心理事实和身体反应。

　　从上述三点来看，赖特的作品明显富有空间的情感因素和文化意涵，让人感受到空间语境是从精神和审美的方面来考虑的，而且在空间中注入了象征性、隐喻性和艺术性的建筑语言。比如，他采用了一种新型建筑材料——预制的有装饰纹样的混凝土砌块来传达自己的空间理想主义，从而使空间语境清晰、目标明确且赋有良好的空间特性（图2.3.9）。再看阿尔托的作品，总是给人以温暖和亲切的感受，他主要采用有机形态的曲线构图来表达自由和流畅的空间，用木材和红砖等自然材料替代钢筋混凝土。阿尔托这种关注建筑空间语境的方式，可以认为是通过建筑物理及设计方法来达到的，使建筑与环境的关系在诗意般的空间语境中获得一种真诚和关怀（图2.3.10）。以上两位大师的作品可谓有机建筑中派生的空间语境，实际上他们都是以地域性为原则，就地取材并以天然材料来表达设计意志的。

图2.3.9　赖特的混凝土砌块
一种将材料变为富有意义的情感质料和精巧装饰。

图2.3.10　阿尔托的红砖建筑
一种浓厚的乡土情得益于材料的适当表现。

　　接下来，我们考察柯布西耶是怎样处理室内空间的。将人体比例的模数理论应用在建筑中是柯布西耶的首创。柯布西耶试图用"模数观念"来统一思想，并应用于建筑、室内及城市规划设计当中，他认为这能够为人们创造最佳的建筑空间和环境（图2.3.11）。因此柯布式的空间语境充斥着以尺度为基准的适宜性，比如房间的层高、简洁适度的坡道、大小不同的空间划分以及楼梯扶手和窗台高度的设计等，无不是在看似自由随意且丰富的空间组织中体现着尺度的意境，它更像是一种机器隐喻主义的运行。密斯的作品则呈现出另外一番空间语境，在于他一贯坚持的"流动空间"。密斯认为空间的匀质性和少布设能够为人们日后的实际使用提供便利——可以自由调整空间。他以自由流动空间来反对固定划分的空间。密斯从不相信形式追随功能，他认为功能需求总是在变化中，而空间形式则是一个相对稳定的因素。因此，密斯的空间语境是在考虑灵活、多样可变的形式空间，并以最大限度来应和人的需求，即空间要适应未来，空间应多用而不是专用（图 2.3.12）。

2.3.3.3　不同的空间情结

现代主义建筑易于被定义为一种"非此即彼"的绝对主义，这主要是从它的形式特征来加以断定的。它常被认为是一些冷峻、抽象和单调的人造物，并没有和人们的情感需要有更多的联系。事实果真如此吗？回答应该是否定的。如果我们深入了解现代主义建筑大师们的作品，就不会有这样的认识了，甚至会有一种相反的感觉：他们每个人都有自己的空间情结，并在建筑作品中充分地予以表现。例如，柯布西耶的"坡道"、赖特的"壁炉"、密斯的"玻璃和钢柱"以及阿尔托的"曲线和陈设"等，这些完全可联想为手法主义的表现，亦可谓现代主义建筑的丰富性。但奇怪的是，人们为什么会忽略这些，反而给现代主义建筑冠以"抽象而冷冰"之名呢？值得思考。

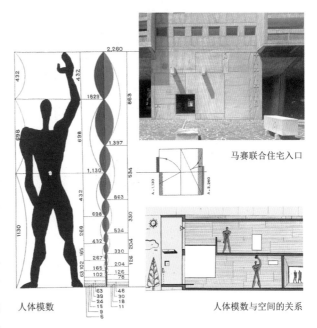

马赛联合住宅入口

图 2.3.11　柯布西耶的人体模数
一种新的发现和应用。

坡道本是室外建筑元素，但在柯布西耶的建筑中却成为室内的空间要素，由坡道串联成一种空间序列关系。坡道在此既有空间组织与划分的作用，成为纵横双向的联系构件，同时又有时空连续的意义。这种手法不仅应用在公共建筑当中，而且在小小的住宅中也表现得极其富有创意和情趣化（图 2.3.13）。与其说"坡道"是柯布西耶式的空间构成要素之一，倒不如说是他本人的一种偏爱。这种空间情结影响了后来的一些建筑师，理查德·迈耶、雷姆·库哈斯、福斯特等人的设计中同样使用了"坡道"这一形式语言。

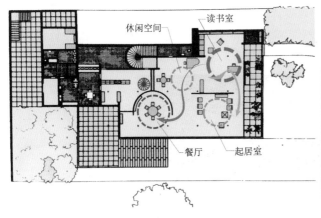

图 2.3.12　密斯的吐根哈特住宅
一种水平离心式的空间布局带来的是空间多用性、流动性和开放性。

在赖特的"有机建筑"中同样可以看到一个重要的空间情结——壁炉（图 2.3.14），它在赖特眼里被视为设计思想的一种表述。尽管壁炉的设计手法出自于日本建筑中的"凹间"，这一日本室

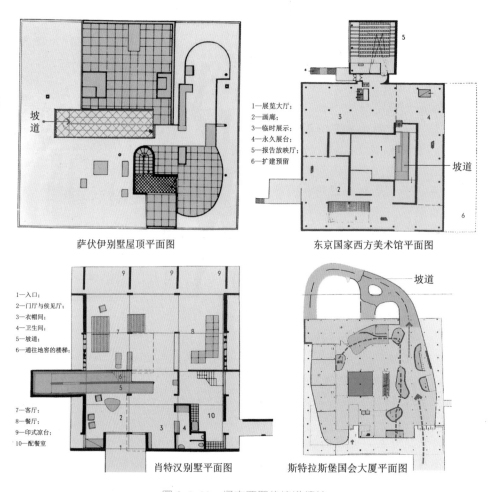

坡
道

萨伏伊别墅屋顶平面图

1—展览大厅;
2—画廊;
3—临时展示;
4—永久展台;
5—报告放映厅;
6—扩建预留

坡道

东京国家西方美术馆平面图

1—入口
2—门厅与侯见厅;
3—衣帽间;
4—卫生间;
5—坡道;
6—通往地窖的楼梯;

7—客厅;
8—餐厅;
9—印式凉台;
10—配餐室

肖特汉别墅平面图

坡道

斯特拉斯堡国会大厦平面图

图 2.3.13　柯布西耶的坡道情结
坡道成为空间构图的重要元素并贯穿其中,形成了独特的空间序列关系。

内装饰中的永恒要素以及它所象征的家庭观念被移植到西方的火炉中来,火炉因此而提高到灵魂的重要高度,但是赖特还是赋予其一种形而上学的表现。壁炉并不是赖特的专利,它是西方传统住宅中常见的一种采暖设施,是客厅乃至家庭生活中将家人聚集在一起的节点,如同今天住宅客厅中的电视墙一样,被大家围绕并成为空间中的视觉焦点。壁炉本来是在普通的家庭中使用,却被很多建筑师作为一种空间符号予以不同的诠释。

图 2.3.14　赖特的壁炉情结
一个赋有情境感和接近性的焦点。

柯布西耶设计的小教堂

密斯设计的柏林新美术馆

赖特设计的流水别墅

阿尔托设计的室内环境

图 2.3.15　材料的意志

在材料中注入了某种精神意象并传递着空间调性。

然而用材料来表达设计意向又是建筑大师们的一种有效方法，正如柯布西耶使用粗糙的混凝土墙体，是在传递一种远古的魅力，实际上来自于希腊神庙的情感迁移；而密斯着迷于现代感十足的玻璃和钢，以此来传达一种精准、平滑和光亮的审美特色，这种从材料出发的美学态度与"少就是多"相关联，且极简的用材手法成为日后极少主义建筑的一个参照。那么，赖特和阿尔托对材料的理解似乎不同于上述两位大师，显明倾向于材料的自然表达，而且是与有机建筑相应和的空间情结，或者地域性通过材料充实到了建筑当中，并表达为地域的建筑（图 2.3.15）。

最后关注建筑装饰的问题，这似乎是现代主义建筑的一大忌讳。其实不然，如果仔细研读几位大师的作品，都能看到装饰并没有远离建筑，建筑从来就没有放弃过装饰。即便是密斯这样极简的建筑，也不难看到装饰的存在。显然此时的装饰与建筑构成已经结合在一起了，或者说不再是古典的二维装饰手法，而是转为空间的、赋有功能意味的装饰性语言，即功能性装饰是由建筑构成引起的，而并非是贴面性的图式。这种手法存在于各位大师的作品中，且表现性各不相同，诸如，赖特的装饰、柯布西耶的壁饰、密斯的材质纹饰、阿尔托的曲面造型，这些难道还不丰富吗？不过值得注意的是，这些装饰性的表现完全不同于古典式在于，排除了叙事性和情节性的同时变为了一种纯粹的形式语言，即装饰作为视觉传达及情感因素起到了烘托空间的作用（图 2.3.16）。

2.3.4　现代化情境下的建筑面面观

现代主义的运动及其话语随着时间的向前推移在不断消退，也就是那些赋有"乌托邦"色彩的建筑实践已经被大量的现代化情境覆盖了，如现代主义建筑之后涌现的各种建筑现象基本上可谓现代化情境下的建筑面面观。那么所谓的"现代化"意指一个客观的社会进程，诸如工业化、城市化、市场化和信息化等的持续发展必然促使社会与文化的整体演进，而建筑毫无疑问是其中的一个显性组织，或者说建筑既是社会生活的实践活动，也是社会文化的表现载体。历史越往前发展，建筑的社会性就

赖特的罗比住宅室内的窗格和吊顶

柯布西耶寓所内的壁饰

密斯的巴赛罗那馆内的大理石拼图

阿尔托的赫尔辛基音乐厅室内的曲折线

图 2.3.16　装饰没有离开过建筑

装饰的抽象性是现代主义建筑的共同特征，
在意情感的表达而不在意具象性的图解式说明。

越明显，在于建筑承担起自身之外更多的东西，也预示着建筑难以避免地成为更多主义、旨意和利益的生发器。但同时也不再有现代建筑思想所宣扬的社会责任和担当了，因此人们看到的多是热衷于各自风格及形式的表现而已。

如果从现代主义之后涌现的各种建筑流派或风格来看，的确打破了那种令人厌恶的"国际式"，继而多元、多样和多变的建筑现象有了，但似乎也是一个碎化的现代化情境。显然，中国已经成为各种建筑风格的演绎场，即没有地域性且不断上演无"根"的建筑现象，而"碎化"的概念直接指涉我们的环境和我们的意识。由此而言，现代化情境下的建筑面面观是需要反思的，之所以说"建筑面面观"是有意要提示：现时流行的各色风格、思潮和主义等不过是短暂的、偶然的、不确定的现象，而不是观念，有些情况显然缺乏理论的有力支持。然而，我们还需要正视世界已经走向"既联合又碎化"❶，"联合"意味着现代化通向了全球化，势必会促进相互相通的情境，也就是在包容性越来越显著的同时出现了"混血"现象；"碎化"则表明本土的文化被冲破、分解和变异，随后各种域外的风格和形式迅速地到场，以致出现了社会分化和场景异化。

2.3.4.1　现代主义之后的"混血"现象

现代主义之后便可提及"后现代主义"，这是按时间进程来笼统界定的，或说后现代是尾随现代而来的，但二者之间并没有十分清晰的界线，尤其是有关"后现代"的论述非常之多且莫衷一是。不过就建筑而言，继现代主义建筑之后的后现代主义建筑尽管已被英国建筑理论家詹克斯加以界定❷，但是从时间的进程来看，这后续的种种建筑现象并非仅是属于后现代主义建筑，应该说"后现代"指向了多元共生的发展时期。与其说后现代主义建筑显明持一种批判的姿态来回应现代主义建筑中的抽象、趋同和刻板，这种赋有反抗性的作为使建筑又一次的回头看，如同文艺复兴时期那样回到历史中去寻找建筑意涵；不如说显而易见的以手法主义而不是装饰主义来重新界定建筑的作为，开启了建筑样态的多样化，进而表明建筑创作开始借助于其他力量，使自身以不同的风格及形式呈现在世人面前。也就是建筑学之外的各种理论和思想融入到建筑中，致使曾经的现代主义建筑的纯粹性变为现时的"混血"——掺和、互渗甚至是杂糅。诸如类型学、符号学、现象学、解构哲学等理论成果被一些建筑学人所关注，并作为其建筑创作的理论依据，这里有著名的阿尔多·罗西、格雷夫斯、斯特林、霍尔、艾森曼等，可以列出一长串名字。"混血"的现象因而是添加或置入的过程，也是建筑发展中的必然，亦可类比于生物界的纯粹显得单调而杂交会使其丰富，建筑同样需要吸收其他养分，使自身兴旺而多样，这里有几条线路值得关注和探究。

1. 建筑类型学

"类型学"始于 18 世纪的生物分类学，然而这一概念被引入建筑学中并派生出一个重要的建筑理论，提出建筑的形式不应该脱离历史和生成逻辑，意指建筑同人类的语言一样赋有地方性和差异性，这就是通常所说的"建筑类型学"❸。这里明显在强调一个地方性建筑实际上在反映人的生存差异和它的特质，以此来反对全球性（国际式）的趋同化。阿尔多·罗西和莱昂·克里尔所持有的观

---

❶　这是鲍曼的观点，"联合"表明全球范围的信息传播促使本土化、纯正场景的渐次消退而转向相互相通的状况，意味着"混血"现象不可避免；那么"碎化"显然是全球化的另一种情境，在于自由、流动和随意成为现时社会普遍认同和追求的，势必带来无整体意识的个性泛滥或个体主义的扩张化，其碎化现象显而易见（详见：齐格蒙特·鲍曼，《全球化：人类的后果》，郭国良、徐建华译，商务印书馆，2013 年）。

❷　英国建筑理论家詹克斯给现代主义建筑定了一个精确的死亡日——1972 年 7 月 15 日下午 3 点 32 分，以美国建筑师山琦实设计的一个居住区被炸毁为例。但这似乎不够严谨，事实上后现代主义建筑与现代主义建筑的分界线并没有明确的日期，倒是有着不同的特性。如果说现代主义建筑是"非此即彼"，那么后现代主义建筑就是"既此又彼"（详见：查尔斯·詹克斯，《后现代建筑语言》，李大夏摘译，中国建筑工业出版社，1986 年）。

❸　建筑类型学派生于生物学的分类学，这是建筑学将其他学科及理论融入建筑中的有力实证，从而开启了建筑向交融、交叉和交叠的方向迈进，不再是现代主义的那种排他性，同时也为现代建筑找到了新生（详见：刘先觉，《现代建筑理论：建筑结合人文科学自然科学与技术科学的新成就》，中国建筑工业出版社，1998 年）。

点以及他们的实践足以表明，建筑的"类型"既是存在的常量（本来事物）、空间的产物（房屋原型）和识别的意象（形式分类），也是可提取的典型和赋有参照系的创作依据，类型不同于原型在于，可以不依样于同型同质的再构想，但这里需要富有情感和精神的发挥，而不是简单地复制或曲解臆造。有关使用这类手法的建筑师很多，像人们熟悉的历史类型学与地域类型学的建筑实践为我们提供了丰富的范型，可以说这是继现代主义建筑之后非常重要的设计方法之一，至今依然值得我们深入探究和学习（图 2.3.17）。

来自于历史类型的设计概念

柯里亚设计的维德汉·巴瓦尼州议会大厦

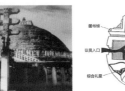
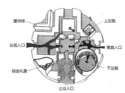

博塔设计的辛巴利斯塔犹太教会堂　室内细部与大厅效果　　原型——桑吉古塔　概念：地域类型——古塔神韵　模型：九宫格——东方形式
及犹太文化遗产中心

图 2.3.17　历史类型学与地域类型学
一个是圆形正方体的组合赋有历史感，另一个注重于外整内繁的地域性表达。

2. 建筑符号学

建筑符号学应该来自于"现代符号学"❶，在于人们已经意识到"符号"所聚集的能量如果添加到建筑中必然会出现不少新的活力和生机。因此建筑符号学始于 20 世纪 50 年代末而兴于 70 年代，期间有大量的理论著述和建筑实践涌现，并实证了建筑既是实用的也是象征的。建筑符号学因而促使建筑的语言、语义和语境更为丰富且意味深远，从而扭转了现代主义建筑的实用性大于象征性，但也不同于古典建筑的象征性大于实用性，而是实用与象征并重。人们比较熟知的美国建筑师格雷夫斯和文丘里（图 2.3.18），当然还有很多建筑师为建筑符号学做出了贡献。建筑符号学因此包含着时代性、地域性和阶层性的所指，或者说建筑受到社会环境诸多因素的影响从而导致它的语义或语境赋有双关性或多义性。"双关性"即是一个形式所持有的双重含义，比如室内的吊灯既是照明物件也是符号意指，否则人们没有必要制造各式各样的吊灯形式和样态了。"多义性"则可能赋予某一事物的等级、档次和更多的意指性，其符号性的表现既可能是清晰的——明指、明喻，也可能是模糊的——暗指、隐喻。总之，建筑符号学是人类符号行为中的一种具体化，它承载着历史、文化、情感等意涵，同时也是可联想、约定和随意的象征体。

3. 建筑现象学

"现象学"是哲学中所关注的一个领域，不过我们所熟知的"现象学"是德国哲学家胡塞尔创

---

❶　建筑中的符号意指历来有之，比如古希腊的柱式、哥特式教堂中的情形等，但是这里所说的"建筑符号学"是受现代符号学的影响更多些，因为此时建筑符号意指的面更广，涉及到历史、地域、情感、阶层等方面。如果建筑物是一种能指的在场，即一个实在的体量关系承载着它的功能，那么建筑的概念、意义等可能是丰富、深远和多义的所指（详见：刘先觉《现代建筑理论：建筑结合人文科学自然科学与技术科学的新成就》一书中的"建筑符号学"章节）。

白雪公主和七个小矮人

格雷夫斯设计的迪士尼大楼（七个小矮人）

一种借用既有神话的明喻性显然
具有戏谑性的表现，亦可视为对
古希腊神庙的一种符号性的意指

古希腊，伊瑞克提翁神庙（女像柱廊）

阿尔伯蒂的马拉泰斯蒂亚诺教堂
（对称与非对称的并置和破山花）

此窗与右侧窗比例
相同但布置不同

文丘里的栗子山住宅外观
（一种对古典样式的符号表达）

栗子山住宅平面
（斜线、圆形的加入）

栗子山住宅剖面
（立面出现的圆顶及斜线）

图 2.3.18　图像的符号与样式的符号
一个热衷于形象置入建筑中的调侃，另一个对古典样式的后现代性解读。

立的，其影响之大可谓被许多学科和领域所借用，建筑学当然也不例外。然而这里所讲的"建筑现象学"关涉到两个方面：一是法国哲学家梅洛·庞蒂的知觉现象学；二是挪威建筑理论家舒尔茨的场所现象学❶。两者均成为了建筑创作中的重要理论依据（图 2.3.19）。一方面，知觉现象学在意具体实在地去观察和描述世界，意味着某一形式性质和一个感受机体的"相遇"，即人（身体在场）的知觉活动更接近有意向的探索、愿望和思想等，不是简单的相加关系，而是身体在场的感悟。美国建筑师斯蒂文·霍尔就是运用这一现象学理论进行建筑创作的，他的作品中充满着对空间和光的关注，他认为这种最为普通的知觉现象恰恰能够传递出无限的空间意象和想象。另一方面，场所现象学关注于一个场所应持有的精神，既是客体事物聚集的时空特性，也是主体参与所富有的多彩世界。这里的关键在于场所、人及其事件的关联性，且必然将一个客体（场所）的存在与一个主体（人与事）的情形联系在一起并形成场所精神。例如意大利建筑师伦佐·皮亚诺设计的奇芭欧文化中心，既是从地方性中提取的形式语言，又是富有现代感十足的环境意象，建筑总体的调性是围绕着当地的集体情愫来演绎的。

4. 解构主义建筑

"解构"出自于法国哲学家雅克·德里达的解构哲学。解构哲学思想影响了一批建筑师，如艾森曼（美国）、屈米（法国）、里伯斯金（美国）、哈迪德（英国）、库哈斯（荷兰）等，他们在不同程度上演绎了解构哲学的一些内涵，但解构主义建筑实际上与解构哲学还存在着一定的差距。严格来讲，解构主义建筑是一种思潮，它并没有普适性和广泛的影响力，原因在于：一方面，解构哲学较难理解，将其引入建筑中有些牵强和表面化，有人认为这是一种"伪复杂"（仅是增加了施工难度和工程造价）的傲慢表现；另一方面，这一理论即便置入建筑中也令人匪夷所思，艾森曼、屈米的建筑作品中的"破裂""肢解""重构"等有待商榷，事实上他们更在意对建筑的"重写"（图 2.3.20）。但是不管怎样，这一极具鲜明风格的建筑形式还是掀起了一些波澜，如冲破理性教条的局限、引入偶然性和不确定性，其形式语言的错位、叠合、分裂等手段给人新、奇、特的感受。它也折射出当代世界所存在的孤立现象（可谓"异化"）在不断增长。

❶　建筑现象学，一方面德国哲学家海德格尔和法国哲学家梅洛-庞蒂的论述影响了建筑学，另一方面是由舒尔茨在20世纪70年代创立的场所理论（一般称为"场所精神"）成为建筑学中不可忽视的设计理论。建筑现象学因此主要关涉自然环境和社会文化环境的建构性，重视人、场所和事件三者之间的关联性和意指性（详见：沈克宁，《建筑现象学》（第二版），中国建筑工业出版社，2016 年；刘先觉《现代建筑理论：建筑结合人文科学自然科学与技术科学的新成就》一书中的"建筑现象学"章节）。

基于海绵体"多孔"的概念：吐故纳新

建筑与环境的关系

皮亚诺设计的奇芭欧文化中心

剖面：阳光与通风　　中厅中楼梯采光实景

霍尔设计的麻省理工学院学生公寓

建筑模型

单体平面布置　　设计概念：取自当地的基质

一种注重于地方特性所得到的结果：建筑必然要赋
有当地基因或基质的生成和再生成——精神的场所

图 2.3.19　孔洞的知觉与精神的场所
一个基于知觉的抽象与现实的结合，另一个将地方基质转为新场所意象。

埃森曼设计的韦克斯纳视觉艺术中心

屈米设计的拉·维莱特公园

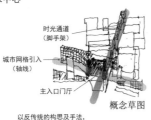
"脚手架"：制造的光影变动

时光通道
（脚手架）

城市网格引入
（轴线）

主入口门厅

概念草图

以反传统的构思及手法，
即破裂、扭曲、肢解等形成的形而上的有
意识是对历史主义及风格迷信的一次攻击

设计概念：分裂、移情、锚接点

"疯狂"与"合成"
是设计的主题，在于
"疯狂"阐明了一个
特定的情境：断裂和
分离；"合成"意味
着重构的移情和锚接
现象，其特立性是它
的站点："变体"

图 2.3.20　解构再重构
一个由有意识转向形而上的建筑"重写"，另一个以"疯狂物"指涉时代的断裂特征。

2.3.4.2　现代化情境下的"碎化"现象

纵观现代化情境下的种种建筑现象可以看到，似乎人人都在想重新定义建筑的意涵，亦可说现代主义建筑是立足于"普适性"的，而现时建筑明显是"个别性"的。"普适性"考虑社会整体之需要，与"普遍""通常""适应"这些词密切关联，但易于趋向同质、同形和同样，这就是人们所厌恶的"趋同化"。"个别性"则是另一番情境,它试图以自我的特性来改变"趋同化",因此"个性"的概念在建筑中被演绎为"新奇特",一种建筑领域里的"碎化"现象因而在所难免。事实上,人们在不断翻新建筑样态的过程中,"分离""分异""分化"足以实证,碎化的是场景、文化和社会,系指现时已被各式各样且层出不穷的"个别性"所围绕,喻示着建筑意识必然是纷呈的、碎片的和异化的,那么其后果也必然是杂烩式的争奇斗艳。

如果对现代化情境下的"碎化"现象进一步分析的话,一方面还会发现建筑创作中的各种话语、权力和利益也是碎化的,似乎"让一部分人富起来"之后他们的个性欲望已经失控了,导致社会资源、环境意象以及空间分配均处于非均衡化之中,而社会正义、空间正义和利益正当的缺欠日益凸显;另一方面建筑的"碎化"现象实质上反映出既是退进失据,又是抱残守缺,意味着以往确立的建筑范型被打碎之后剩下来的是残缺不全,进而大象无形的现代化情境透视出建筑意识和设计方法的支离破碎,结果是一种偏离效应——现代拜物教。

1. 退进失据

我们已经处于一个退进失据的时期,用马克思的话说:"一切固定的东西都烟消云散了。"我们既不可能退回过去,也不清楚进步的前景,或者说传统已远离了我们。所谓"退"——回望历史,即一种类似于文艺复兴式的回找历史形式,但事实上以传统形式来实证"本应如此"是不够的,因为形式只是一种表象,而内在精神已不复存在。那么所谓"进"——现代化的全球化,一方面我们在丧失自己依据的同时只能听命于他者,另一方面没有什么东西是可以确定的,正如福柯描述的"就像大海边沙滩上的那张脸可随时被抹去"。因此,将传统视为现时行为的反思监测倒是可行的,而且"退回"不应该只是一味追求传统图式及样态;还要警惕那些自称是"进步"的创新性,实际上进入了一个变动不居的情境。从某一视角来看,"现代化"含有难以预料的悖论出现,其情境可与动态性、不确定性和非常性等词义相联系,正如国内的城市更新中涌现的那些漂移过来的形式样态可类比川剧中的"变脸",意指"短命建筑""短命室内"的现象不断地出现。那么"现代化"的悖论应该就是"退进失据"的一种后果,即在新颖别样的情境中,地方性基质的碎化和转基因在同时进行。

2. 抱残守缺

现代化情境将我们的纯正性拆解为破碎性是不争的客观事实,然而"抱残守缺"却成为人们的一种心理事实,人们的行为也由此趋向了非理性,即一种客观明智的缺失必然体现为个体意志的不可控性,这显然与专断性相联系,并呈现为冲动和盲从的行动。就建筑及室内而言,"抱残"是指在一片瓦砾中找回"可用"的东西并肆意拼贴到现代化情境当中,也就是"残片"式的图式符号在建筑及室内中的涌现,可谓除了装饰性之外别无他用。因此"抱残"的手法在时下的设计界被冠以"继承传统"之名,实际上是一种"守缺"的心理。所谓"守缺"就是已缺失了内核精神的东西却还要当作意义性来表达,这着实是非理性的"固守"——被意识到的悖论,或者说是根本找不回来的传统匠心的一种偏执。令人诧异的是,"抱残守缺"会有如此之市场,说明我们的思辨力在衰退,即思考与辨析变得浮泛、简单和浅薄,实际上在导向一种以此为心境的人所希望的完全相反的后果,正如还会有多少人从心里相信那些碎片、残片式的传统符号、空间图形、造型式样,以及装饰构件还存有地方神祇呢,或者说它能真正影响我们吗?

本 章 小 结

历史空间在为人们留下语境、方法和参照系的同时,也存在着许多疑惑和争议,比如"建筑是艺术的"这一议题就值得深究。对于中国人而言,建筑非艺术似乎更贴切些;而在西方人那里,建筑与艺术也是若即若离。再有,"建筑与土地""建筑与权贵""建筑与社会"等一些议题既在历史空间的语境中也在现实社会的场景中，也就是在时空的演进中，这些议题始终没有弱化且还在变化着。不过它们究竟意味着什么？在今天，这个问题似乎变得越发复杂且难以明了，需要我们继续探究和发现，因为这是建筑学界挥之不去且必须直面的问题，比起建筑的艺术、风格和流派来说更为重要。因此，本章内容有意避开在建筑中探讨艺术、风格和流派，而把视角转向设置的一个个主题，其中涉及的一些观念、观点和态度等，由于篇幅所限仅作了简要的陈述和探讨，还需要读者继续扩充、扩展下去。

尽管历史空间的语境与现实生活的情景有一定的距离，或者说有些已渐次消退，但是其中的神韵、神祇或场所精神依然是可靠的价值来源。然而需要注意的是，"进步"与"摒弃"是同时发生的。那么，"进步"意味着什么？"摒弃"又去除了什么？这些问题还需我们深究和思考。正像狄更斯的那句名言："当今是一切时代之最好，又是时代之最坏"。"进步"像是一把双刃剑，既在促成现代化的情境，又在推行排他性的冗进。"现代化"，我们已经探讨过了，而"排他性"是在排除他者（历史场景）的在场权，例如国内城市更新中的"推倒重建"，表明一种非此即彼的现代性无法接纳"新"与"旧"的并置。那么"摒弃"显明是排他性的一种作为，很有可能将富有人文价值的"地方性"去除了，或历史空间的语境荡然无存，继而转变为一种权力行使的结果：无特质、无差别、无界限的时空重塑成为普遍行为。

CHAPTER 3

室内空间与环境

- 室内在于场景的组织和计划，是物质的也是精神的，亦可谓空间是"无"，场景是"有"。
- 建筑空间不是单纯的形式问题，而是涉及诸多因素且人们最为熟知的一种现实反映。
- 室内既可聚集我们，亦可分开我们，这一切都源自形式的构成，即形成空间的方法。
- 建筑空间是输入的信息环境，因而可以在互动、社交和行为中考察到不同的信息并置。

3.1 形成室内空间

建筑为室内空间营造提供了最基本的条件，它的构成关系将决定着空间是聚合的还是离散的，意味着建筑的构成是形式要素与手段方法的联结。其中"聚合"是指形制、方法及构成的相互关联，也就是需要关注它们彼此之间的联动关系，而"离散"显然是一种支离的空间拼图，且缺乏联系性和预见性的考虑。建筑所形成的室内空间，是一种平台性的制度聚合，即多种因素的复合构成（如固定因素、半固定因素和非固定因素），而不是让人觉察到的一个离散性实体（片面的、僵化的和乏味的交叠情状）。毋庸置疑，室内空间对于使用者来说，其意义要大于建筑的外在形式，正如布鲁诺·赛维所言，建筑物"不管有多么好看，都只不过是一个外壳，一个由墙面形成的盒子，它所装的内容则是内部空间"。由此可见，建筑为我们组织和建造了空间，同时也激发或促进了人们的行为和生活。

3.1.1 形成空间的因素

形成空间是建筑最基本的特征，但需要注意的是空间仅作为一个概念，而构成布置才是实际要做的，也就是要通过对一些形成空间因素的把握来达到建成即使用的目的，因此建成性是建筑的宗旨，也是有效的场所。那么"形成空间"便可视为建筑的外在表象和物质在场，包括它的图式关系、技术要旨以及审美意识等方面，同时还关涉一整套稳定的设计方法学原理及其应用。因此，本节提及的"形成空间的因素"不只是简单的形式问题，还涉及包括诸多因素在内的人们所熟知的一些现实反映，如图 3.1.1 所表明的那样。

3.1.1.1 固定因素

建筑的结构部分一般变化很小，意指受力结构及支撑构件是主体性的形式，通常被称为建筑的固定因素。这种固定因素的形式一旦确定将持有固态的稳定性，或者改变是极其有限的，因此空间关系与内容也必将受其引导和制约。例如在以墙体为受力方式的房子里，空间形式是相当固定的，空间改变的可能性比较小，原因在于墙体是支撑房屋的构件，不允许随意的改动，由此带来的空间布局和使用就要顺应其给定的形式。即便是在框架结构中，梁、板、柱的空间尽管有了较大的灵活性，但是主体结构依然是制约空间变化的重要因素。这些固定因素因而对空间使用的影响很大，不仅仅是功能上的，还涉及生活需要、审美要求等。或者，如果将建筑空间视为实用与审美的有

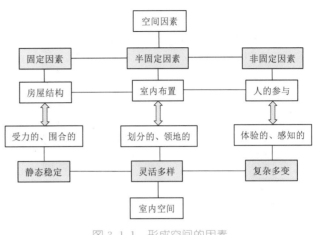

图 3.1.1　形成空间的因素

机结合，那么室内设计就有必要在正视这些固定因素的同时发现创新点，即变不利因素为有利因素，也就是要理解建筑提供的是一整套的技术制度保障，其中一些制约性因素既是设计意构的依据，也是需要化解的问题。

1. 结构的技术制度

对于建筑而言，结构即框架如同动物骨骼一样具有它的恒定性，亦是在一种技术制度下形成的井然有序，且显明是建筑构成的有力支撑。这种结构的技术制度还必须与其他建筑"器官"相协调，是指那些能够使建筑得以运行且满足功能及生活需要的各种设备设施等，因此建筑的结构性既是一般化的、逻辑性的和普适性的，又是理性意识下的技术制度之体现。之所以说是技术制度，在于结构性基本上被视为客观的、规律的体现，其中规范、法令和标准等是结构形成过程中必须执行的法则，也是建筑及使用构成所必需的技术对策，或者说应该体现为建筑的整体性、安全性和可达性。从形式的层面上讲，建筑的结构及选型是和建筑师的设计意向分不开的，可以说是建筑构思的一个起点，意指要考虑结构的空间组织是否灵活、可变和适用，正如密斯认为建筑形式（结构）一旦确定将难以改变，内部功能与使用则可能多种多样，可以随着人们的不同需求而不断变化。由此见得，结构是启动意构的框架，也是实现想象力的支撑体，而并非是单纯的受力构件，它完全可以成为构成空间秩序的一个共同分母。

2. 非结构的技术制度

现代建筑中的非结构性因素主要体现在主体结构之外的构造、设备及装修所形成的技术制度，不过，它并不像结构的恒定性那样，而是相对稳定的格局，诸如建筑中的设备管线、设施安置以及装修构造等形成的构成性关系。这些非结构的技术制度，既需要跟随结构的秩序，但也可以根据实情而采取适当的方式改变，例如电气照明、消防、空调等设施的布局应该和具体的房间使用相协调，也应该考虑和装修相应和。事实上室内空间的运行完全得益于这些非结构的技术制度，它既能够将相关专业联结在一起，又可以与空间形式形成整体和谐的关系。由此而言，非结构的技术制度，一方面作为建筑系统中的配置应当确保适度、适用和适量，另一方面针对建筑结构可能带来的问题和不足，可采取灵活的、变化的和特别的布设。贝聿铭设计的苏州博物馆就为我们展现了他面对非结构的技术制度所采取的对策，如把空调系统布置于地面和墙角中，并且通过装修的手段做了巧妙的处理，这样做的目的在于换取室内顶棚纯净和自由的表现，同时在设备检修方面也提供了一定的便利（图 3.1.2）。毋庸置疑，建筑的日常运行是需要非结构的技术制度来保障的，因此现代建筑与传统建筑的差别之一在于科技含量越来越高，并且使人们能够体验到现代技术带来的舒适和适宜。换言之，一栋建筑物的质量和标准基本上取决于非结构的技术含量和建成性，而我们所说的可持续使用或循环使用也是看重除建筑物主体之外的那些新技术、新材料的应用程度和制度保障，这

地面风口

换来走廊顶棚纯净的采光

墙角上的风口

图 3.1.2　贝聿铭的苏州博物馆
室内空调系统的处理方式。

远比一个纯粹的视觉空间（指重装饰的效果）更赋有深远的意义。

3. 审美的技术制度

固定因素除了结构与非结构因素之外，还应该关注审美的技术制度，尤其是在建筑领域里的审美观始终具有它自身的规范、模式和界限，尽管不同于前面的两种情况，但仍然存在某些稳定的因素，比如每一个民族或地域都有其自己的审美及其范型，且差异性即特性之所在。建筑显然离不开审美，而且是需要依靠一套技术制度来实现的，正如中国传统建筑中的木雕、砖雕和石雕无不是与建筑形制及结构的完美结合，且充满着技术含量和赋有逻辑性的制度规约，即在结构构件上仅做适当的审美表现。值得注意，这里所强调的审美的技术制度，一方面需要从伦理、道德和习俗的训导来理解，就像我们看到的传统建筑中的那些审美表现多是训导性的产物；另一方面需要视为经验性的累积过程，意指地方审美观的形成是代际性的存续，而且是与技术制度关联的经验性范型（如传统中的建筑、服装、器具等如同方言般赋有地方味）。

以西班牙建筑师米拉莱斯设计的苏格兰国会大厦为例，不难看出建筑结构形式与室内布局是在审美的技术制度下呈现的一种与当地基质紧密联系的形态构成（图 3.1.3）。无论是建筑的外观还是室内均表达出设计者的一个理念——"大厦的造型应当类似于这块土地、突出于这块土地、镶嵌入这块土地"，从而传达出一种精神意象：建筑像是从苏格兰大地上长出来的一样。这种以自然形态的语汇来表达设计者对地域文化的深层思考，并且用独特的风格形式展现了"建筑物与土地、土地与公民、公民与建筑物之间一系列的鲜明特点"，明显是对地域性元素的重视，而且表明设计师是在借用地方性的特质来实现自己的构想。其形式的组织与其说是考虑了地方与场地的特征，不如说是结合了其他因素并汇集成一种聚合力——一种审美的技术制度的执行力。

设计概念：枝叶的构成

建筑平面构成：与环境的关系示意

图 3.1.3　米拉莱斯的苏格兰国会大厦
建筑的生成关系、室内大堂：将设计概念落实在空间形态中了。

3.1.1.2　半固定因素

半固定因素——隔断、家具以及软装配置在室内空间营造中起着重要的作用，尤其是在可自由地计划和再组织的柱网空间，可采用轻质隔墙、灵活隔断甚至软体织物等来进行空间划分。今天，根据实际需要的空间再构已成为常态，室内空间实质上承接了各种各样的营造方式和表现形式。半固定因素因此在建筑中表现突出且非常活跃和多样化，实际上室内空间的特质及氛围正是得益于半固定因素的组织方式和表现形式。

1. 隔断设置

隔断属于半固定因素，在室内空间中是十分活跃和积极的。布设性隔断既划分出空间的效用，又形成了空间的形态，可以说是一种积极的空间组织方式。特别是一些新型材料的隔断，更容易引起人们的兴趣，因此隔断组织与构造不能停留于传统的建筑材料（如砌块、墙板等）。事实上，室内设计有将一切实体材料纳入设计中的可能，且时常出现化腐朽为神奇的效果，如以家具、帷幔、玻璃、植物等来界定或划分空间。也可以说，室内隔断更像是一种装置，忌讳生硬而求巧妙，但是构造的安全性和稳定性值得关注。隔断设置在室内空间中不只是空间计划或组织的重要手段，还在促进场景多样化的同时产生怡人的效果。但隔断设置仍应符合方便实用、经济合理的要求。

隔断这种具有空间限定和功能组织的半固定因素完全不同于建筑的围合关系，在于隔断不单是空间中的构件，还是建构学意识的传达，也就是要考虑其形式的构成和变化应该达成的"诗意化"。比如隔断的概念除了从功能角度理解之外，还应当思考形式的多样性和可能性，特别是对于一些公共空间来讲，良好的空间组织应该注重虚实相宜和象征性的手法应用，图3.1.4中所示大厅中央处的有序构成可谓一种意味性隔断。很明显，这种隔断的思路不是一种生硬的划分，而是通过有意的设置——以植物、灯柱为屏障，来达成一种空间语境，即注重视觉的秩序建立和柔性的空间限定，并且以象征性的空间关系使原本空旷的大厅形成庭院的意象。

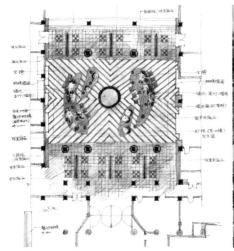

图 3.1.4　某营业大厅设计概念（左图）与透视图（右图）

穿插在绿植间的座椅便是可停留和等候的区位。

2. 家具布置

人们在室内空间中交往的程度与家具布置有着很大的关系，一个室内空间是否舒适和积极有效，主要看家具选配和布置方式。家具这一半固定因素既能在空间布局上形成条理性和秩序感，又可以在空间中促进人际的交流和场景的感知。事实上在中国文化中，家具不仅仅是实用性工具，还是社会生活、人际互动和秩序营造的一种媒介。例如在室内空间中，家具不仅为人们提供方便，还有维持互动关系和建立场所秩序的功效，人们也正是通过家具布局来理解空间场所特性的（图3.1.5）。家具这一半固定因素，关乎着空间物境的品质和氛围，因此宁可室内设计简单些，也不能轻视家具这一因素在室内空间中的作用。

图 3.1.5　传统客厅（左图）与现代客厅（右图）之比较

家具布局的不同方式带来了不同的室内氛围。

　　家具及其布置反映一种空间状态，如与房间尺度、装修和室内陈设共同构成的场景氛围，显然可呈现出场景的整体品质和定位。即使在一般性的空间场所中，家具布置仍然有它的条理性和等级性，而且能够观察到有关占用者的身份、品位和场所性质等情况。尤其是一些经营性空间的布局，往往是通过家具造型与装修风格相应和并达成与身份、财富关联的场景炫示。对于非商业性场所（如办公空间、事务所等），比较看重家具和陈设的品位与格调，并重视空间布置的惬意性。因此可以认为，由家具形成的半固定因素比隔断更具有强劲的语境感和灵活性，正如考究的家具（形制、材质、风格和工艺），既可提升场所品质、传达空间气氛，也可赋予空间象征性意涵、文化内涵等。

　　3. 软装配置

　　室内的软装配置是营造场景的有力手段之一，其环布散置和灵活变化突显出凌驾于空间秩序之上的自由或随意，看上去更像是按主人意愿而确定的，包括样式、风格及色彩等多少与房间主人的性情和爱好有关。之所以说"软装"，喻示着不是硬性的、固化的和不可变动的，它完全可以随心而欲地表达某种情感或情结，也能够看到凝聚的是一种品位与追求。因此，室内的软装配置不应该是设计师一蹴而就的，应该视为一种日常性的情境，也就是把布置的权力交还给使用者，因为它不是在空间中放摆件、做装点那么简单。实际上，室内的每一件物品可能都代表着使用者的意志，而不应该是设计师的。由此而言，室内设计终究要面对可能的改变、增减等，意指室内软装配置应该是个体（居住者）兴趣的领域，也就是说这种脱离装修主体的部分是变动不居的（可随意更换或改变），因此室内设计其实是很难达到尽善尽美的。那么，当我们在画册上看到摆景式的室内设计作品时就应当警惕。正如那些看上去很完美但并不真实的室内软装配置案例，或者说这是人为摆景和摄影师的所为，显然不是专业倡导的真实，而是一种诱惑性的广告甚至还可能是误导，与日常性的生活情形相差甚远。但是不管怎样，如果把房间里的软装配置去掉，这个房间就会恢复到其原始状态，它的辨识度将会减弱或少了许多情调，因此室内的软装配置是空间中出现的一种"轻结构"——聚合系列的构成关系，诸如那些窗帘、地毯、墙画、灯饰以及其他室内饰品均可成为空间中的一种补充，与空间尺度、家具和装修等共同营造出了富有特色的场景空间（图3.1.6）。

图 3.1.6　广州长隆酒店的主题墙（左图）与广州歌剧院中厅的装置（右图）
室内装置及艺术品能够点出空间主题，提升场所的品位和调性。

3.1.1.3　非固定因素

人作为建筑空间中的"非固定因素"，表明其参与的过程是动态的、多样的和不确定的，因此这里所论及的"非固定因素"实质上是和固定因素、半固定因素二者密切关联的，也就是说，无论是固定因素还是半固定因素都是指技术层面，尤其是那些非言语的表达方法和空间的形成手段最终应该落实到与人相关联的交感、交流和交织上来。因此，室内设计需要重视对人们行为及心理、生理需求的分析和研究，像人的体味和体认、行动和意向，以及一些潜在因素所引起的心理事实和身体反应等，这些复杂的现象均是可考察到的非固定因素。

1. 空间的知觉与体验

论及"知觉"首先应该关注梅洛-庞蒂的思想，在他看来"知觉"关涉到一个心身关系的事实体验❶，或者说人的体味和体认实际上进入了一个知觉领域，不过"设计者倾向于从知觉的措辞作出反应（即其意义），而其他行业的人、使用者则倾向于从联想的措辞作出反应"。例如国家大剧院建筑，设计者从"知觉措辞"出发，将一个巨大的体量减到最弱，更多地考虑它与周边建筑环境的协调关系，尽力削弱它对旁边的人民大会堂造成的压迫感，同时二者分别代表着两个完全不同的时代（图 3.1.7）；而大众从"联想措辞"作出的回应却与设计者的思路大相径庭，大众对这个形式怪异的建筑褒贬不一，常常有"水中蛋"之戏称。空间的知觉与体验因而反映出不同的体味与体认，或者存在着交感的多维性，如设计师以专业阅历和美学修养来理解建筑——作为一种知识形式所具有的传播力；受众则以生活经验和审美习常来看待建筑——作为一种体验的实体应具有它的效用和意义。

因此，设计师需要考虑不同人群的空间体味和体认，正如同一种空间图式或布局在不同的人眼里其意义有所不同，因为人们对空间知觉可能是直接的（亲历体验的），也可能是间接的（其他渠道，如传播媒介等），同时还受其价值观与文化观的影响，因此设计立意是要面对使用者的体味（心智感悟）和体认（身体觉悟）以及他们的回应。尤其对于室内空间而言，空间的知觉与体验与其说是来自视觉上的量值（物理的向量）促使的直观性，不如说是通过感官和心理事实（心身的）带动的交感性。这里需要注意的是"直观性"易于设定为经验意义上的自我感悟（体味的）或亲历而为（体认的），而"交感性"在互动中有可能生发引申、意外和差异的知觉与体验。

---

❶ 梅洛-庞蒂的"心身关系"表明，人的心灵与身体的二元聚合投向了"对象"——一个体验到的场域，"体验"由此是心身与事物的交感，即：通过外在的、可见的行动，使得彼此之间相互作用而生产一种意识、身体与空间的知觉现象学，显然这是由笛卡儿的"身心二元论"转向知觉主体与现象客体的二元方式（详见：沈克宁，《建筑现象学》（第二版），中国建筑工业出版社，2016 年）。

图 3.1.7　国家大剧院透视图
左上角为人民大会堂，与大剧院
形成对比关系，一刚一柔。

2. 空间的视觉与听觉

"视觉"在室内设计中是不可缩减的概念之一，这里主要是针对人们视界、视景的探究，可以说人的感受力大部分来自视觉，但这完全不同于观看一幅画作，而在于其视觉位置和角度的变化决定着视界、视景的成效。"听觉"则是可以接受视觉之外的某些信息的一种能力，因而一个人的听觉能力在空间中能够辨别出没有看到的某些情形并为此而做出相应的反应。视觉与听觉因此在室内设计中关乎人的行动和意向：一个是视觉的指示力，即空间形态、空间尺度、空间光影等引导的视觉行为——视景刺激；另一个是听觉的吸引力，意指听觉辨识、闻声而寻、音响唤起等可提示或抑制的人际互动——声音促使。不过值得注意的是，开敞空间促进了人们自由的交流，但视界与声音较难把握，且易于在室内设计中被忽视；而一个封闭房间在带来空间独立性的同时有抑制与外界交流的意思，但视界与声音因而得以调节。

事实上空间的视觉与听觉，是室内设计的基本问题，它直接影响着人们在空间中的行动和意向，也关涉到无论是开敞空间还是封闭房间均面临一个协调或平衡的议题，意指室内空间的组织应该满足人们的不同选择和可能有的交流关系，包括视觉与听觉上的一些技术处理（图 3.1.8）。例如那些有着良好视觉和清晰听觉的室内开敞空间，为人际交流的融洽提供了技术保障。而一个独立房间所持有的闭合与安静，其中隔声减噪是一个重要的技术指标。因此，室内设计应该重视建筑物理方面的知识，在于将视觉与听觉的因素及布设方式视为衡量室内空间质量的重要指标，也是一种以人为本的设计体现。

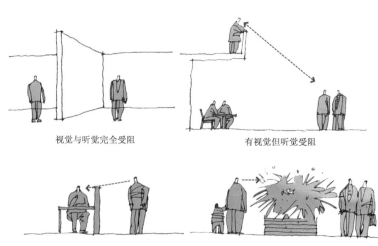

视觉与听觉完全受阻　　　　　有视觉但听觉受阻

图 3.1.8　不同的空间关系
空间布置影响人际互动。

视觉和听觉可调节　　　　　中间有障碍视觉与听觉不便

3. 空间的安全与安定

"安全"是一个包含了许多不同利害关系的概念，就室内空间而言，能够让人们有安全感其实来自外在的布置，在于持有的适当秩序能够促使积极的互动情形。如果从人的行为来分析，身体因素（如器官或器官系统）与物质空间的联系很有可能涌现出某种积极的或消极的情状，"积极"意味着可感受到场景的有益（有序、有效、有望），意指空间技术、空间秩序和空间机制均可产生安全感；而"消极"显然可以感觉到空间的不宜（不便、不足、不周），喻示着无关联的空间物质编排忽略了人与空间交流所需要的安全感。然而与"安全"有所不同的"安定"一词，在这里既有安抚个人行为心境的意味，也有维护人际互动情形的意思，此外可能还有与场景相关联的涌现——人们对稳定性的诉求。"安定"不全指向人们身体感官上的反应，实际上和人的心理事实有关，比如有自然采光的房间比没有自然采光的房间更具有安定感，因为这里存在着心理事实——自然光能够让人意识到时光变化与人的生物钟相关联，而且可以通过观察光线变化来判断时段和调理自我，否则，人的生物钟有可能被打乱，非安定感油然而生。

空间的安全与安定，因而与固定因素和半固定因素的组织密切关联，如果说固定因素提供了一个安全系统，那么半固定因素则为室内空间的安定提供了支持，例如在星级酒店的客房区和较为讲究的办公空间中铺设地毯，不仅可以消除脚步带来声响，同时也能够抑制人们乱扔杂物并使人们的步伐平稳等，空间场景由此变得更为安全和安定了（图 3.1.9）。进而言说空间的安全与安定，前者具有可信赖的空间特征——专业技术的保证和措施是至关重要的，后者能够镇定人的行为情绪——设计意构在于注重调适人的心理事实，二者显明是一个交织性的专业保障系统，目的是为人们提供可享受到的具体的空间惠利，而不仅仅是停留于一个视觉的空间表象。

图 3.1.9　酒店走廊与办公场所中的地毯铺设

室内安静了，人的心境也自然可安定下来。

3.1.2　形成空间的方法

现代建筑是一个被打开了的盒子，空间构成与空间关系因此越发得多样而复杂，也就是形成空间的方法成为设计的焦点问题，或者说，室内既可聚集我们亦可分开我们，这一切源自形式的构成，即形成空间的方法。然而，我们所论及的形成空间的方法至今没有完全脱离现代建筑的一些规则，用赛维的话说，现代建筑及其思想为我们重新考虑建筑语言的语义提供了有力支撑。正如柯布西耶著名的"建筑五原则"，显明是一种形成空间的方法，而且是现代建筑中的范型之一。但是，我们在伸延、衍生既有的空间方法学中似乎应该更多地关注是否营造了实用空间？是否与日常需求密切关联？是否赋予了空间附加价值？这些均是值得探究的议题。

3.1.2.1　固定空间

固定空间是空间构成中最基本的单位，其中以不变、功能明确和位置固定为特征，是空间中最稳定的形式之一。这种以墙体围合的空间单位有着相当的独立性和封闭性，在一栋建筑物中多少都会有一些固定空间来保证基本的空间使用要求。例如，居住空间中的卫生间、浴室和厨房等，公共建筑中的楼梯间、电梯厅、公共卫生间等，这些固定不变的空间单位看上去均是以功能性为原则的布设，但并不意味着固定空间或房间就一定是僵化的、刻板的布设，实际上固定空间的多设性、多样性和多趣性时有呈现。

1. 固定中的多设性

"固定"在于空间布局的不变性，而且需要体现既经济又适用，例如住宅中的厨房是一个劳作空间，其内部布设一方面要和劳作流程密切关联且需要符合人体功效学（见第4章第1节内容），另一方面厨房设备及家什将决定着空间的形态，而且有可能是变化的。固定空间因此要注重由内向外的设计，即以内部的家具布设、功能预设以及日后可能要增添的家什等来推敲空间形态及空间预留。那么"固定中的多设性"显明是室内设计中的一个专业问题，在于功能不是简单地计划内容，而是要考虑持续的、多维的使用成效。这里的功能指向、设施到位，以及细节处理固然是设计的重点，但设计意构不能仅停留于此，还应该从多设性的视角来考虑日后可能的变化和需要，包括固定空间的规模、尺度和形态等要能够满足可持续的使用。

2. 围合中的多样性

一个固定的房间皆有四壁，然而是"实围"还是"透围"要依据房间的功能性质和结构关系而定。"实围"是指非透明材料的界面（或立面），也是最普遍的基础性材料的应用，例如轻质隔墙板、轻型墙体材料等，虽具有良好的墙板性能和隔音效果，但趋同性显著且立面形式单一化。"透围"则指选择具有通透性的材料，或可通过不同的设计构造和工艺做法来改变实墙的性质并产生生动的立面效果和变化，例如用玻璃、镜面不锈钢板以及半透明的材料等，均可促使房间的围合界面富有多样性的表现力（图3.1.10）。围合中的多样性因而可以说是室内设计中最活跃的部分，不过只有达成室内界面（隔墙）的基本功效（如隔音、减噪和闭合等）时，才可以为视觉效果做些适当的创意，因此要警惕那些过度的构造和装饰，意指要预防不切实际的材料拼贴或堆砌。

3. 功能中的多趣性

在室内设计中那些固定性的房间并非都是僵化的排布，其样态的表现时常与场所的性质有关，因而房间的组织完全可以灵活多变，如图3.1.11所示，在一个柱网空间中房间的格局及样态是按照场所特性来考虑的，这些房间显然摆脱了几何形的束缚而形成了自然样态，从而使空间场所的趣味性增添许多。因此，非几何形、自由形式以及非对称性的房间布局成为可能，就像音乐般的调性能够激发人的感情，而

半透光材料促使房间内外生动有趣

镜面不锈钢材质削弱了墙体体量

一种将墙体变为了立体构成的表现

一种主题意构促使的空间特效

图3.1.10　室内界面的多样性
界面是可创意和表现的空间因素，但需要考虑其基本的功能特性。

"调性"在此指向空间中的尺度、节奏、疏密和秩序的编排。但是，这并不意味着可以任意而为，事实上需要对场所的属性、人的心理事实，以及建筑空间的条件等做出综合研判，最为关键的是要适度并赋有意义：在满足使用的同时附加空间的"可读性"❶，不仅是可用、可见的场所，还是具有吸引力、可感知的场景。

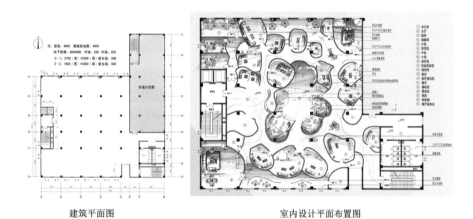

建筑平面图　　　　　　　　　　　　室内设计平面布置图

▲ 室内设计概念草模

室内局部场景效果图 ▶

图 3.1.11　某休闲场馆的空间概念
形成空间的调性需要把握场所的属性，既不可僵化，也不能任意。

3.1.2.2　开放空间

　　现代建筑中的开放空间往往表现出一种积极而充满活力的调性，亦可谓空间中聚气聚人的场所。如果一个建筑缺少开放空间，那么这个建筑的内部空间多少会显得单调、乏味且无生气。开放空间实质上是相对于封闭空间而言的一种可理解为"负空间"的概念，就像房间为"正空间"，其使用内容明确、功能清晰等；而大厅、中庭、过厅等为"负空间"，就像住宅中的院子、城市中的广场和公园中的场地等。这种"负空间"的开放性和多元性承载着众多的活动和不可预定的情形，意味着在室内设计中具有空间意涵扩展的可能。事实上建筑中的"负空间"是一种活跃元，是可以理解为房间之外的自由交往的空间，且具有容纳、共享和通达的意义，这显明是现代建筑中不可缺少的空间成分之一。

　　1. 空间的匀质性

　　开放空间在某种程度上具有包容、聚集的意味，在于空间组织是共享的、匀质的，而空间属性

---

　　❶　"可读性"的概念对空间而言是指"通过清晰、协调的形式，满足生动、可懂的外形需要来创造的意象"，这里显明是由外在表象迈向内在意义的非言语传达（详见：凯文·林奇，《城市意象》，第 7 页）。

则是普适的、宽泛的。开放空间因而承载着聚集、仪式和展示等多种活动，其空间关系体现了多维开放带来的平等、民主的氛围。或者说这种看似"留白"的空间，实际上为人们提供了自由选择和互动适宜，亦可谓"留白"即空间的匀质性，显然能够适应不同时段、不同事件、不同人群的活动需求。例如公共建筑中的大厅、中厅或过厅等，为人们的社交、互动，以及临时组织活动提供了场地，其空间价值在于增进人们的相互交流，激发人们的参与热情，而绝不是"留白"的闲置，或者"宏大"的显摆。因此开放空间的匀质性，是在强调公共空间的权益、人人平等的在场，以及保持空间价值的中立，进而能应和并满足多样的活动需要。

　　2. 形式的生动性

　　开放空间是室内空间中的节点，它或是空间的中心或在空间序列中扮演着重要角色，而且是现代室内空间构成中的一个活跃元。尽管这种具有"场地"感的空间形态，总体上以空间性大于装饰性为原则，但是依然需要强调空间的品质和意涵。以图 3.1.12 为例，大厅的空间关系从量、形、质、色四个方面来传达设计的立意，空间形式的生动性并非总是造型上的，而是来自对材质、色彩、尺度和光线的把握并达成一种共生语境，如墙、顶、地的材料聚合使用了统一模数（如以建筑柱网模数为基准），从而形成整体和谐的空间调性和视觉的连贯性。由此言之，开放空间的形式意构应当注重空间语境的适当界定，即空间的传达应当是关系与意涵的合适，而不是臆想的、浮泛的和过分的装饰性炫示。开放空间的语境因而十分重要，实际上它是一栋建筑物内部的意向场景或空间节点，前者在说明意向场景是能够准确、清晰地表达出场景的属性和调性；后者则指向空间节点喻示着是开放的站点，这在后面的章节中会详细介绍。

图 3.1.12　某写字楼大厅室内空间概念
形成空间在于材料之间的尺度、尺寸的和谐一致且与柱网密切关联。

3.1.2.3　时效空间

　　时效空间的概念是指时段性的利用空间，也就是空间根据需要可以随时调整和变换使用的方式，以此满足人们不同使用空间的需求。这种以不同的使用需求来调整或可改变空间形式的设计方式，可追溯到密斯的"匀质空间"思想，正如他所认为的室内空间应该能够应和不同的使用空间的情况，也就是要打破单一而固化的空间功能，使之成为一种时效空间，这也是现代建筑中空间构成的重要特征之一。使用空间因此更趋于合理和高效，应该说呈现的是一种节约的、可持续的空间状态（图 3.1.13）。

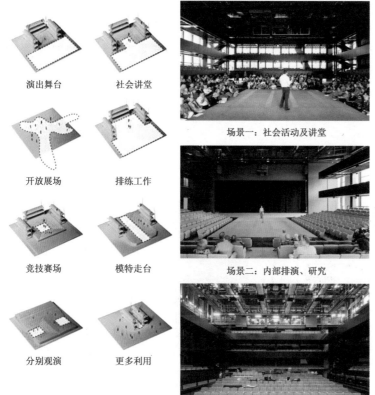

演出舞台　　社会讲堂

开放展场　　排练工作

竞技赛场　　模特走台

分别观演　　更多利用

空间复合使用示意

场景一：社会活动及讲堂

场景二：内部排演、研究

场景三：演出模式及布置

图 3.1.13　库哈斯设计的剧院
空间接纳了因时而异的变化使用。

1. 空间的时段性

空间的时段性主要是指一种按时按需的分配空间，其组合方式或空间划分需要考虑能分能合，意味着空间功能不是单一不变的而是多用可变的。空间的时段性和效率空间、节省空间有关，这在很多的公共建筑中十分常见，"时段性"实质上在意空间内容的置换性、高效性和现时性，例如空间的化整为零或化零为整均出于不同内容的事和人的需要而得以变动，而且往往是通过可移动屏风、轨道隔断等手段来改变空间并满足实际需要的。不过，这种划分空间的手段不能简单处置，应该具有空间整体性的意识，形式构成应着重考虑其中的隔断处理，不但要保持整体空间界面的统一性，还要注重划分空间的相对独立性和视觉秩序，包括一些设备、管线和灯光组织等，总体上要在既分又合的使用中寻求一种空间变动中的平衡关系。

2. 空间的复合性

"复合"一词在此包含了空间上的意构与意图的双重性，"意构"是在同一空间中寻求扩展空间功效的可能性，"意图"则预设空间为多用的而非单用的，二者由此构成了一种空间复合性的设计思路。这里更在意空间内容的"复合"，比如，与其说空间形式在考虑多用可能性的同时赋予其可实时调整空间和布局的复合性，不如说空间内容所达到的不同的使用效果实质上是得益于均质化的空间处理方式，或者说是一种预见性的设计方法。所谓"预见性"是对空间中可能加入或组织的多种场合及活动的预测，进而对空间的复合性做出相应的对策，即以动态、转变的空间意识作为设计要旨。因此，"复合性"在意设计意构（意义）与使用意图（活动）的相应和，也就是空间关系摆脱了静态关系而转向能够提供可调整和调节的空间复合性（图 3.1.13 中的情景解释了这一切）。

3.1.2.4 多义空间

多义空间的意向表明，空间界定并不明确，空间内容也无定义，空间属性更无倾向，似乎是为了适应一切需要而考虑的，亦可指向一种"意外维度"，即设计之外的多向、多量和多元的情状。然而"意外维度"在建筑中表现为嵌入的各种社会力量及其话语，或者说空间的使用、计划和关系等已成为社会和使用者普遍关注的兴趣点，而室内设计实际上是在"意外维度"中寻求一种差异平衡，既要权衡加入的各种力量和利益诉求，又要考虑设计的主张和应有的意义。那么多义空间中的"意外维度"则是与宽松、随意且弹性的利用空间相联系，喻示着这种看上去非正式且无焦点的空间，其实蕴藏着多向、多效和多容的空间意象。多义空间因此能够适应人们的需求，而且以自身的不完整、不刻意来体现一种空间价值——便宜性，即为不时地应和各种场合的需要（图3.1.14）。

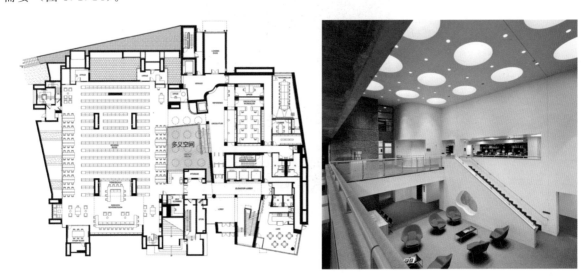

图 3.1.14 某图书馆平面、中厅
多义空间在于内容的不确定、不预设和不固化。

1. 非正式性的空间

"非正式性"是和正式性（空间）相对的一种空间认识，在于没有明确的空间界定和命名，但空间的位置或形塑依然存在着关系，既在空间的序列中也在空间的关系中，不过一种未明确的空间意向透射出一种"非正式性"——即兴的、变动的和发挥的情状。然而这种看上去似多义的情状，既在开放、半开放的空间中，也在房间或其他空间中，可以说室内空间均有可能涌现多义空间。"非正式性"因而是室内设计需要关注的一个空间议题，比如在空间中摆上椅子就可能形成一个休息或等候的空间，撤去布置又可能变换为他用，这意味着存在大量即兴利用空间的可能性。"非正式性"也因此联结了多义空间，且可对应"多价性"，或以"不计划"来探知多义空间中所蕴藏的活力。所谓"多价性"是指价值的多向性，并可看到空间价值态度的转变，这对于利用空间而言十分有益，在于强调空间的通用而不是专用，从而使空间转向民主的、包容的和可持续的价值态度。那么"不计划"实际上是一种设计策略，比如一种看似没有明确内容指向或闲置的空间，却有可能随意生发空间计划或再计划。"不计划"因此是出于对空间的多样性、多用性和多效性的考虑，进而促使室内空间从功能固化中解放出来，目的是为使用者带来因时而异的使用安排、布设和调整空间的机会。

2. 无焦点性的空间

事实上，人们并不在意多义空间的存在，而更多的是关注了那些命名的、正式的房间和空间并视为焦点空间，空间中的"无焦点性"❶ 因而时常被轻视。比如在中国传统民居中，房屋的布局、开间和朝向等成为关注的焦点，而院子——"无焦点性"——却关注不多，实际上它既是室外空间也可视为没有顶的大厅，它能够接纳和操办许多家庭事务和日常活动。多义空间亦然，外在表象多为含混、空无且只可意会，只有当人们利用到的时候才会领悟它的价值，并意识到它是多么的便宜和自由。因此，多义空间在意空间中"无焦点性"的承载力，或者说一种无焦点性的在场表明空间的辩证评价值得被重视，因为它能够将空间特性变为超越物质的存在，也就是从只注重装修的表象转向使用空间的本原上来，空间的多义性因此可类比一个舞台能随时定义情景或布设使用，"无焦点性"便是它的一个特征。

3.1.2.5 视景空间

"视景"是指人的视觉所能够感受到的景象，"它超越了场地界限且有方向上的吸引力"。就室内空间而言，比如利用通透、半通透的材料及工艺，以及镜面界面等处理方式，使空间中呈现出"屋中有景"的视景效果——一种视觉伸延的空间体验。这种视景空间的意象实际上是在建筑中借助园林的构成手法及表现要素来解决室内场景的单调性问题，进而在有限的空间范围内达成如同园林景观般的视景丰富性，诸如框景、对景、扩景等手法应用于室内设计中且效果显著。

1. 框景空间的视觉伸延

"框景"来自于造园的手法，其顾名思义就是在墙体上巧妙的设置门洞或窗洞，从而使相邻的两个空间相互透视并带来视觉的伸延，或者说在构成界面变化丰富（如什锦窗）的同时获得如同画幅般的视景效果。这种"框景"手法被移植到室内设计中能够形成"隔而不死"的视觉吸引力：一方面解决了墙面僵化和生硬的问题，这比用材料来装饰一个墙面更富有创意、更自然、更简约；另一方面使室内空间视觉序列得以扩展，不是焦点透视的三维景象，而是散点透视的步移景异（框景中的景象随视角的不同而变化）。例如，扎哈·哈迪德设计的广州歌剧院室内就有中国造园中的框景意象，尤其是那些墙面上开启的洞口（或漏窗），使人看到多重空间景象的同时，能够感受到不同视角、不同位置带来的空间丰富性和场景的生动性，进而创造出框景空间的视觉延伸（图3.1.15）。

图 3.1.15 广州歌剧院中漏窗与传统建筑中漏窗之比较
室内空间的生动性来自窗洞形态及框景的效果。

---

❶ "无焦点性"的概念是与"焦点性"相对的。建筑中被命名的各类房间和具有明确功能指向的空间等，是人们普遍认知和关注的，即所谓焦点性空间。与之相反，无焦点性（空间）显得不明确、不定性、不刻意，如针对一个实际场景就是多义的，看上去虽显松散、随意，但却可承载各种活动。

图 3.1.16　商铺中的隔断
互生互指的虚与实之意象。

2. 对景空间的视觉交互

室内空间中的各种通透或半通透的界面体所带来的空间上的视觉交互，显明是一种看与被看的情景。这种室内空间的视景渗透或视觉交互，表明空间界面关系不再是生硬或僵化的处理方式，而变得赋有情趣且巧妙地展现出多向性的景致。例如图 3.1.16 中的场景，既是空间的屏障又是构成的图景，在空间中明显是相互相对的视景渗透，正如为人们提示隔断背后内容的同时其自身也具有良好的视觉吸引力，空间视景因此在这片半通透的隔断中是交互性的，即能够穿越屏障而感受到界面体两侧的情形或信息交互。对景空间的视觉交互是在限定中达成的"藏"与"露"的有机结合，但这里要关注两点：一是确保内容与视景相和谐，二是把握视觉交互的尺度适当，另外还要考虑视觉交互中开放与私密之间的平衡，这对于有些室内空间而言十分重要。

3. 扩景空间的视觉位移

室内的"扩景"意味着是通过一定的设计手段或为补充空间不足或为达成趣味空间而考虑的，比如使用镜面、整体墙画等方法来达到一种"视觉位移"，即与心理学有着一定的联系，且意指视觉错觉带动的想象的位移。"视觉位移"似乎让人产生一种可跨越到对面场景的视幻效果，实际上指涉人的心理事实的调整、调适和调谐。所谓"位移"就是从视觉开始的瞬间情境的心理移动或视幻体验，显然不是身体上的"位移"，而是从人的心理事实方面意指的，或者说是针对空间的修正、视觉的调节以及心理的示意而采取的措施。那么扩景空间的视觉位移：一方面，所形成的视觉错觉的情境，使得体验者与场景之间形成自动的虚拟对接，并由此生发出一种仿佛身临其境的心理调适；另一方面，空间中的缺憾得以消解、或改变或补充，进而在"扩景"中促使空间尺度在视觉上得以延展。这种能够让人的心理事实得以调适的空间构成手法，在室内设计中往往可以达到事半功倍的成效。如图 3.1.17 所示，整体墙画在带动空间的情调和生动的同时修正了空间的局促和不足。不过也要警惕这种扩景，尽管能够让人进入一个遐想的场域，但是如果处理不当就会引起视觉混乱和视觉纷繁。

3.1.2.6　意指空间

室内空间还有一种可称之为"意指空间"的构成方法，所谓"意指"是与蕴意、会意有关的对象在场，就室内空间而言，一种蕴意性连接了切合性——非明见但可会意的场景。例如空间划分与组织，假如不是以墙体为界限而是采取其他方式，那么"内"与"外"便有可能成为一种非明见性的"分而不围"的意指性。"非明见性"因而驻留在一个"意指空间"当中，也就是在保持空间整体性的同时，能够使参与者感觉到有别于一般性的对象在场，不是直观的而是会意的。而对象在场——蕴意空间，显明是设计意向从一般性中提炼出的切合性——空间内容超越了物质的切指与合意，或许还是会意场景。

1. 蕴意空间的形构

最常见的空间划分与组织是使用一些墙板材料或其他材料来界定的，这种明见性的一般化是普遍认知的，同样也是物质形构的方法，但是在一些公共建筑中并不完全受用，诸如在餐饮空间、休闲场馆和酒店场所中空间划分与组织的手段已趋向于多样化，利用地面下沉或抬起的方式来划分空间领域或组织空间场景十分常见。这种可称之为"蕴意空间"的处理方式在于，下沉式

商店平面

尽端空间墙画

造型概念

室内透视

图 3.1.17　商铺空间

墙画调节了空间感受。

空间具有安定和谦和感，属于"抑"的空间概念；地台式空间则情景显露且有表现感，属于"扬"的空间概念。而且，蕴意空间的形构特征是：无论是下沉空间还是地台空间都有其空间轮廓和边界关系，且形成了意指性的"内"，此时的空间关系虽然没有明确的进与出以及硬性限定，但仍然让人感受到"内"与"外"的概念被设计的手段所界定——一种去造型化的意指空间（图3.1.18）。

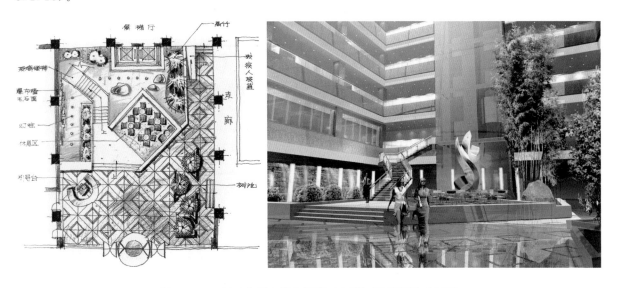

图 3.1.18　某写字楼大堂平面图（左图）与透视图（右图）

地台式空间与周边形成了划分关系，一种内与外的蕴意性由此成立。

2. 会意场景的形成

"会意"一词在室内设计中可以理解为一种可引申的意指空间，例如在地面上铺设一块地毯或者通过材质的变化来界定领域，这是最具有会意性的设计方法，亦可谓从一般性的空间转向会意场景的形成。"会意场景"因此可视为一种轻物质造型的淡设计方法，易变、轻淡、随意是它的空间特性。与其说会意场景的形成，使得空间中内与外的关系似乎淡去且领地划分呈柔性情状，不如说这种空间布设实际上是注重于象征性手法在室内设计中的运用。"象征性"显然是依托于形式的标识，正如图 3.1.19 中的场景，利用家具与地毯的组合布置显明是一种最为典型的方法。象征性手法生发的是一种去构造性的会意场景，尽管没有脱离形式布设，但形式布设是围绕象征性而具体展开的，象征性手法由此达成了一种情形、寓意，以及可会意的支点。

图 3.1.19　格雷夫斯的设计（左图）与某图书馆大厅（右图）
地毯在此具有一种象征性的界定空间的作用。

3.2　营造室内环境

室内环境可以被看作是有序空间关系的组合，即物与物、事与人、人与人之间的一系列联系。"物与物"表示一个物境关系应该是有序性的意义关联；而"事与人"则为一种交流关系是一个相互作用和影响的过程；至于"人与人"体现为不同的互动关系所应有的往来和谐。那么"环境"便可表达为一种室内建成的状况：既是物理的秩序也是社会的场域，而且就此言之，室内环境已然成为人们可体验的中介性机制，不仅承载着日常生活的方方面面，还提供了社会社群的多样交流和互动机会。如果说建成环境是"空间、时间、意义与交流的组织"，那么室内环境就是日常生活及其事件在"先计划后营造"的情境中的涌现效应。也可以说室内环境，既是人工化、智能化和信息化相关联的营造物，也是彼此切合、事物联合和互动适合的关系场。

3.2.1　有序的人工环境

建筑空间是有序的人工环境，它明显不是一种事物与人的任意拼凑，而是纯粹为人之需要而考虑的环境营造。事实上建筑的室内环境，本身并无什么玄奥之处，其全部复杂性在于人与建筑空间之间的基本关系：人生活于其中，融汇于其中，积极地参与于其中。因此这里提及的室内环境，不是针对"实"的本体，而是面对"虚"的客体，即着眼于有序的人工环境。所谓"有序"，概括地说就是一种有条理的、不紊乱的客体存在，也是能够让人感知到与自然关联但又不同于自然的规制在场，如同语言中句子的规则是有序的句法组织一样，既有构成性又有约束性。室内环境正是基于类似语言系统的规则表达：空间、时间与交集所生产的秩序感。

3.2.1.1　空间的秩序

"秩序"是蕴涵着诸多张力的形式呈现，也是可感知到的规制存在，就空间而言，这一概念可指向构建的"维持模态"——可引导人们行动的空间规制。确切地说，空间规制是在给定的范围内从事的形式系统，即有组织、有方式的环境机制，"先计划后营造"是它的基本特征。"先计划"指涉由设计意构推出的空间规制，可类比一部音乐作品的创作既有构想又有章法（五线谱上的规则）；"后营造"表示是否能够让计划见效（指计划预期的环境效应），就像音乐作品是需要演奏者或歌唱者来理解、表现和发挥的现场，实际上这里在关注"彼此切合"——现时性反应与计划性情境的交集、应和与绵延。

如果"先计划"的环境见效了，表明空间规制是有序、有力和有益的，被人们所认同；否则，"后营造"所涌现的效应将验证"先计划"的无效性，或者说是无交集的同时在场❶。因此要重视"先计划"究竟指什么？像办公、教学以及交通之类的室内环境，简明而清晰的空间秩序或序列是"先计划"所期求的，而环境的便捷性、功效性和导向性则是"后营造"的见效点，因而"先计划"意味着需要与"后营造"切合（这又和音乐及纯艺术创作有所不同）。但是一些室内设计者并未认识到这一点，其设计作品存在着意识上的混乱。例如，空间规制被装饰性图式取代或将二者等同视之；再如，认为视觉秩序即空间秩序，以及重"先计划"的主观表现而轻"后营造"的客观效应。事实上，空间的秩序是一种维持模态而不是一种表现形态，喻示着"维持"是需要依靠空间规制来达到的绵延（模态），"表现"只需要注重形式意构本身既可实现，因此，模态关注于模式（空间环境）与状态（人的活动）的联结。试想，假如空间环境失去了良好的导向、简明的序列和便捷的使用性，那么空间的"后营造"便会陷入迷茫或混乱，空间的秩序也将无从谈起。

由此可见，"先计划"是形成空间秩序的一个焦点，不仅要重视上述所提及的，还要关注空间秩序中的"中断"，用贡布里希的话说则是能够产生的"空间亮点"或显著点❷。就是说"维持模态"不是僵化的执行，请注意：模式与状态是相互关联的，假如空间模式趋于平淡乏味或总是被人们预期到，那么其状态就不会有起色，"后营造"会视作无足轻重，也就是"预期到的就是'多余的'"。因此"维持模态"还需要"从秩序过渡到非秩序或非秩序过渡到秩序时所受到的震动"，这对于有些场所来说十分必要，如观展、休闲、娱乐类的空间场所。"先计划"中的"空间亮点"因此是人们所能感受到的"震动"——空间秩序变化的显著性，并传达出了"维持模态"中生动、趣味和联想的效果，空间的秩序也就此富有音乐般（如主次、节奏与和弦等）的营造（图3.2.1）。不难看出，室内环境中的亮点可谓"先计划后营造"的彼此切合，不过，对其中的尺度或成色的拿捏是一个关键点，意指虽可吸引人们的眼球但不可越过空间规制，应该说它是空间秩序中能够起到调节作用的标识，而恰当性正是要遵循的，它应该纳入空间规制之中而不能孤立存在。

3.2.1.2　时间的秩序

时间与空间是一对密切关联的概念，在建筑学领域前者比后者要更加抽象一些，而且时间的意

---

❶　无交集的同时在场表明，人与环境是分离的，意指人们未意识到所处的环境有什么指向性或可维持的，即一个形式意构（先计划）的在场与时人理解（后营造）的过程受阻而易见。这种情况在室内环境中十分常见，正如那些精心制作的空间概念、空间序列以及空间构成大多是落实在了视觉关系上，且时有不可解读或非逻辑的呈现，有可能成为表现性的闲置或纯属浪费。

❷　人类既需要秩序来维持相互关系的和谐，也希望以突破秩序来达成创新性，贡布里希在《秩序感》一书中明确阐述了秩序的概念，并且提出秩序中的"中断"会像磁铁般的吸人眼球，"中断"意味着是一种突破，而后产生"显著点"或"亮点"，亦可说空间秩序中的"亮点"是依靠这一"中断"原理才能产生，这对于室内环境营造十分有意义。

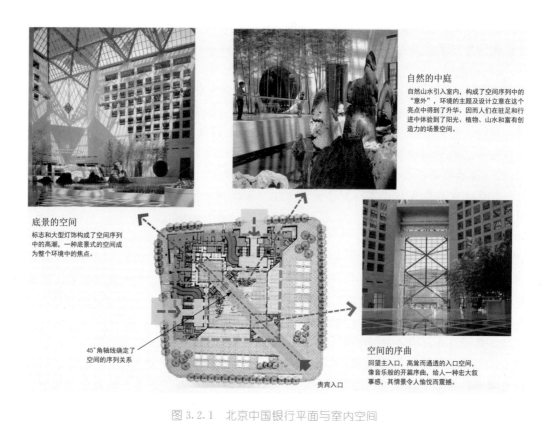

自然的中庭
自然山水引入室内，构成了空间序列中的"意外"，环境的主题及设计立意在这个亮点中得到了升华。因而人们在驻足和行进中体验到了阳光、植物、山水和富有创造力的场景空间。

底景的空间
标志和大型灯饰构成了空间序列中的高潮，一种底景式的空间成为整个环境中的焦点。

45°角轴线确定了空间的序列关系

空间的序曲
回望主入口，高耸而通透的入口空间，像音乐般的开篇序曲，给人一种宏大叙事感，其情景令人愉悦而震撼。

贵宾入口

图 3.2.1　北京中国银行平面与室内空间
贵宾入口的定位构成了对角空间序列，空间层次的丰富在于场景的布置，焦点空间置于大厅的中后部。

涵颇多且涉及面广❶，但是不管怎样，人既生活在空间中也活动在时间段，因此时间在某种意义上可指向场合/场景，亦可视为一种现时发生的情状。就室内空间而言，场所是固态的而场合是动态的，比如"教室"与"课堂"是两个不同的概念，前者是一个教学单位——场所（空间），后者是呈现的教学情状——场合（时间），二者明显体现出空间中存在着因时而异的环境所指。"课堂"由此表现为同步的、协调的和专一的时间段，也正是一种时间秩序的例证。我们因空间而聚集，也因时间而聚会，这句话是值得室内设计深入探讨的。比如"聚会"的概念，喻示着时间性场合的量度可类比一个节庆的概念且具有循例性（如生日、节日和好日子的聚会）。这种定期与不定期的聚会是日常生活中的常见场景，不只是量的还是质的（每一次的情状都会不同），而且是可考察的时间秩序，如它的长度、程度和量度明显是与室内环境相关联的营造。

时间的秩序因此不是基于形态上的探讨，而是需要发现诸多的时间片段（或情状），例如室内环境包含着相对集中的时间片段或情状：按时的工作、休闲的安排、上课的时间，以及如期而至的聚会等，这些亦可视为时间秩序的展现。时间是一种生活事实，但也充斥着多种多样的时间片段。不过需要指出的是，时间性的概念其实关涉到一个具体场合或场景是怎样的，比如人们在场的时长、往来的程度以及互动的量度等均可考察到室内环境的涌现效应或氛围营造。但凡一个室内环境，其时间的秩序就是营造的具体化，既有序又有效的呈现出循环往复的运行。由此见得，时间的秩序关注于空间状态或运行机制，即时间-空间的合理分配与协调使用，进而从场所界定转向对情景分配的重视。

❶　时间在不同的领域有着不同的所指：科学上认为是线性的、时钟性的，而社会学则视为循环的、多样的；哲学上定义为抽象的、先验的；而经济学明显指向利益的、计算的，等等，这些充分说明"时间"的范畴是质与量的关系聚合。在建筑领域中更多的是重视体验的进程和时空的意义，体验是时间性的，而时空则是场所性的，这些均因人不同、因时而异，即不同的心理事实和应时事件的呈现。

　　场所界定立足于一个形态的范围、方向和归属等，按舒尔茨的观点，场所是一个结构性能，即存在性所持有的空间属性，这一话题已在第 1 章中讨论过了。现在需要关注的是"情景分配"，很明显这里添加了时间因素，或者说以时间性来测量室内环境的营造要比从场所界定的视角复杂得多，但这能够使我们避开空间形态的纠缠而进入空间状态的发现。比如设计意构中起、承、转、合的空间序列，便可视为和时间进程相联系的情景分配，也可以对应于音乐作品中的序曲、主题、高潮和尾声，使空间关系转向时间秩序的传达（图 3.2.2）。"情景分配"实质上是对人们行为经历的关注，即一种与时间关联的空间序列带动的心理事实的变化，由此从重视空间形式构成到时间-空间的分配预期，显然存在着纵向与横向的情景分配。纵向是赋有时间性的顺序轴，即空间的分别、分段和分景可谓历时性的，也是对时间-空间的节奏、层次和序列的把握（如中国传统的院落空间序列）；横向则表示时态性的意向轴，即不断注释和带入的情景可谓共时性的，而时态性的认知则成为情景得以变化的一种支持（如格罗皮乌斯设计的包豪斯校舍）。如果沿着这两个轴去探究时间的秩序，那么室内环境便会进入时间-空间的情景双重性：计划场景与营造情境关乎到时空序列的状况，也就是既要重视使用与场所的分配预期，也要针对时人与环境的有序在场。

图 3.2.2　某住宅空间
空间序列中的四种关系。

3.2.1.3　交集的秩序

　　室内环境应该从那些可见性组织（包括装修样态等）的认知中适当脱离，也就是不能仅停留于空间造型、环境形态的层面上，应该和空间互动、环境状态相联结。事实上室内环境已然是交集的秩序场，各种各样的空间互动关系形成的交织性可谓展现的状态图景。在室内环境中，不只是拼贴在主体结构上的那些装修样态所形成的视觉秩序或形态图景，还存在着衍生性的情景交集，比如以银行、机场以及一些票证大厅的环境为例，通常所见的"一米安全线"或拦线等设置显明是一种秩序传达，环境的标识已经告知人们要遵守公共秩序，并以此来维系人与人之间的互为尊重和行为文明。还有，当你走进一个公共场所便会看见一些环境的标识，体认到其中设置的意指性，知道自己

图 3.2.3　某银行营业大厅
人际互动的平等来自空间布置的支持。

该如何去做等。也许你会对眼前的场景给予关注并产生亲切感，像一些服务性场所的柜台降低了高度并摆上了坐椅，一种亲近的氛围油然而生，服务与被服务之间的关系切近了，彼此之间也有了一种平等互动的关系（图 3.2.3）。这些看似普通且易于视为习常性的交集秩序，只有当你感到不适时才会意识到它们存在的必要性。

因此在室内环境中，交集秩序明显存在着心理引力，比如当你走进一个讲究且看上去又很高级的场所时，你的行为一定会与进入一个普通场所时有所不同，你会意识到此刻的环境氛围要求你的行为文雅而得体些，否则你的面子会过不去。由此说明，人们一般会尽量适应环境的氛围或以此来调整行为心境，人们也正是从环境的氛围中获得信息而做出进或退的选择。但是，欢喜与反感总会伴生心理事实，如果转向室内环境就会产生交集关系，诸如将个人的情感、情绪和情结带入环境中，有可能生发的交集秩序与那些装修样态形成的视觉秩序是冲突的。尽管室内环境是激发人们行为的信息场，但不可排除"后营造"涌现出的交集关系是差异的。这是指环境及其样态不一定要多么动人，但要在意彼此之间的交集关系。因此室内环境中交集的秩序可视为对人际之间能否和睦相处和促进空间互动的关注，从这个意义上来讲，营造室内环境是需要细致入微的且为不断深入的过程，这远比装饰性方法更为重要也更纷繁得多。

然而，我们总是将营造室内环境投向一整套形式意构所生产的秩序样态，忽略了在室内环境中人们彼此接触所需要的、生发的交集秩序。而对"秩序"一词往往存在着两种不同的认知：一种认为，形式意构提供的稳定的、引人入胜的效果是根本性的，因此室内环境中非言语表达系统偏重于形态秩序的构建；另一种认为，营造室内环境应该本着可理会且有利于互动适合的原则，包括各种服务和设施，以及那些明示的细节安排，均是重要的行为引导和环境状态。实际上这两种认知均不可脱离明晰的室内环境，即一个赋有逻辑的情境能够使人在适应中及时调整自我的状态可看作人性的环境，进而室内环境如果是清晰、匹配的话，那么人们在行为上就会适应、配合并形成积极的空间互动，这应该说是"后营造"所生发的交集的秩序。

3.2.2　设置的智能环境

建筑空间也是设置的智能环境，表明各种智能技术以事物联合的方式进入室内环境当中，成为人们信赖的"抽象体系"❶，即人们并没有清晰的认识到但却在享受着它带来的环境惠利。事实上，人们无论是过去还是现在，从未停止过对改善生存环境所做出的努力，尤其是对室内环境的舒适与健康的要求与过去不能同日而语。建筑室内因此显而易见的趋向于智能化的环境，且更多的是与人们的舒适度和健康度相关的科学、技术以及设施，如声光、冷热、能耗、给排水等得以广泛地应用。

---

❶　"抽象体系"是英国社会学家吉登斯提出来的，他认为人们已经身处于抽象体系的氛围中，或者说抽象体系已嵌入现实环境中并调节和控制着我们的生活，那么这个"抽象体系"显然指向专业专家系统，即那些可信赖的专业知识及其形式。由此带来的诸多便利、惠利和福利，这些均是"抽象体系"的意义所指（详见：安东尼·吉登斯，《现代性的后果》，田禾译，译林出版社，2011 年）。

3.2.2.1　智能化的舒适环境

对于室内环境来说，舒适度是重要的技术指标之一，因为舒适既和人的生理机能、心理及精神状态有关，也是室内事物联合所营造出的可评价的总体感受。然而"舒适"的概念实际上比较模糊，或因人而异，不确切性可能超出字面上的意思。但不管怎样，"舒适"一定是化解了内在矛盾之后的一种满足感的显现，正如俗话所讲的"知足者常乐"。那么"智能"一词的本义是智慧与能力的并称，不过在此指向与科学技术有关的智能化，就建筑而言，热能技术、节能技术、声光技术、数码技术等，这些应用到建筑中便可营造出一个智能化的环境❶。实际上一些相关的科技成果置入室内并联结了舒适性，比如一个需要安静的房间，隔声和噪声就是需要处理的关键问题，试想如果不能保持安静的效果，传来街上的汽车声或孩子们的喧闹声，那么你的心情一定会很糟，室内科技就会解决这些问题。再有，像音乐厅里的声音传递恐怕比视线更为重要，因为它是聆听的场所，因此混响时间的控制是空间设计中一个非常重要的技术指标，它关系到视听空间的质量和人们在听觉上的舒适度。

不仅于此，室内科技尽管在物理方面基本上体现为温度、湿度、声环境与光环境四种因素（图 3.2.4），但不难看到一些新科技新成果不断地进入建筑中，使得室内环境的智能化程度越来越高。实际上，人们一边享受着智能化环境带来的各种惠利（如冷热适中，网络畅通以及能耗节省等大大提升了室内环境质量），

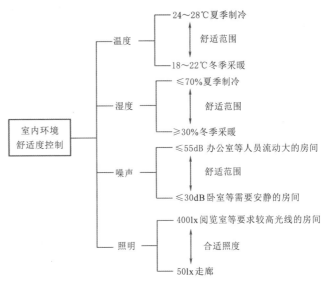

图 3.2.4　影响室内环境的四种物理因素

一边又被智能的集成性所累（如一旦出现技术故障或部分问题，室内环境的运行将面临瘫痪的风险），因此如何理解智能化的舒适环境，还需要理性、客观的分析和探讨。如果从人的心理事实来考察舒适度的话，有时自然的情境比人工的情境更惬意，像窗外传来的歌声、鸟鸣声，以及昆虫与动物的叫声等把你带入遐想的情境或引起某种思绪，这种视觉并没有看到但听觉却获得了信息的情境，着实让人有一种区别于智能化情境的舒畅感。不难设想，良好的外部自然是智能化环境不能相提并论的，或者说二者应该是互补性的并置关系，且能够共同面对人们关注和需要的舒适度。因此，我们不能一味看重智能化带来的有限的舒适环境，还要关注自然环境可能蕴藏着无限的舒适情境（图 3.2.5）。

事实上人们对室内环境感到舒适与否，是一个复杂的评价过程且涉及的因素众多，包括物理聚合、心理事实以及个体经验形成的感觉总体。物理聚合与空间的尺度、室温、声光等有关；而心理事实是对体验到的视听、接触以及气味等做出的反应；那么个体经验则明显与人的生活习惯及其文化背景相联系，这些感觉总体显然是可测量室内环境舒适度的综合指标。智能化的舒适环境，因而不是单方面的技术标准——良好的设备、设施等物质性，或者以此来覆盖人文标准——精神、审美等意指性，这显然是有问题的，实际上还要考察人的生理、心理包括习惯等是否达到了适合状态。环境舒适度的复合性因此是需要更确切地关注于对象，即在重视内在的抽象体系的同时与人的需要

---

❶　人工环境所形成的系统可谓越发的趋向于智能化了，系指科学技术在其中扮演着重要角色。如果说室内装修是外在的形式表现，那么室内科技就是内在的有力支撑。为此，室内设计应该关注一些相关的科技知识，了解一些新的科技成果在室内环境中的应用及成效（详见：Randall Mc Mullan，《建筑环境学》，张振南等译，机械工业出版社，2003 年）。

图 3.2.5　某设计工作室

植物烘托的场景氛围令人感受到的自然、惬意和舒适。

及感受相联结。

3.2.2.2　智能化的健康环境

"健康"的概念已成为社会普遍关注的一个话题，同时作为建筑的一个主题在实践中越来越显示出它的重要性，尤其是面对室内环境，人们已经意识到人的一生大约有三分之二的时间是在室内度过的，因此室内环境的健康是关系到人们生存质量的根本问题。如果室内空气受到污染且新鲜空气不足，那么就有可能引发人体的各种疾病，虽然还没有哪个因素可以单独导致疾病的例证，但是劣质的室内环境无论如何是不利于人们健康的。正因如此，一种"智能化的健康环境"的议题值得探讨，虽然看上去有些庞大而复杂，但它确实与室内环境密切关联，而这并非是室内设计专业所能控制的领域。不管怎样，室内科技与室内装修、室内健康与室内生活、室内绿色与室内生态，这些均是室内设计原理可扩充的内容及话题。

首先，应该意识到"智能化"是一把双刃剑，一方面容量巨大的室内越发需要通过科技手段来处理室内环境中有关健康的问题，诸如通风换气、冷热交换、排污排放等均需要智能系统来处理，室内犹如一个微气候的事物联合体——室内科技确保着大体量建筑的运行；另一方面室内装修难免会产出"垃圾空间"❶，意指呈现出的"三高"（高能耗、高材耗、高排放），实际上越是高档的场所"三高"越是显著。由此说明，室内的健康环境趋向于智能化的物境优越化，但却让人感觉到室内环境在缺失节制性和节约性中出现了偏离效应（拜物教）。所以无论是建筑的体量大与小，还是功能的庞杂与简单，以及建筑所面对的自然环境及条件如何，均投向了智能、数码和高技派于一体的事物联合，而原本可以通过自然的方式来化解的一些室内环境问题却被轻视，我们为获得所谓的"智能化的健康环境"付出了太多的代价。

其次，"健康环境"有着广泛的含义，它与室内空气污染、化学污染物、微生物以及因装修引起的污染等完全对立，而这些问题的存在已经引起社会的普遍关注，人们对健康环境的诉求也越来越强烈。为此，国家专门制定了相关的规范及标准，如《民用建筑工程室内环境污染控制规范》（GB 50325—2010）、《健康住宅建设技术要点》等一系列保障人们健康、安全的法规及条例，并作为室内设计的重要科技依据。这些具有强制性的法规和条例，在一定程度上保障了一个安全、健康的事物联合得以落实，同时促使现代室内生活在抽象体系的日益完善中拥有更多的活力。毋庸置

❶　"垃圾空间"是荷兰建筑师雷姆·库哈斯提出来的概念，他认为现代化的建成品（如电梯、空调、消防系统、各种新材料等）塞进建筑中并非都是切实的需要，而且有些终将是剩余物存留于建筑中且无法清除。因此过剩或过度应该说是垃圾空间的一个特征，亦可视为一种累积的趋同化。实际上人们在分享现代科技带来的惠利同时已深陷于"拜物教"的迷醉之中，忘却了对自然法则的笃信和遵守（详见：雷姆·库哈斯，《垃圾空间》，载《世界建筑》，2003 年第 2 期）。

疑，抽象体系的非个人化凸显出公共性的特征，"公共性"在此是指人人应享有健康环境的权利，不只是身体上的，还是精神方面的健康，因而抽象体系的公共性与社会现实联结在了一起并提出健康环境的社会化。需要注意，这不是一个个体概念，而是指涉整个社会，也不只是个体的健康，还关乎社会的意识、伦理、审美，以及世界观和价值观等方面的健康。因此，健康环境的社会化在意对社会心理事实的考察，如人们对经济现代化、技术现代化以及环境现代化所持有的态度和观念，也自然包括个体心境、社会情绪和互动行为是怎样的。当然可以意指健康即德行，如果投向具体的环境当中，那么室内环境便可比作一面透镜❶。健康环境的社会化因而超越了环境智能化的概念，将视角转向环境健康与社会健康相联系的"居住—健身—健康—生活"的一体化。

再有，"绿色建筑"的概念，与其说是通过一系列的技术指标和有效措施达成的事物联合，不如说是人们开始重视建筑环境应该在自然的法度下适当发展。如果要给它下定义的话，"绿色建筑是对环境问题、资源问题及社会问题切实可行而持久的解决方法，是提高生活条件、促进经济发展的重要手段，并将成为健康社会、和谐发展的模式。""绿色建筑"因此是一个综合评价体系，在注重方法学的研究和应用的同时，也在用科学数据调控城市生态、健康居住和室内环境等方面的问题，这对于室内设计原理而言是必须关注的内容。可以说，"绿色建筑"的命题既是全新的也是古老的，前者是在现代技术引领下推出的"绿色"观念和计划——可持续发展观，后者可追溯到人类祖先朴素的绿色意识——天人合一的生态观。不难看出，人类朴素的绿色意识对于今天来讲仍然有着一定的意义，在于人类与自然是共同、共生和共存的机体，不仅人类（仅指我们自己）要健康，自然（指人类以外的一切生物、动物等）也要健康。

3.2.3　输入的信息环境

建筑空间还是输入的信息环境，系指室内环境作为背景在支持前景的互动、社交和行为的同时，亦可认为输入的"空间关系学"❷。诸如面对面的交流、社交的仪态、行为的距离，这些既和室内环境密切关联又是社会关系的状况，而且完全可以视为输入的信息环境。然而这里所输入的信息既非预定也非预知，但却是和环境氛围（信息）有关，不管你进入的是熟悉的环境还是陌生的环境，眼前的氛围像信息一样传达给你，同时你自己也是输入的信息——行为、态度和评论。输入的信息环境一方面表明建筑空间作为一个信息输入的平台接纳了不同的信息并置，如室内设计、陈设布置等；另一方面认为场所中的互动、社交和行为也是输入性的信息，在于时间与空间呈现为段落性的场次——时而聚会时而散场。

3.2.3.1　面对面的交流

室内环境的面对面即信息。一个室内环境应该尽力促进面对面的交流，系指人们进入一个场所中不仅是人际之间的，还是人与环境的面对面，且完全可以看作是输入的信息和关系——多元的能动性在场，也就是到场者的互动情状是可考察到的时空段落——来与去的时段、频次以及使用等情况。"面对面的交流"因而可以观测到室内环境与参与者之间产生的交集，包括参与者对环境提供的服务、设施以及内容等作出的反应、评价，亦可视为机会性的信息交流——各种关系在场的面对

---

　　❶　现代室内环境已然是各种社会关系、社会利益和社会观念的载体，也可视为社会文化及空间的现象学，之所以比作"透镜"，在于能够透射出表象"图景"背后不同维度的价值立场。诸如"健康"在被"非常态"室内环境覆盖之时，那些过度、过盛的装修样态显然是无视于"健康"的自是在场，因而可将这视为一种德行退步；与"贪欲"关联的显摆、攀比和豪取成为普遍现象，而与"健康"关联的适度、适用和适合则被人们普遍轻视。

　　❷　"空间关系学"可谓以空间（场所）为背景的关系（即互动）在场，也是在探究社会性的实在必然落在关系性的实在，即空间环境支持的互动、社交和行为的发展方式或范式得以呈现。"空间关系学"因而指出社会关系集合于空间关系中的发现、变化和循环，是行动与环境连接在一起的关系学或现象学，这也是室内设计原理需要探知的方面（有关这方面的理论可扩展阅读：尼克·克罗斯利《走向关系社会学》和皮耶尔保罗·多纳蒂《关系社会学：社会科学研究的新范式》）。

面，可联系"好感""可及""适宜"这些关键词。

　　"好感"是一种主观感受的表达，也是从具体情境中抽离出来的，且和个体观念相联系的心理事实，不过，这并非是严谨的、理性的观察，而是带有唯心成分的空间价值评价，或者说"好感"与"反感"是一对经常出现的概念，意指面对享受到的环境惠利会有好感，但当环境出现问题或不适时便会反感。比如在面对好的室内环境时常常是心照不宣的认同，而面对一个不好的室内环境则马上会作出反应。具体而言，因室内的地坪等原因而使某人的行动踉跄或尴尬，其立马会发泄抱怨或指责。所以室内环境的"好感"与否，可以说是参与者输入的最笼统、最直观的信息。实际上我们经常可以看到因为设计的一些疏忽或不到位，使参与者感到不自在、皱眉头、迟疑和叹气，以及还可能是装修图景的过分艳俗或异样等，这些均有可能使参与者输入的信息与场所信息（装修的图景）并不应和。由此看来，输入性的信息与场所性的信息之间存在着机会性的交集、对话，亦可说是涌现的面对性的意义复合——或好感或反感，这些均是可考察的信息环境。

不锈钢边角易伤人　　　　一步台阶易踉跄

玻璃直角很危险　　　　梯间高度不够很危险

图 3.2.6　公共场所中的问题
这些空间细节时常被人忽略。

　　"可及"即便利❶，意指在面对面中能够体认到场所信息获取的快捷、准确而有益，使用者想到的设计者想到了，使用者没有想到的设计者也想到了。可及性因而在意面对面的交流所具有的双向性，同时也在考察那些设置的场所信息是否可达、可信和可靠，"可及即便利"就是在要求室内设计不应该只注重大体的视觉效果，还应该关注细节的处理及与行动有关的便宜行事。正如室内环境应该多关心老年人、儿童以及残疾人的行为，即环境是否会给他们带来危险和伤害，通道是否流畅、平坦等，这些易于忽视的细节正是"可及即便利"的期求。为此，室内环境中的行为安全是可及性不容忽视的一个问题，诸如地板是否很滑、墙角过尖是否会伤到孩子，还有玻璃隔断是否安全等，一些细枝末节上的空间处理均要考虑互动面对的双向性——持有的反馈性（图 3.2.6）。

　　"适宜"与适合、适用密切关联，它既是体认到的恰当配置，也是心理事实产出的满意，在某些方面如同健康的概念，其各项指标均达到正常，而不是"过度"或"欠缺"。一个适宜的室内环境因而是健康的，绝非臃肿的、膨胀的，它会给人的生活带来生气，使人的活动趋向自如，心理更为愉悦。"生气"喻示着客体（环境）与主体（时人）相遇并生发出的能动性，表明一个场所的使用率很高，或者说人气旺且招人待见；"自如"则是可感觉到的"好用"，比如空间设置的细致、细微和细心足以促进贴切的、惬意的活动；"愉悦"更能够体现适宜的情形让人的心理事实舒畅，实际上是具有吸引力的、有趣味的且能够使人们愿意去适应的场景，这些确切的事例想必每个人都会在现实中找到，在此无须赘述。

　　❶　"可及"即便利，可理解为方便于使用、易用和多用，对于室内环境而言就是能够让人们享受到便宜行事，意指在具体的场景中人的行动是自如的，如厅堂空间便于人际互动的自由安排、交通空间明晰的导向性和便宜性，以及窗前空间有助于人的活跃等周到的设施均出于并符合人们对环境信息获取的要求。这里的"可及即便利"，因而在意面对面的交流所持有双向性的信息输入和意见反馈。

3.2.3.2　社交的仪态

室内环境的社交仪态即信息。一个室内环境或场所必然是以某种形态呈现的，但内容或情形并非是一种仪态，事实上各种社交仪态充斥其中使空间成为合宜性的互动机制。"合宜性"意味着什么？其情况如何？应该说和室内环境密切关联，同时彼此的接触是关键。假如没有人的参与，空间场所就无意义，也就无须谈及这些了。所以探究室内环境还需要关注社交的仪态，既可从社会关系的视角来考察个体之间的互动机制，即彼此的外表与举止被身处情境所定义；亦可从时空特性的维度来分析"仪态"与"场合"的合宜性，这显然指向身体行动与场所氛围所形成的权宜性❶。如果以学校的课堂为例，就可考察到教与学的场合明显呈现出一种社交仪态，此时的情境定义为要求师生的举止与教学相合宜，无论是衣着、姿态还是讲课、互动应该符合课堂要求和规定，然而下课后大家的举止即刻还原到放松的状态。"社交的仪态"因此透射出合宜性的互动机制是与场所氛围（规则）相联结的权宜性，因时而异、因人而不同。

那么"情境定义"的概念，可理解为互动机制是在一个共同认定或定义的情境下运行的，例如办公工作、会议交流、商务活动等互动情形都有各自的定义、定性，因而也是赋有象征意义的合宜性的互动机制。这里显然是和环境布设分不开的，比如在一些宾客会见、商务谈判以及学术交流中，环境的布设应当有助于彼此的平等相待、相互尊重以及有节制的行动。而且，这种社交仪态中的"面对面"，还是在一个共享环境中涌现的权宜性，即场景起着调节参与者的心理事实的作用，使其感知到情境定义已经传达出该如何行动。情境定义因此是信息环境的具体化，也是由环境布设并助力的社交仪态在场。因此室内设计应该转换视角，从一味看重装修设计切换到重视情境定义上来，意味着环境布设关涉互动机制的运行，也是社交的仪态得以展开并赋有中立意味的背景。

身体行动与场所氛围的合宜，可指向一种受外在性情境影响的结果，亦可说物质性的空间形式及布设可赋予一种"规训行为"❷，表示人的身体行动既可"接受"环境要求的仪态，但也可能为一种"不接受"。由此言之，室内环境布设包含着对行为的规导：既规范人们的行为，也训导人们的习惯，从而使人们的举止与公共性相合宜。这实际上在促使人的身体行动进入信息环境的规训中，试想在铺设了地毯且讲究的场所里，你忍心往地上吐痰、扔脏物吗？你会不顾及环境而大喊大叫吗？想必不会有人愿意这么做的，因为场所氛围已经告诉你该如何行动和举止得体（图 3.2.7）。因此，室内环境绝不只是看上去亮丽那样简单，实质上还关涉一种空间关系学所关心的社交仪态和规训行为，包括情境定义、非言语交流、行动角色及仪态等，并以此来探究室内环境中的各种身体行动和不同的心理事实，应该说这是室内设计原理向更宽更深方面发展的前提。

3.2.3.3　行为的距离

室内环境的行为距离即信息。这是有关室内环境中的身体距离和心理距离的探讨，因为人们在室内的活动是微观性的，所以适合与不适合的互动距离便成为一种信息而被关注，正像霍尔研究的

---

❶　"权宜性"的含义有两种：一是客体（现时）存在的条件或特定氛围（或因素）本身具有权宜性，可谓应时性的关系维持（布设、意向、利益）；二是主体（时人）所发挥的能动性也是权宜性的，即针对具体情境而做出的调整或修正（心身、行动、意义）。"权宜性"因此是社交仪态中的一种润滑剂，预示着面对室内环境中互动机制的多样多变性需要有应和性意识（详见：皮耶尔·保罗·多纳蒂，《关系社会学：社会科学研究的新范式》，74～75 页）。

❷　"规训"一词看上去比较硬，且和纪律、规矩、训导等词义相联系，同时带有"强制性"的意思。用法国哲学家米歇尔·福柯的观点就是"规训的身体"，即人的体态或仪态被逐渐矫正的过程。这里之所以用"规训行为"这一概念是想沿用福柯的观点来说明，人工环境赋有调整或修正人的身体行动的功效，像学校就是典型的"规训行为"的场所（或称为纪律空间），每个人的身体行动都接受了细致入微的管理，并且使规训与功效联系在了一起。另外，图书馆、展览馆、车站等公共性场所均有"规训行为"的意味，这里会安排或显性或隐性的规导人的身体行动，潜移默化地修正或矫正着面对面的社交仪态。

图 3.2.7　某酒店餐厅与某酒店堂吧

良好的室内环境能够起到规导人的行为举止的作用。

"近体学"所提出的互动适合❶。身体距离显明是以身体为基础来感受彼此之间应该保持的合适距离，可能会通过人的知觉器官（如眼、耳、鼻）来形成量化关系；心理距离则顾及的是感觉到的，也是个人心理防卫的表现，因此在与他人接触时会做出保护性的动作，以此形成适当的距离。实际上，霍尔的"四种距离"考察了存在于人际之间的不同的亲近程度、保护力度、接触尺度和交往热度（图 3.2.8），可以说这是室内设计中一个重要的研究方面。

亲密距离：0～0.5m　　　　　　　个人距离：1.2～2m

社交距离：1.2～4m　　　　　　　公共距离：4m以上

图 3.2.8　霍尔的"四种距离"

1. 亲密距离

亲密距离是消除了个人心理防卫的、示爱的距离，或者说是在亲人间使用的空间距离。但不尽然，有时近距离未必是亲近的缘故，而是无奈之举，例如在拥挤的公交车或火车上，还有在上下班

---

　　❶　"近体学"是在探究人际互动所要保持的近体空间距离，美国人类学家霍尔将其分为四种近体距离：亲密距离、个人距离、社交距离和公共距离（详见：布莱恩·劳森，《空间的语言》，杨青娟等译，中国建筑工业出版社，2003 年，123～126 页）。

高峰时的电梯里人们挤在一起，彼此贴近而尴尬。霍尔把这种距离定为 0～0.5m 的尺度范围，使我们能够意识到这种尺度范围可增进相互亲近的程度，且彼此之间靠得很近，说话声音也会变得窃窃私语。在公共空间中，这种亲密距离则表现出随机而自由，支配其行为的动机往往是因为环境的条件而形成的，当然也有不合时宜的彼此过于亲密的情景发生，这是例外。但是不管怎样，室内环境布置仍然要考虑人们的兴致与心理事实等问题，比如营造亲近的距离，不是简单地拉近座椅，而是要把握空间尺度、光线以及形式组合等要素。特别是在"看与被看"的关系处理上要考虑公共空间中的"亚私密"❶，意指能够安定而避开他人凝视的空间关系是人们约会时的一种期望或心理欲求（图 3.2.9）。

　　2. 个人距离

　　个人距离是适合于亲朋好友交谈的距离，其范围大约为 1.2m，这种距离在室内环境中最为普遍，也是人际互动可以接受的最小距离。虽然彼此之间的面目表情和细节动作都在眼前，但是与亲密距离相比还是保持着一种适合性，或者说还有"心理距离"的要求，一种需要维护的防卫心理。即便有时在比较拥挤的环境当中，这种防卫心理也可以通过人们转移视线的方式来达到，与对方始终保持一种"距离感"（图 3.2.10）。因此，个人距离是一种可交往的距离，对于陌生人也能够彼此认同，如医生与病人、售货员与顾客以及一些服务性的工作等，这些都赋有近距离接触和交流的可能，彼此之间举止得体而善意。不过，互动的双方都有明确的心理距离的维护意识，彼此之间各自的保护力度时常表现为不能突破看不见的"空间气泡"——个人的边界，一般需要和身体保持30cm 左右的距离，可类比在气囊里的身体。

图 3.2.9　某酒吧中的环境
空间中边角处时常受人们青睐。

图 3.2.10　公交车上的情形
拥挤中也需要保持个人空间。

　　3. 社交距离

　　社交距离是人们正式交往所需要的距离，其尺度范围在 1.2～4m。这种交往距离虽是面对面的，但彼此之间会保持彬彬有礼和场面得体，像商务谈判、会议以及迎宾会客等场合都是使用这种距离。在日常工作场景中，人们也经常会用这种距离来开讨论会或接待来访者等。社交距离是一种平等交往的机制，相互间保持着不失礼节且暗示场合赋有的约束性，这明显和室内设计有关，比如室内环境应考虑装修形式呈中性，也就是淡化风格造型，重视空间布局的均衡，家具选配得适当，以及对声、光、色的综合考虑等，由此以均质化来促使普适性，即大家均可接受的情境定义（图

---

　　❶　"亚私密"的概念是在公共性场所中可考察到的一种人的心理事实，比如人们愿意靠窗而坐，或找个角落或有隔断的地方停留，这些表明人的行为存在着对安定、自在和不被打扰的心理需求，尤其是餐厅、咖啡厅以及一些休闲场所，"亚私密"的设置受到人们的欢迎，诸如通过隔断、半隔断、花坛植物等形成的一定遮挡，明显是要避开相互对视或视线交叉。

3.2.11）。但实际上，社交行为是多样且复杂的，大家聚集在一起犹如一个微缩的社会，因而需要意识到同一场所中存在着多重距离的复杂关系和不同要求，而这些距离则反映人均所占有的空间面积是可考察到的场所属性（宽松或拥挤）。为此，室内设计不能只考虑一种距离的相互关系或活动，应该有意识的为不同人群的不同关系而考虑，为不同事件的不同场景而设想，因此需要以多重距离、多重布设的原则来研究室内环境多样的接触尺度。

图 3.2.11　某酒店中的休闲区

空间距离是人际社交的一种需求。

图 3.2.12　某学术会议情形

通过技术手段制造的可控距离。

4. 公共距离

在某些特定的场合中，我们以观众或一般人员的身份参与其中，聆听、观看某种演讲或演出等，这种场合的观众与主讲人或演出者所保持的距离，霍尔称之为是一种公共距离，一般在大于4m以上。此时交往的热度赋有某种主从关系，像舞台的高度以及与观众席的间距，观众席座位的摆放方式，灯光和音响等设施，均有助于公共距离及其关系更为明确而清晰。如果说处于这个范围内的中心人物，其讲话的声音和动作幅度都要比平时夸大，且让他人能够视听更为清楚的话，那么与他相对的人或观众想必是在淡化自己而从属于旁观身位的在场。再如，通过提高舞台灯光，压低观众席的光线来突出中心人物而忽略其他人，或者通过扩音设备使台上的声音大于台下窃窃私语的嘈杂声，这些均能使台上与台下之间形成一种可调控的互动关系（图3.2.12）。由此可见，"公共距离就是在同一空间中可以忽视他人的距离"，也是一个不对等的交往距离，彼此交往的程度明显是集体性的而非个体性的。

本 章 小 结

本章着重讨论了室内空间与室内环境这两个方面的问题，认为"室内空间"是立足于一个形成的过程，因而一系列的因素和构成方法作为重点关注的对象，这实际上是对室内设计方法的探究，也是一种理论视角的考察与分析；"室内环境"则可以理解为运行的过程，而所谓"营造"就是彼此的切合、事物的联合以及互动的适合，亦可认为室内环境在意各种互动状况是怎样的。事实上当代建筑空间是一个复合化的过程，其中多维度、多变化以及综合性显然在促使空间形式与环境营造必须考虑组织、内容及意义的复合构成，实际上仅以专业技能来表达一个装修意图已不再受用。尽管室内空间已然是融入多种因素的复合表现，尤其是空间的纷繁样态、内容的错综冗杂和信息的多重交织，但是重新探究室内环境及其理论依然十分必要，而拓宽专业视野和领域更是发展的方向。应该说现代室内设计已不只是专注于那些看得见的形态组织（形式空间），而且还包含对一系列的互动意向及环境行为的重视。就像医院在一般人眼里是治病的场所，技术性和医疗条件是最引人们关注的，然而医院还应该是康复的环境，除了对病情治疗和技术性服务之外，喻示着康复环境是附加的意义——对人的心理慰藉。室内设计也应如此，我们不仅要重视人际互动需要的场所，还要对引起人们行为的心理事实特别的关注，包括对人们的感觉、反应和意愿的重视，甚至应当思考人们是否愿意接受设计的提示，是否一些设计的指令与生活方式相关联，这些均应该作为问题来研究，而室内设计的目标应该是为了达成适用的室内环境，而不是光鲜的视觉样态。

CHAPTER 4

第 4 章

室内空间的质料

- 设计师既是室内形态的创造者，也是空间场景的调控者。
- 室内空间如果是有情调的话，那么室内的质料意象便是传达情调的有力方式。
- 技术性系指设计师的质料意象表达式，意构性表明设计师的内觉意识与体悟。
- 尺度、材质、色彩和光影在室内如同烹饪中的调料一般，调适着空间氛围和品位。

4.1 室内空间与尺度

　　人们对尺度的认识是与生俱来的，就像胎儿在未出生时就有内在的尺度感觉，可以说子宫是人类最初的现实环境。尽管在我们的身体内觉中早已存在空间与尺度的感觉框架，但是人们来到这个立体世界所看到的一切，包括我们自身在内的长、宽、高的量度关系，正是量度因素构成了我们对现实世界的认知。然而这种量度的感受只有当你闭上眼睛时才会消失其立体性，不过在你的心理内觉中，仍然保持着与外部世界相连的空间与尺度的认知。我们经常会通过眼睛来目测所见到的事物，判断它的大小和距离，有时也会以听觉及其他感觉器官来推测并没有看见的事物的远近关系。事实上，人的内觉中空间与尺度并不完全依赖于视觉，还依从于心理的某些感应，这就是人的体察在场，包括一个复合性（身心）的自觉意识。因此，我们会把客观现实及事物的形状、大小和质料等存储于记忆中，以便与我们的内在感觉联系起来并构成一个内外关联的感受机体。

　　室内空间与尺度，因而是有关诸多空间质料的事实，在于可感知的特性或现象是经验实证的在场，也就是说，我们不能创造纯粹的空间，却可以创造出不同的空间环境——经验事实。就室内而言，"经验"是可感知到的空间质料的出场，而"事实"是在场的空间尺度能够影响到人的心境。这里的"空间质料"可以理解为能让人感受到空间中的物性表现，即"物质"与"料理"的联结呈一种表达式；而"空间尺度"可视为人们判断室内环境的一个标尺或参照系，是具体的呈现而不是抽象的意识。试想假如一个人站在茫茫的草原中且周围没有任何物体的存在，那么此时会在无任何参照系的环境中倍感不安和局踏，似乎会产生四周在向自己无限收缩的感觉，在很大的空房子里或许也会有这种感受。因此空间质料和空间尺度是维系人们安定感的重要方面，但也是可表现的领域，人们需要不同的空间质料和空间尺度来调节情绪和心境，同时也需要更深的感知它。

4.1.1　人体尺寸与家具尺寸的认知

尺度以人的视觉感受为基点来判断对事物大小、高低的印象，以及真实比例之间的量度关系等，比如对于人体的胖与瘦、高与低，我们平时总是以已在的标准来目测衡量的，并非是要获得量具数据。显然与视觉感受有关的尺度，是和比例的概念有关，或者说是与感觉器官有关且感受到的"量度"。那么"比例"主要表现为事物的各部分数值关系之比，如整体与局部、局部与局部的比较，是一种相对的关系，就像黄金分割律，长与宽的比值（1：0.618）构成图形的最佳效果是相对性的。而"尺度"则在意事物形式的量度关系是否得体，像一把椅子的尺寸就是以人体尺寸来衡量其合适与否，因此它不只是事物大小的尺寸概念，还涉及与人体比例之间的联系，正如中国人所讲的"以身为度，精在体宜"。

4.1.1.1　人体尺寸

人体尺寸即人体构造的尺寸，亦可分为静态与动态的两种尺寸，如头、躯干和四肢等是在标准状态下测量的静态尺寸，而在人的动作状态下测量的则为动态尺寸。与前者相比，后者对设计而言更有用处，也较为复杂，因为动态尺寸是设计考虑的尺寸，静态尺寸则是设计须遵循的基础数据。不了解人体的静态尺寸，就不能把握动态尺寸，也就不会设计出真正符合人体尺寸的空间与环境。就此而言，我们对人体尺寸的研究不是枯燥的数字概念，而是在意功效性，意指需要对人们活动与空间关系的把握。空间中的尺度因而必须与人体尺寸相联系，还须详细和具体，诸如栏杆、踏步、扶手和坐面等都是为适应人体尺寸而设定的，基本上是保持着常规不变的尺寸关系。

1. 人体构造的尺寸

人体尺寸测量的内容有很多，就室内设计来看，最有用处的是十项人体尺寸，即身高、体重、坐高、臀部到膝盖长度、臀部宽度、膝盖和膝腘高度、大腿厚度、臀部到膝腘长度、坐时两肘之间的宽度，这些部位的尺寸与设计有着紧密的联系。诸如家具、陈设和人所使用的一切设施等都与人体尺寸有关联，因此设计者不仅要关注本书中提到的这些数据，还要根据实际情况查阅《中国成年人人体尺寸》（GB/T 10000—1988）和《工作空间人体尺寸》（GB/T 13547—1992）等国家标准。这些标准根据人类功效学要求提供了我国成年人人体尺寸的基础数据，并成为各类设计的重要参考依据。下面就人体各种姿态的尺寸做一简要介绍和图解，以此来帮助我们理解人体尺寸对设计的意义。

（1）人体主要尺寸。身高、上臂长、前臂长、大腿长、小腿长、体重。各组数据见表 4.1.1 和图 4.1.1。

表 4.1.1　　　　　　　　　人 体 主 要 尺 寸

测量项目	18～60 岁（男）							18～55 岁（女）						
	百分位数							百分位数						
	1	5	10	50	90	95	99	1	5	10	50	90	95	99
1. 身高/mm	1543	1583	1604	1678	1754	1775	1814	1449	1484	1503	1570	1640	1659	1697
2. 上臂长/mm	279	289	294	313	333	338	349	252	262	267	284	303	308	319
3. 前臂长/mm	206	216	220	237	253	258	268	185	193	198	213	229	234	242
4. 大腿长/mm	413	428	436	465	496	505	523	387	402	410	438	467	476	494
5. 小腿长/mm	324	338	344	369	396	403	419	300	313	319	344	370	376	390
6. 体重/kg	44	48	50	59	71	75	83	39	42	44	52	63	66	74

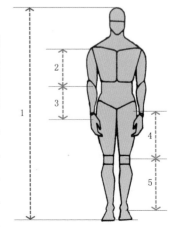

图 4.1.1　人体主要尺寸及部位

（2）立姿人体尺寸。眼高、肩高、肘高、手功能高、会阴高、胫骨点高。各组数据见表4.1.2和图4.1.2。

表4.1.2　　　　立姿人体尺寸

测量项目 /mm	18～60岁（男）							18～55岁（女）						
	百分位数							百分位数						
	1	5	10	50	90	95	99	1	5	10	50	90	95	99
1. 眼高	1436	1474	1495	1568	1643	1664	1705	1337	1371	1388	1454	1522	1541	1579
2. 肩高	1244	1281	1299	1367	1435	1455	1494	1166	1195	1211	1271	1333	1350	1385
3. 肘高	925	954	968	1024	1079	1096	1128	873	899	913	960	1009	1023	1050
4. 手功能高	656	680	693	741	787	801	828	630	650	662	704	746	757	778
5. 会阴高	701	728	741	790	840	856	887	648	673	686	732	779	792	819
6. 胫骨点高	394	409	417	444	472	481	498	363	377	384	410	437	444	459

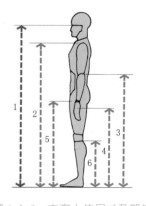

图4.1.2　立姿人体尺寸及部位

（3）坐姿人体尺寸。坐高、坐姿颈椎点高、坐姿眼高、坐姿肩高、坐姿肘高、坐姿大腿厚、坐姿膝高、小腿加足高、坐深、臀膝距。各组数据见表4.1.3和图4.1.3。

表4.1.3　　　　坐姿人体尺寸

测量项目 /mm	18～60岁（男）							18～55岁（女）						
	百分位数							百分位数						
	1	5	10	50	90	95	99	1	5	10	50	90	95	99
1. 坐高	836	858	870	908	947	958	979	789	809	819	855	891	901	920
2. 坐姿颈椎点高	599	615	624	657	691	701	719	563	579	587	617	648	657	675
3. 坐姿眼高	729	749	761	798	836	847	868	678	695	704	739	773	783	803
4. 坐姿肩高	539	557	566	598	631	641	659	504	518	526	556	585	594	609
5. 坐姿肘高	214	228	235	263	291	298	312	201	215	223	251	277	284	299
6. 坐姿大腿厚	103	112	116	130	146	151	160	107	113	117	130	146	151	160
7. 坐姿膝高	441	456	464	493	523	532	549	410	424	431	458	485	493	507
8. 小腿加足高	372	383	389	413	439	448	463	331	342	350	382	399	405	417
9. 坐深	407	421	429	457	486	494	510	388	401	408	433	461	469	485
10. 臀膝距	499	515	524	554	585	595	613	481	495	502	529	561	570	587

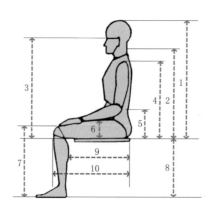

图4.1.3　坐姿人体尺寸及部位

（4）人体水平尺寸。胸宽、胸厚、肩宽、最大肩宽、臀宽、坐姿臀宽、坐姿两肘间宽、胸围、腰围、臀围。各组数据见表 4.1.4 和图 4.1.4。

表 4.1.4　　　　　　　　　　　　　人体水平尺寸

测量项目 /mm	18～60 岁（男）							18～55 岁（女）						
	百分位数							百分位数						
	1	5	10	50	90	95	99	1	5	10	50	90	95	99
1. 胸宽	242	253	259	280	307	315	331	219	233	239	260	289	299	319
2. 胸厚	176	186	191	212	237	245	261	159	170	176	199	230	239	260
3. 肩宽	330	344	351	375	397	403	415	304	320	328	351	371	377	387
4. 最大肩宽	383	398	405	431	460	469	486	347	363	371	397	428	438	458
5. 臀宽	273	282	288	306	327	334	346	275	290	296	317	340	346	360
6. 坐姿臀宽	284	295	300	321	347	355	369	295	310	318	344	374	382	400
7. 坐姿两肘间宽	353	371	381	422	473	489	518	326	348	360	404	460	478	509
8. 胸围	762	791	806	867	944	970	1018	717	745	760	825	919	949	1005
9. 腰围	620	650	665	735	859	895	960	622	659	680	772	904	950	1025
10. 臀围	780	805	820	875	948	970	1009	795	824	840	900	975	1000	1044

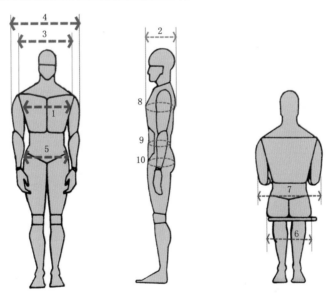

图 4.1.4　人体水平尺寸及部位

2. 百分点的概念

由于每个人的人体尺寸与他人不太可能完全相同，存在着众多的变化，设计要满足于所有的人也不大现实，因此对于人体测量的数据需要用按百分点的方式来表达。也就是说，把研究对象分成100 份，根据一些特定的人体尺寸条件，从最小到最大进行分段，以此来获取能够满足大多数人的那部分数据作为设计的参考依据。所以，"百分点表示具有某一人体尺寸和小于该尺寸的人占统计对象总人数的百分数。"

当采用百分点数据时，有两点要特别注意：

（1）人体测量当中的每一个百分点数值，只表示某一项人体尺寸，例如，它可能是身高或坐高。

（2）"绝没有一个各种人体尺寸都同时处在同一百分点上的人"，例如：某人的人体尺寸，身高

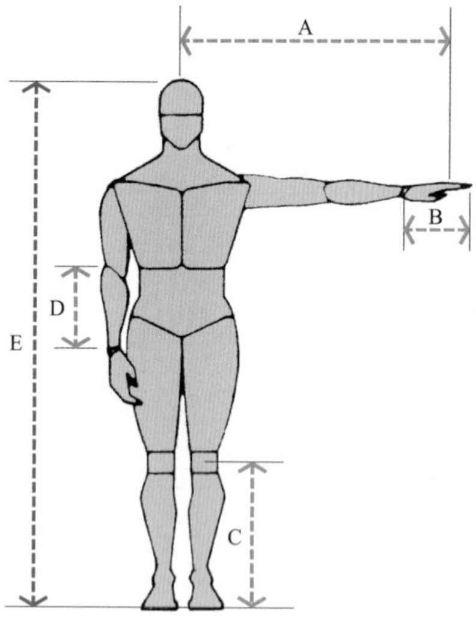

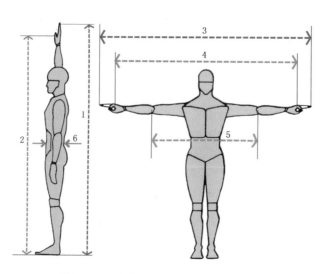

图 4.1.5　人体百分点
A—第 55 百分点；B—第 60 百分点；
C—第 40 百分点；D—第 45 百分点；
E—第 50 百分点。

尺寸在第 50 百分点上，第 40 百分点可能是其膝盖高，而第 45 百分点也许是他的前臂长等。由此看来，每个人的各项人体尺寸都属于不同的百分点数值（图 4.1.5）。

3. 人体活动的尺寸

静态的人体尺寸作为设计的基础数据，无疑有着重要的参考价值。在实际设计中，情况要比上述图表中的数据复杂得多，因为人是活动的，无论是工作还是休息都反映着人体始终是在动作状态中，人体的各部分并不是孤立活动的，而是协调的、连续的且有一定幅度地动作着，所以人体活动的尺寸及其关系是设计重点考虑的方面。如果只认识人体活动的尺寸而没有和空间尺度相联系的话，那么一定是不全面的，也是会出问题的。因此，一方面需要将人体活动的尺寸纳入设计的范畴，另一方面应该把人的动作域及其特征与空间尺度相结合，只有这样才能在空间设计中真正体现适宜的人体活动量度。

（1）立姿的人体伸展动作的尺寸及部位详见表 4.1.5 和图 4.1.6。

表 4.1.5　　　　　　　　　　　　　立姿人体伸展动作尺寸

测量项目/mm	18～60 岁（男）							18～55 岁（女）						
	百分位数							百分位数						
	1	5	10	50	90	95	99	1	5	10	50	90	95	99
1. 中指指尖点上举高	1913	1971	2002	2108	2214	2245	2309	1798	1845	1870	1968	2063	2089	2143
2. 双臂功能上举高	1815	1869	1899	2003	2108	2138	2203	1696	1741	1766	1860	1952	1976	2030
3. 双臂展开宽	1528	1579	1605	1691	1776	1802	1849	1414	1457	1479	1559	1637	1659	1701
4. 双臂功能展开宽	1325	1374	1398	1483	1568	1593	1640	1206	1248	1269	1344	1418	1438	1480
5. 两肘展开宽	791	816	828	875	921	936	966	733	756	770	811	856	869	892
6. 立姿腹厚	149	160	166	192	227	237	262	139	151	158	186	226	238	258

图 4.1.6　立姿人体伸展动作尺寸及部位

（2）坐姿的人体动作尺寸及部位详见表 4.1.6 和图 4.1.7。

表 4.1.6　　　　　　　坐 姿 人 体 动 作 尺 寸

测量项目 /mm	18～60岁（男）							18～55岁（女）						
	百分位数							百分位数						
	1	5	10	50	90	95	99	1	5	10	50	90	95	99
1. 前臂加指尖前伸长	402	416	422	447	471	478	492	368	383	390	413	435	442	454
2. 前臂加手握前伸长	295	310	318	343	369	376	391	262	277	283	306	327	333	346
3. 上肢前伸长	755	777	789	834	879	892	918	690	712	724	764	805	818	841
4. 上肢手握前伸长	650	673	685	730	776	789	816	586	607	619	657	696	707	729
5. 坐姿中指尖上高举	1210	1249	1270	1339	1407	1426	1467	1142	1173	1190	1251	1311	1328	1361
6. 坐姿下肢长	892	921	937	992	1046	1063	1096	826	851	865	912	960	975	1005

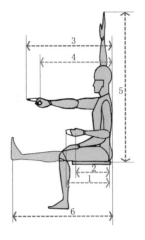

图 4.1.7　坐姿人体动作
尺寸及部位

（3）跪姿、俯卧姿、爬姿的人体动作尺寸及部位详见表 4.1.7 和图 4.1.8。

表 4.1.7　　　　　　跪姿、俯卧姿、爬姿人体动作尺寸

测量项目 /mm	18～60岁（男）							18～55岁（女）						
	百分位数							百分位数						
	1	5	10	50	90	95	99	1	5	10	50	90	95	99
1. 跪姿体长	577	592	599	626	654	661	675	544	557	564	589	615	622	636
2. 跪姿体高	1161	1190	1206	1260	1315	1330	1359	1113	1137	1150	1196	1244	1258	1284
3. 俯卧姿体长	1946	2000	2028	2127	2229	2257	2310	1820	1867	1892	1982	2076	2102	2153
4. 俯卧姿体高	361	364	366	372	380	383	389	355	359	361	369	381	384	392
5. 爬姿体长	1218	1247	1262	1315	1369	1384	1412	1161	1183	1195	1239	1284	1296	1321
6. 爬姿体高	745	761	769	798	828	836	851	677	694	704	738	773	783	802

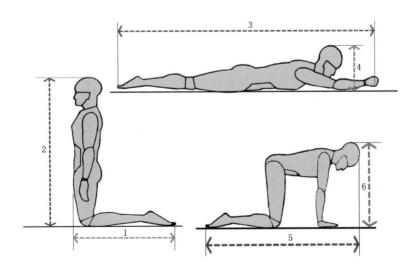

图 4.1.8　跪姿、俯卧姿、爬姿人体动作尺寸及部位

4.1.1.2 家具尺寸

家具在日常生活中扮演着重要的角色，不仅在空间布置中成为主角，而且对人的生活来说也具有举足轻重的意义。所以，了解家具并掌握其中的要义和尺寸数据是专业学习中不可或缺的，也是室内设计的重要内容。尽管现代家具设计及生产已经工业化，但是与人体尺寸相关的一些常规数据并没有改变，家具尺寸仍然是室内设计中的可靠依据。为此，我们对家具的认识应该先从家具的基本原理和使用功能入手，了解并掌握一些常规的家具尺寸与人体尺寸之间的关系，以此使家具布置与空间尺度之间形成良好环境秩序的同时能够满足人们的活动和需求。

1. 坐卧类家具

在日常生活中，坐卧类家具是支持人大部分动作的，无论是坐姿还是睡眠休息，都离不开对这些家具的使用。而家具尺寸对于人的使用是否舒适和安宁，是否减少疲劳和提高工作效率等，就成为一个重要的评价指标。尽管室内设计师很少有机会直接设计坐卧式家具，但是对家具的尺寸和形式仍需要有所把握，也就是说，一件成品家具不是随便进入室内空间中的，它一定要和环境的布置及人的使用产生联系（如家具占据的空间与人的活动空间之间的关系）。事实上，家具在房间中一方面提供了使用价值，另一方面在环境布设中扮演着重要角色，亦可说它能够呈现出室内的总体氛围和调性。

坐具显然是生活中使用频率最高的一种家具，无论是在家里还是在工作场地，坐得舒适与否，人们很快会作出反应。可见，椅子的设计不是一件简单的事情，其中关涉人体工程学、材料学、结构力学以及工艺技术等方面的知识和信息。室内设计师因而需要关注坐具的功能及所呈现的使用状态，正如座椅不是孤立存在的，它通常和其他家具以及具体使用相联系，这里显明存在着对座椅舒适度的测试，而且还是一项重要的指标。举例来说，我们常常会感受到旧式列车上的座位不如新式快速列车上的座位舒适，这是由于座椅的设计和它所占有的空间尺度有关。很明显，现代快速列车的座位人均占有的空间面积要比旧式列车的座位宽松得多，而且座位可以调节角度，并符合和满足人体坐姿的需要，因而更舒适和便利。

从另一方面来看，人坐在座位上不是一动不动的，他的动作幅度与其状态、场景和行为性质有关。比如，中国人的就餐方式要比西方人的就餐方式的动作幅度大得多，席间的敬酒、谈笑和相互礼让等行为就表明了动作的幅度，因此在设计中式餐厅时就要考虑椅子布置所需要的空间尺度是不同于西餐厅的。另外，就工作而言，由于工作性质的不同，人的坐姿行为可能也会不同，在设计时应该充分考虑其行为的特征，选择合适坐椅，并使座位布置保持一个合理的空间尺度。与此同时，还应该关注椅子与桌面的关系以及人使用时的效果等，一切都应该以减少疲劳，增加舒适度，有效地提高工作效率为目的（图4.1.9）。

卧具较坐具要单纯得多，但是家具与空间的关系不容忽视，主要是这类家具本身占用的空间尺度比较大，而且家具的布置方式将关乎使用是否便利，比如靠墙布置的床位虽节省了空间但只能单边上下床，这样有可能会给整理床铺带来不便，而能够两边上下床的布置方式则就有很大的便利性（图4.1.10）。同时，低床位比高床位在上下床上要方便些，不过在收拾床铺时人的弯腰幅度要大，消耗的能量也就多，这也是一个不利的因素。由此看来，坐卧类家具最贴近人体，与人们生活、工作有着紧密的关联，设计时应关注使用中的细节问题，以使通过家具的合理布置为人们使用空间创造更多的便利。

2. 凭倚类家具

凭倚类家具是人们生活和工作所需要的依靠性家具，如各类的桌子、操作台面和柜台等。这类家具的基本功能是适应坐和立的状态下使用的，并且为人的使用提供了相应的辅助条件，如放置或储存物品之功能。凭倚性家具的大小、高低与人的活动有着密切的关联，其家具尺寸的合理性与人体动作的疲劳度的联系值得我们关注。正如国家标准 GB 3326—82《桌、椅、凳类主要尺寸》规定：双柜写字台宽为 1200～1400mm，深为 600～750mm；单柜写字台宽为 900～1200mm，深为

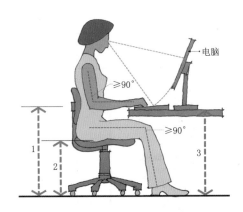

图 4.1.9　人坐姿工作最佳角度

1—键盘高度距地面：720~750mm；

2—座椅：400~450mm；

3—桌高：720~750mm

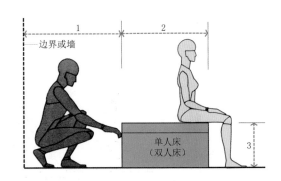

图 4.1.10　床的尺寸

1—活动区：900~1000mm；

2—床宽：单人床：900~1100mm；

　　　　双人床：1500~1800mm；

　　　　床长：2000mm；

3—床高：400~550mm

500~600mm；宽度级差为 100mm，深度级差为 50mm，桌面距地高度为 700~780mm。数据说明了家具与人的使用相联系。

　　以餐桌与会议桌为例，桌面尺寸是以人均占周边长为准进行设计的，一般人均占桌面周边长为 550~580mm，较舒适的长度为 600~750mm；一般批量生产的单件产品均按标准选定尺寸，但对组合柜中的写字台和特殊用途的台面尺寸，不受此限制（图 4.1.11）。

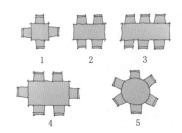

餐桌类型	长度L/mm	宽度D/mm
1	850~1000	850~1000
2	1200~1400	800~850
3	1500~1800	850~1000
4	1400~1600	850~1000
5	6~8人，圆桌直径为1100~1400mm；10~12人，圆桌直径为1500~1800mm	

图 4.1.11　餐桌平面尺寸

　　再来看立式用桌（台）的基本要求及尺寸：按我国人体的平均身高，站立用台桌高度以 910~965mm 为宜。若需要用力工作的操作台，其桌面可以稍降低 20~50mm，甚至更低一些（图 4.1.12）。

　　3. 存储类家具

　　收纳器物、衣物及书籍等物品的格架或柜体，其基本特征是储存性的，因而家具尺寸的或大或小，大到衣柜、书橱，小到床头柜、隔板架等，都属于在空间中占用墙面较多的一类家具。当然，这类家具有时可以作为室内隔断来对待，用来划分空间，即是隔断也是家具。因此，室内设计既要考虑物品的性质以及方便于人的拿取和存放等功能，比如按常用与不常用物品、轻的与重的物品等方式来进行规划和设计（图 4.1.13），又要在空间中巧施布设来满足生活中琐碎物品的收纳及存放，如图 4.1.14 中的情景显明是赋有设计意味的存储类家具。进而，还应该认识到存储类家具可分为成品移动式和固定式家具两种，一般而言，固定式存储性家具是由室内设计师根据现场情况专门设计的，所以它更能够融入空间中并形成整体的意构性。但是，存储类家具不能脱离收纳物品的属性，尤其是家具的尺寸必须符合人体动作的尺寸要求，同时还要与存储的物品相协调，做到既不浪费空间，又能收纳各类物品。虽然生活中各类物品繁杂且尺寸不一，但还是需要有条不紊、分门别类地存放，因此空间布置的合理计划也需要从高效利用空间的角度来考虑，这实际上是为使用者创造的空间惠利。

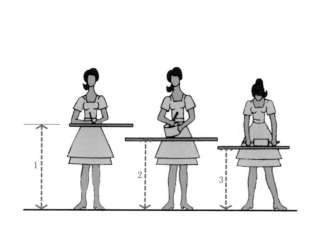

图 4.1.12　站立工作台面尺寸
1—精细的工作：男 1000～1100mm；
女 950～1050mm；
2—轻的手工劳作：男 900～950mm；
女 850～900mm；
3—重的手工劳作：男 750～900mm；
女 700～850mm

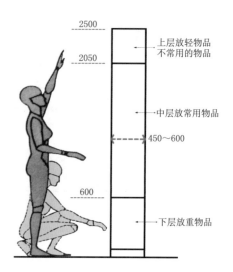

图 4.1.13　储柜尺寸（单位：mm）
储存类壁柜或立柜的存放物品比较杂，主要分为
图书资料类，衣物类，鞋帽类，日用杂品类，
设计时应注重各自的尺度关系和要求。

图 4.1.14　富有创意的存储柜
一个是贴墙而设的格架，另一个是借助顶部轨道可推动、转向的柜体。

4.1.2　人的活动需要的空间尺度

　　人们在室内活动的多样性是难以估计的，诸如吃饭、睡眠、工作、做家务等，可能都是在最平常的环境中进行的。然而，室内空间的环境好坏对于每个人而言是至关重要的，尤其是涉及一些生活空间尺度的问题，可能会由于不合理因素引发空间使用效率低下和作业过度疲劳等现象。因此，不良的室内空间尺度会导致许多的生活问题，甚至给人们带来烦恼和无奈。人的活动与空间尺度是一个重要议题，在于一系列的行为和动作与空间尺度是否合适，是否有助于完成某些工作和一些特别的事情，值得深入探究。实际上，人们在需要光线、新鲜空气等的同时，对空间尺度的感知也颇为敏感，因为它会影响到我们的情绪和状态，比如，我们会因为眼前高大的空间而顿生豁亮感，也会因为低矮的空间感到一种压抑和不舒服。因此室内空间尺度是一种赋有结构性的空间维度，在于组织性来自于物理空间的构成，即空间质料的多维表现，或富有生气或亲切怡人，反之，可能会引起人们心理事实的厌烦和空间行为的不安。

4.1.2.1 生活起居

在居室环境中，人们的起居是多样的、自由而放松的，因此人类活动与空间尺度之间的关系实际上是和家具布置密切关联的。确切地说，人的动作幅度所需要的空间尺度不是简单化的，也不是僵化的执行，其实每一类居室空间都会持有相应的人的活动数值。如客厅、餐厅等一些活动数据足以表明，人与家具、人与人之间，以及"实"（布置的）与"虚"（空地的）之比，均关系到空间尺度是否适合有效，是否满足人们使用空间的要求等，既不能拥挤也不能空旷（图 4.1.15 和图 4.1.16）。

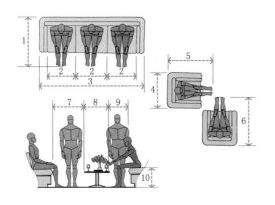

1	1100～1250mm
2	700mm
3	2300～2500mm
4	860～1000mm
5	1000～1200mm（女）
6	1100～1250mm（男）
7	760～900mm
8	600～800mm（变化的）
9	400～450mm（不能通过）
10	360～430mm

图 4.1.15　人与沙发的尺寸

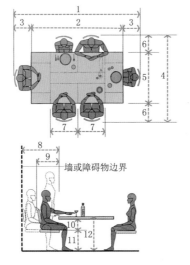

1	2600～3200mm
2	1500～2000mm
3	450～600mm
4	2000～2200mm
5	800～1000mm
6	450～600mm
7	600～760mm
8	760～900mm（不能通过）
9	450～600mm
10	200mm
11	400～430mm
12	720～760mm

图 4.1.16　餐桌布置的尺寸

从桌边到墙或其他障碍物，允许人通过的最小距离为 1200mm，受限通过为 900～1060mm（这时需要人起身才能通过）。

4.1.2.2 家务劳作

家务劳作是室内设计应当关注的问题，它关涉到空间的工效性，一个好的劳作空间布置会减轻人们的疲劳并降低人体能耗。工效性是指人、机、环境三者合理性所产出的效能[1]，应该视为系统性的相互作用、相互依存，或者说是一个具有内容设定的有机整体。例如，厨房是一个内容设定的工效性空间，其案台的高度、柜橱、头顶上或案台下的储存柜体以及人的动作所占的空间等都是详

---

[1] 工效学或称为人体工程学，概括地说，是针对人的工作效能和健康的一门科学。然而"建筑工效学"的概念，显然是从"工效学"派生的，实际上建筑已包含了工效学中的三要素，即一个可使用的空间一定会体现人（行为）、机（设施）、环境（场所）这三个特征的（有关工效学的历史概况和建筑工效学的详细内容，可参阅杨公侠《建筑·人体·效能——建筑工效学》一书，天津科学技术出版社 2000 年出版）。

细的、具体的，且必须与人体尺寸及活动相联系，这样才能保证工作者与厨房内各种设备、布置之间保持最佳的相互关联（图4.1.17）。

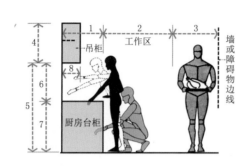

1	600~750mm
2	1000~1200mm
3	760~900mm
4	700~750mm
5	1500~1650mm
6	700~800mm
7	800~850mm
8	300~350mm

图4.1.17　厨房操作的尺寸

台面及吊柜高度应注意女性的平均身高，避免头碰到吊柜上。吊柜设计应便于拿取物品，
同时考虑空间的充分利用和储存量。

4.1.2.3　办公环境

办公空间显然是工作的场所，但并非仅仅是工作，实际上是一种集体性的环境营造，包括空间组织、空间调性和空间效能等，可谓给定的工效学之典型。因此，通常布置一组办公家具，还应该考虑家具间的通行间距、保证人员的走动以及空间环境的静音，而且要注重人坐着时的各种尺寸与文件柜之间的关系等细节（图4.1.18和图4.1.19）。尤其是在设计开放办公室时，既要保证各自隔断式小办公空间的独立性，又要关注人站立时与坐着时的视高线，并要有视线调节的余地。空间能否高效地使用和舒适的工作，完全取决于环境布置和家具组合的方式，而家具尺寸与人的活动尺度之间的关系又决定着办公的工效性——工作效率。

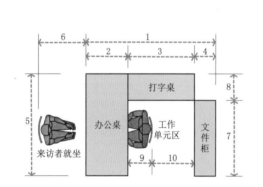

1	2400~2990mm
2	750~900mm
3	1160~1470mm
4	450~600mm
5	1500~1800mm
6	750~1000mm
7	1100~1200mm
8	460~560mm
9	400~500mm
10	750~1000mm

图4.1.18　办公单元平面布置尺寸

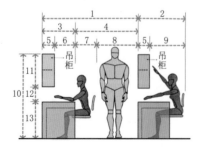

1	1980~2590mm	8	800~1000mm
2	1060~1320mm	9	900~1060mm
3	760~850mm（写字台宽）	10	1750~1930mm
4	1220~1470mm	11	630~780mm（吊柜高）
5	300mm（吊柜宽）	12	380mm
6	420~550mm	13	730~760mm（写字台高）
7	350~450mm		

图4.1.19　职员办公单元立面尺寸

4.1.2.4　公共场合

　　在公共场所中，人际之间的关系维系很多情况下是通过合适的空间尺度达到的，换言之，不合适的空间尺度易于生发人际之间的摩擦或冲突，所以保持一种适宜的空间尺度是设计的一个目标。然而这需要掌握人们活动与空间尺度之间的规律及一些数据，特别是公共场所中的人际往来是不可忽视的方面，因为空间尺度如何将关系到人与人之间是否可以和睦相处，因此有必要对一些具体的尺度及间距数据进行分析和研究，并且在设计中予以应用（图 4.1.20～图 4.1.22）。诸如，服务与被服务的距离、家具尺寸与人的活动、人与人之间所需要的距离，以及视线的距离和通道的宽度等，所有这些都必须综合考虑，以此来应和绝大多数的参与者。

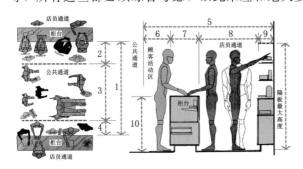

1	2950～3050mm（柜台与柜台之间）	6	450～600mm
2	660～760mm（顾客可坐及活动）	7	450～600mm（柜台宽）
3	1670～1800mm（公共通道）	8	760～1220mm（店员通道）
4	450～600mm（顾客站立区）	9	450～550mm（货架宽）
5	2130～2850mm	10	900～960mm（柜台高）

图 4.1.20　商业空间人员活动尺寸

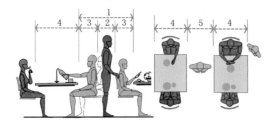

1	1370～1670mm（桌间距）
2	450mm（人侧身通过）
3	450～600mm（人的座位）
4	760mm（变化的）
5	600mm（单人通过）

图 4.1.21　餐桌间人员通过的尺寸

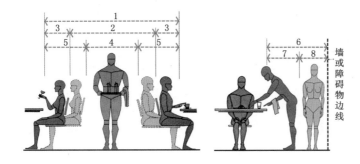

1	2440～2750mm
2	1520mm
3	450～600mm
4	900mm（服务通道）
5	760～900mm（活动余量）
6	1220mm
7	460mm（服务区）
8	760mm（通行区）

图 4.1.22　餐厅服务员通道尺寸

4.1.3　室内空间中的技术性尺度

　　室内空间中的技术性尺度是指家具陈设之外且与人的活动依然有联系的一些尺度关系，例如疏散通道的宽度、窗台高度、房间净高，以及各种门洞尺寸和不同房间使用所需要的空间尺度等，这些看上去是一整套的技术性尺度，实际上有些是国家及建筑行业制定的强制性技术规范和标准，完全是为了人们的生活安全和空间使用而设定的保障性指标（图 4.1.23）。当然，这些技术性尺度并不是纯功利的、僵化的制度，而是要求设计者从整体上来理解和把握其中的要则，并且需要有意识、有能力将其转换为丰富的表现力。设计者由此既要系统地了解诸多的建筑规范和标准，或者能够意识到技术性尺度包含着一系列的控制性原则，又要意识到那些规范、标准和条例没有限制设计的发挥，恰好相反，这是为设计具有说服力提供的一种保障。技术性尺度因而不只是简单具体的执行过程，还是可呈现的多种多样的空间组织，不过这里需要精准的尺寸数据，而不是草创的尺度意象。

室内设计因此要依据建筑提供的条件做出相应的计划，尤其是在技术性尺度方面应本着微创原则，即要保持建筑设计所给定的空间尺度，如开间、净高、门洞、窗台等尺寸不可随意改动。实际上人们总是喜欢吊顶来改变空间形态和照明方式，但损失的是室内空间净高，诸如吊顶用的装饰材料及构造所需要的尺度，一些裸露的结构

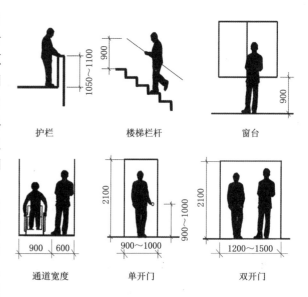

图 4.1.23   常用室内尺寸（单位：mm）
这些数据是常识但也是规范。

构件和设备管道等需要掩饰而形成的构造层等，这些都说明装修构造的尺度必然对原有的空间尺度产生后续影响。正如室内空间中的一些造型、吊顶，以及房间墙面的某些饰面装饰等，或者因为一些管线明露等问题需要进行装饰处理，房间最终的尺度关系往往不是建筑设计既定的那样（图 4.1.24）。这种情况不只出现在住宅中，在公共建筑中也尤为突出，特别是大量的设备管线都在顶部上，吊顶装修是常态，也因此时常出现室内净高偏低的情况，显然这里既有建筑师在建筑设计阶段预测不足或各专业之间配合不够，也有室内设计师后续无视既有的空间条件而过度设计造成的。

图 4.1.24   装修构造的尺寸
装修表皮需要的尺度是指材料与构造等占用的空间。

由此见得，技术性尺度是很专业的内容，它要比风格表现更为本真和人性化。所谓"本真"是以科学、合理与真切的姿态来面对一个实际的空间使用，它完全是和那些显贵风格相反的调性；而"人性化"是要树立一种普适性的关注意识，其中技术性尺度可谓一种保障或支持。实际上这是面向大多数人的心思和意愿的，也就是没有人愿意待在低矮的、令人不安的房间里，也没有人会为了眼前一亮的风格而牺牲本真生活的空间利益。所以，本真与人性化在意共同尺度的需要，即室内空间应该与合理、技术和适用相联系，当然也包含一种心智品质——设计师能够将合

理性与技术性放进设计创意的框架中，并以行之有效的方法去解决实际问题。例如在住宅中，大而不当的空间可能是不适用的，因为居住空间的尺度特性是要体现亲切、温馨和安宁的氛围，保持小巧和紧凑的空间关系是一种理想的尺度观。对于生活空间而言，本真、合理的尺度在于技术性而不是装饰性。即便是公共建筑，空间尺度也应该考虑不同的场所性质、使用要求和经济合理的原则，而尺度形式无疑是对空间认知的一种传达，可具体到空间的高度、开间与进深，以及领地划分等相关情境。

如果从形而上学的观点来看，室内空间尺度的适合与惬意绝不会指向那些风格样态（满足的是视觉愉悦），而是空间内在的技术性支持（提供的是体认情境）。或者说，更为本质的是，日常生活的情境并不需要太多所谓的创新创意，反而是理性与技术相结合，才能为人们提供本真的物质与服务。但不管怎样，室内空间中的技术性尺度这一议题，关乎到一个空间组织所持有的理性意识，是在创造与合理之间求取平衡的一种情境定义，即以技术性尺度为保障的空间营造。因此，室内设计应该确保空间性大于装饰性，做到合理、合情与合宜地处理各种装修构造的问题，包括那些不容忽视的普适性的技术性尺度，从而使室内空间具有良好的尺度关系，丰富但不紊乱，整体而富有情调。

4.1.4　室内空间中的表现性尺度

室内空间不应该只看重形态方面的表现，其实一种尺度计划的得体与否，关乎到空间调性和空间体验的优劣。因此，室内空间尺度可看作赋有表现性的生产，正如，既可形成空间的抑扬、宽窄和深浅的尺度形式，也体现为消费性、政治性和寓意性的尺度关系。室内空间尺度的表现性由此是一个多维度的话题，在于尺度确实是多重感受的空间事物，不是图纸上所能表达清楚的，即便是一个有经验的设计师也不敢轻视尺度的问题。那么这里所说的"表现性尺度"显然关涉空间构成的方法，即一种显在的空间表达式充斥着构建性的尺度意象，诸如古希腊神庙的宏伟、罗马万神庙的震撼，以及哥特时期教堂的高耸，这些无不是表现性尺度的范型。然而直至今日，表现性尺度依然富有寓意性、象征性，而且有可能被政治经济、社会关系和商业利益借用、利用甚至错用。

4.1.4.1　消费性尺度

室内的空间尺度明显与"消费"关联在一起了，比如宽大讲究的住宅、高大气派的厅堂以及商业性十足的铺张空间等，无不是通过尺度形式及表现来达成消费的显耀性（图 4.1.25）。"宽敞"与"拥挤"这两个词可联想到消费性，"宽敞"明显与宽绰、敞亮和充裕有关，其背后充斥着消费性的赋能——占有、享受、满足；而"拥挤"则指向狭窄、局促和稠密，基本上与消费性无关。由此"消费性尺度"是非本质的，也就是尺度形式基于消费性而进入了一个殊异的情境，那么室内空间的本真性自然会失却，实际上是一种欲望阳谋或空间旨意的表现，即以夸张的消费性尺度来脱离一般化，而后以个体的殊异性来标示出差别消费的图景——分档、分级、分层。但问题是这些差别消费的图景，我们如何来考察它的"度"，因为消费性的尺度形式一旦进入"消费"中难免会出现通常所说的"空间拜物教"——过度设计带来的过度场景，此时消费性尺度形式不再与普遍情愫和日常生活相联系，而完全有可能倾向消费的铺张和造势。如果从消费型社会的视角来看，"尺度"的概念已经被纳入消费性之列，正如室内空间的尺度形式成为一种消费现象，足以表明它能够创造等级、特权和利益等。因此，"消费性尺度"是不折不扣的重商主义下的产物，我们必须持谨慎的态度。保持适度和总体节制是需要坚持的原则，特别是面对纷繁的社会消费心理和商业化运作，有必要修正不切实际的空间尺度的表达式，否则那些过分夸大铺张的消费性尺度的形式表现只会越发的泛滥和浪费。

某洗浴中心大堂——尺度的炫耀性

某住宅客厅——双层尺度的气派

某餐厅雅间——尺度的专有性　　　　某五星级客房——宽敞尺度的消费性

图 4.1.25　消费性的尺度
差异性背后是非本质需要的话语性在场。

4.1.4.2　政治性尺度

　　室内空间中充斥着政治性尺度由来已久。政治性尺度更像是构建的意识形态尺度，它与日常性尺度相左，它更多的是以端庄和大气为基准的尺度形式（图 4.1.26）向人们传达权力和权威。细辨的话，"权力"是话语性的，如空间话语时常以尺度形式来彰显权力在场的效果：不只是一个等级

图 4.1.26　北京人民大会堂河北厅（左图）与石家庄市人民会堂贵宾厅（右图）
高大、端庄和气派的尺度是这类空间的特征。

性确指的场景，还令人感到"谁在支配"——权力持有者；"权威"则是一种被命名的能量，亦可视为含有强行性的高端发布，转移到建筑方面很可能推行"不宏大无以重威"，或很看重"谁在主张"——威势把握者。进而，室内空间的对称布局（居中为尊）、高大气派（威势理想），以及那些文化图式等产生的尺度形式与政治性尺度密切关联，实际上，室内空间场景已不是"适宜性"而是"超凡性"，即脱离了普适性的特立标准。

政治性尺度所呈现的空间关系，并非仅限于上述内容，也有可能会变化为好大喜功、气派十足的场景。因此要警惕室内空间中的政治性尺度及其形式表现，它很可能与一切普适性意义和理性意识相悖逆，成为推行个别旨意、个人口味的个性恣意的工具，而且应注意避免以政治性尺度为名的借题发挥，个别意志强劲。

4.1.4.3　寓意性尺度

表现性尺度在室内空间中时常会形成寓意性，这里不是指那些装饰物，而是指超越物质性的一种尺度，即物质性充当着背景，而前景是可感知到的尺度氛围。例如葡萄牙建筑师阿尔瓦罗·西扎设计的教堂（图 4.1.27），其物质方面的表达是极简的，几乎没有什么装饰性内容，留下来的仅仅是表现性尺度，让人联想到哥特式教堂的"高耸"——一种宗教寓意性尺度。显然，寓意性尺度能够产生一种吸引力——从视觉感官上和心理事实方面给人以某种情绪上的归位，不一定是愉悦的，但制造了可感知的"信源体"❶，这比装饰性更具有持久性和客观性。有关这一点，我们可以从丹尼尔·里伯斯金的犹太人博物馆作品（图 4.1.28）中找到解释，该博物馆可以说是一个寓意性场所，其设计思路是以痛苦的"线性空间"展开的，并以尺度作为一种表达式，将场所主题渲染得淋漓尽致，无论是什么人在什么时间，只要进入室内都可以感受到一系列精神意象的传达。由此，我们可以领悟到寓意性尺度是一种非物质性的客观呈现，它比图式符号、装饰样态和风格演绎更具有持久性的价值和意义，因为尺度产生的是永恒的存在，就像罗马万神庙，今天的人们同样会被它的室内尺度所震撼。你可能记不住那些装饰物，但绝不会忘记它特定的尺度及寓意。

阿尔瓦罗·西扎设计的马库-迪卡纳韦济什教堂

似乎是哥特式隐喻的极简主义营造了赋有纪念性和超人尺度的空间语境，如10m高的门。

图 4.1.27　精炼至极的空间意象
一种极简背后充满着无限想象和尺度的寓意性。

❶　所谓"信源体"是指信息的发源场，如室内就是物境、景境和意境的信息复合体，表明在这个信息复合体中不只是一个稳定的固态、样态，还能够引发各种各样的感知性在场，而且可以被不断地解读、体认，还可能被铭刻于记忆中。

丹尼尔·里伯斯金设计的柏林犹太人博物馆

一个不寻常的尺度情境拨动着每一位到访者的情绪，在于纯粹的
材质与抽象的光相结合。

图 4.1.28　虚空中的尺度震撼

在阴森的尺度下仰望一束顶部来光，"无"传达着深邃的"有"。

4.2　室内空间与材料

　　室内空间如果是有情调的话，那么室内的质料意象便是传达情调的有力方式。现在就让我们来了解室内空间所关涉到的质料之一——装饰材料——"饰面化"❶，这显然是营造室内空间的调性、情趣和品位而最为看重的方法之一。人们对空间的感受实际上更多的是通过视觉感官的刺激获得的，空间中的装饰材料及其效果（如纹理、色彩、肌理和尺度等）都是可感受到的空间质料，因此室内空间与材料的关系是设计原理必须深入探讨的。任何一种装饰材料都不是随意进入室内的，而是经过选择和编排才成为室内设计的表达元素。可以说，装饰材料既是物质的，也是精神的，甚至还是结构的、建构的和意构的。然而这里着重关注的装饰材料，基本上分为天然材料和人造材料两大类。不过，无论是天然的还是人造的材料都可作为室内空间形式的质料，意指不同的材料虽然有着不同的物理及视觉特性，但是一旦经过空间布设便可体现出丰富的空间语义及表现力。也正像路易斯·康认为的，建筑的意志往往转换为材料的意志而得以表现，这种意志又体现为室内空间与材料之间的一种和谐关系。室内设计也正是通过对材料的组织和准确的应用来达成清晰、可读并富有情调的空间场景。

4.2.1　天然材料

　　纯天然材料普遍用于建筑中的主要有石材、木材和黏土等，这些材料有着地域和天然的特质，且多为资源性和时间性的物质，尤其在自然资源受到过度开采的今天显得尤为珍贵。天然材料的装饰性是人为赋予的，因而不是简单、直接的拿来用之，往往要经过细致的加工或处理。

　　例如，石材从开采到切分和打磨需要经过数道工艺的加工，木材的加工则更为复杂且需要多方面的技术处理，黏土需要经过不同的工艺技术处理才能成为建筑用材。天然材料一旦作为装饰性用

❶　装饰材料可谓脱离于建筑主体结构且具有构造性的那层"表皮"。一切实在材料均可能富有装饰性意味，关键在于设计的意构和设定。装饰材料与材料的装饰性有所不同，前者是指专业生产的且为"饰面性"的，后者则是指某一材料可能具有装饰性意味且范围更广。也就是说，室内设计师应该看重材料物理性能的同时，关注质地、材料的效果。材料既是物理的材料，也可能是审美的素材，二者的聚合性正是一种质料意象。

材，其工艺加工和施工要求都比较高，而且整体效果注重材质的天然属性，并尽可能减少人为痕迹。

4.2.1.1　石质材料的耐久性

天然石材主要分为花岗岩与大理石两种（图 4.2.1）。花岗岩是火成岩，也叫酸性结晶深成岩，由长石、石英（二氧化硅含量达 65%~75%）及少量云母组成，构造致密，呈整体的均粒状结构。按结晶颗粒大小，花岗岩可分为微粒、粗晶和细晶三种。大理石则是一种变质岩，属碳酸岩即石灰岩、白云岩与花岗岩接触热变质或区域变质作用而重结晶的产物。主要化学成分为氧化钙，其次为氧化镁，还有微量氧化硅、氧化铝、氧化铁等。

无论是花岗岩还是大理石，其外观效果均有出色的质感和表现。花岗岩石的结晶像钻石般闪闪发光，所形成的大小不一的颗粒麻点有着鲜明的对比效果。而大理石则具有漂亮的纹理和图案，而且品种繁多，色彩丰富而艳丽，以华丽的外观和优良的品质深得人们的喜爱。大理石多用于高档场所，且耐久性显著。花岗岩与大理石的物理性能见表 4.2.1。

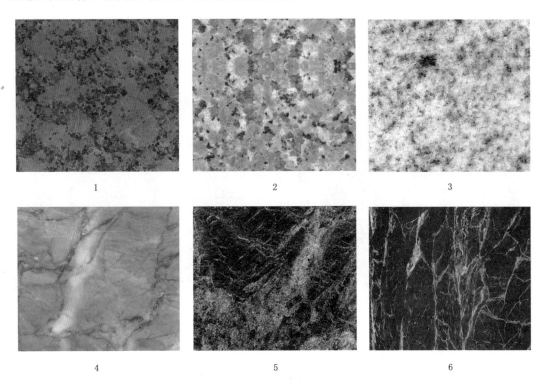

图 4.2.1　石材样板

1~3 为花岗岩，4~6 为大理石

表 4.2.1　　　　　　　　　　　　　花岗岩与大理石的物理性能

项　目	花岗岩	大理石	项　目	花岗岩	大理石
相对密度/(kg/m^3)	2500~2700	2600~2700	膨胀系数/(10^{-6}/℃)	5.6~7.34	9.02~11.2
抗压强度/MPa	125~250	47~140	平均韧性/cm	8	10
抗折强度/MPa	8.5~15	3.5~14	耐用年限/年	75~200	>20
抗剪强度/MPa	13~19	8.5~18	平均重量磨耗率/%		12
吸水率/%	<1	<10			

天然材料所富有的魅力不只是可感受到的质地美，其物理性能，如材料的质量、强度、耐久性、抗风化、防潮性和耐火性等对于设计而言，还存有某些制约和不利因素，因而需要深入地了解和学习。只有这样，我们才能将天然材料的客观品质发挥出来，并且避开或能够应对其不利因素，如一些石材存有的放射性元素、大理石易风化以及材料过度使用有可能造成自然资源的匮乏等问题。同时在设计中，应当鼓励就地取材，因地制宜，减少不必要的材料搬运和过度加工，树立节约和简约的设计理念。这并非是因陋就简，而是在宣示一种质料意象——建筑的材料与地域相关联。例如，瑞士建筑师彼得·卒姆托设计的瓦尔斯温泉浴场，选用了当地出产的石材作为建筑的装饰性材料，其表现性发挥到了极致（图4.2.2）。卒姆托把材料视作设计传达媒介的同时，十分看重材料的加工工艺，将这些石材加工成10种不同尺寸的板材，长度从37cm到几米不等，宽度为10～25cm，厚度为3～6cm，再经过严格的施工工艺，使原本表面粗糙的石材在空间中呈现出优雅的调性。整个建筑由外到内全部使用一种材料，给人以纯净、细密又不失丰富的视觉感受。

图 4.2.2   粗石中的静谧

建筑被视为自然地质层的有机延伸，获得了一种石质灵性的在场。

4.2.1.2　木质材料的时间性

木质材料是带有时间性意味的质料，作为建筑用材由来已久，是建筑装修基础性材料之一，也是人们喜爱的一种材料。木材质地温和、纹理丰富，在装饰效果上，其他装饰材料无法比拟。木材属于比较高级的装饰性材料，实木或木质人造板均有优良的品质。今天的木材已不是简单、直接地用于建筑装饰中，而是经过特殊的工艺处理后才使用，其原因就是考虑到防火、防腐和防潮等，目的是让木材兼有韧性和持久性，湿胀和干缩变形和开裂问题得到解决。最为常见和用处最广的当属木材加工而成的各类板材，包括原木板、人造胶合板、人造刨花板以及其他人造木质板材等。原木分为特级原木、针叶树加工用原木和阔叶树加工用原木三种。人造木质板材是以原木为基础制成的各种各样的板材，其种类和款式非常多，但技术性处理均有具体的标准和要求，可参见表4.2.2～表4.2.4中的数据。现在，人造木板材的加工工艺水平越来越高了，成为室内装修和家具制作的重要材料之一。

表 4.2.2 胶 合 板 的 技 术 性 能

类 别	树种名称	分类	胶合强度/MPa	平均绝对含水率/%
阔叶树材胶合板	桦木	Ⅰ、Ⅱ类	≥1.4	Ⅰ、Ⅱ类≤13
		Ⅲ、Ⅳ类	≥1.0	
	水曲柳、荷木	Ⅰ、Ⅱ类	≥1.2	Ⅲ、Ⅳ类≤15
		Ⅲ、Ⅳ类	≥1.0	
	椴木、杨木	Ⅰ、Ⅱ类	≥1.0	
		Ⅲ、Ⅳ类	≥1.0	
针叶树材胶合板	松木	Ⅰ、Ⅱ类	≥1.2	≤15
		Ⅲ、Ⅳ类	≥1.0	≤17

注 1. Ⅰ类（NQF）为耐气候、耐沸水胶合板；Ⅱ类（NS）为耐水胶合板；Ⅲ类（NC）为耐潮胶合板；Ⅳ类（BNC）为不耐潮胶合板。胶合板按材质和加工工艺质量，分为一、二、三3个等级。

2. 胶合板层数一般为奇数，主要有3、5、7、9、11、13、15层，分别称为三合板、五合板、七合板……材料常见规格为2440mm×1220mm。

表 4.2.3 硬质纤维板的物理力学性能

项 目	特级板	普通级板		
		一等	二等	三等
密度/(kg/cm³)	≥1000	≥900	≥800	≥800
吸水率/%	≤15	≤20	≤30	≤35
含水率/%	4～10	5～12	5～12	5～12
静曲强度/MPa	≥50	≥500	≥400	≥300

注 人造纤维板（密度板）分为硬质纤维板（高密度板）、中密度板和软质纤维板（低密度板）3种。材料规格一般为2440mm×1220mm，厚度为3～25mm。

表 4.2.4 刨 花 板 技 术 性 能

项 目	平压板		挤压板
	一级品	二级品	
绝对含水率/%	9±4		
绝干密度/(g/cm³)	0.45～0.75		
静曲强度/MPa	>18	>15	>10
平面抗拉强度/MPa	>4	>8	—
吸水厚度膨胀率/%	≤6	≤10	—

注 1. 凡厚度25mm以上，其静曲强度应比上表规定的值减少15%。

2. 单层结构的平压板，其平面抗拉强度应比上表规定值增加20%。

4.2.1.3 黏土材料的可塑性

黏土材料是指与地方有关的土质，如北方的黄土与南方的红土以及地方的砂石粉料等，这些材料的特性及质量都与当地气候、地貌和环境相关联，且可塑性显著。比如传统工艺中的夯土砖坯、灰泥模塑砖等，都是以土质为基础制成的建筑用材，使用的历史悠远。尽管纯粹的黏土材料现在已经不多见了，其使用的范围也相当有限，但是它依然作为某些设计意构的质料而得到了超常发挥。正如传统的夯土技术受到一些设计师的重视，图4.2.3中的作品即以天然本真性来表达对传统的敬意，同时还有对抗现代化带来的趋同化、工业化和赝象化之意。由此而言，将天然材料当作设计的质料来认识时，"自由"便会伴生出自如的意象，此时设计意构不再迷醉于高档、豪华和时尚的材料，而转向有意识地选择与表达，最朴素、平常的材料很可能将上升为"质料"，即一种"理想"注入其中且化腐朽为神奇，这应该说是其意义之所在。或者说，这些并未成形的实在材料投向了自如的形式，它的可塑性在于把握材料性质的设计师塑造了富有归属感和意指性的质料意象。实质上，这是在探究天然性材料可能有的品质，正如在将黏土材料塑形的过程中人的旨意（如工艺、技术和想法等）已添加其中，俨然是一个赋有理想的聚合体。那每一块砖坯，每一道夯土墙，以及塑成的各种形式的材料-质料，无不传达着人的价值创造。这给我们的启示是，材料-质料应该赋予元素性的地位，无论是高级的还是普通的，常用的还是不常用的，如果视为质料的话，便可发现一些异质多样的材料可能拥有的共性——天然本真——那么也自然可成为真诚、真情和真性的象征。

张永和设计的建筑作品夯土墙——一种回归传统的工艺做法

湘西土坯民居，一种本真性的建筑形制得以传承

图 4.2.3　土质的意蕴

这种将最普通的材料转换为富有意涵的工艺和质地，着实具有启示性。

4.2.2　人造材料

　　人造材料能作为建筑装饰用材的，种类繁多。现行的装饰材料无论是类别上还是花样上可谓纷繁呈且日益出新，以至于室内设计师需要时时关注装饰材料的动态和发展。室内设计的意构受新材料的影响很大，新的装饰材料有引领设计潮流之势，新颖别样的装饰材料在各类室内空间中发挥着积极有效的作用。装饰材料之所以如此迅速地发展，一方面是因为它可以承受环境的各种影响与作用，如温差、湿度变化等，具有防水、防腐和防火等重要性能；另一方面，很多新型材料还具备可降解和回收再生的特性，而且其优良的品质、品性和品位具有普适性的价值。因此，了解建筑装饰材料的基本性质是室内设计不可或缺的学习内容，也是设计中正确选择与合理使用材料的基础。

4.2.2.1　装饰材料的饰面性

装饰材料的饰面性是显在的，其着力点不在物质的初级功能上，而是落在次生性的质地的开发上，而且已经达到相当的高度。总体而言，饰面性及其形式样态的更新换代频繁，大有与天然材料相媲美之势。事实上装饰材料的生产越发的专业化、科技化与合成化了，无论是材料的实用性、耐久性和经济性，还是形式规格的多样性和花样的多变性可谓日新月异，并且可适应各种环境和需要。因此"饰面性"还是卓越的表现性，在于物质附加值的不断提升。以各种质地、不同品位和高仿化为能事的饰面性，充分说明装饰材料已经成为建筑与室内不可或缺的要素。

1. 玻璃

玻璃是以石英砂、纯碱、石灰石等作为主要原料，并加入某些辅助性材料（助溶剂、脱色剂、着色剂等）经高温熔融、成型、冷却而成的固体。玻璃在建筑中使用的范围越来越广，特别是在大型公共建筑中大有取代墙体之势，在室内装修中也有出色的表现。可以说，玻璃用于建筑中已经趋于产品化，不只是作为一种基础材料，还包括成品产品。玻璃大体可分为实用性玻璃和艺术性玻璃两大类。实用性玻璃作为建筑围合界面材料，并非是单一性的，其产品种类很多且越发高科技化，其安全性、隔热性和保温性以及隔声减噪等性能已达到了很高的水平。艺术性玻璃注重视觉效果和艺术的深加工，有雕刻玻璃、彩绘玻璃、冰裂纹玻璃等，用在各种建筑空间和场所中效果非常突出，是建筑装饰方面最具新意的装饰材料之一（图 4.2.4）。玻璃既是材料也是质料，在于它持有意识形态方面的表现和透明与不透明兼有的魅力。因此，我们不只要学习和了解各种玻璃产品的性能及指标，还应该意识到玻璃赋有二元特征，它既是界面体又是透明的零界体，除此之外，它还是一种可降解、可回收的材料。

图 4.2.4　现代玻璃的应用
玻璃表现力的丰富性使它的用途越来越广。

2. 陶瓷砖

陶瓷砖是用于室内外装修的烧结制品，其品种、样式和款式层出不穷，图案、纹理及质地非常丰富，可谓以模仿天然材料质地和各种质地效果为优势。陶瓷砖在建筑装修中使用量最大，在于其材料的性能稳定、经久耐用，且易于打理。但是，这种瓷化材料的回收和降解是个问题，大量使用会造成土地不断瓷化，很可能带来持续性的自然环境污染和破坏。为此，国家制定了陶瓷砖的生产标准《陶瓷砖》（GB/T 4100—2015）以及施工技术规程《建筑瓷板装饰工程技术规程》（CECS 101：98）等。这些是我们所要了解的，但不只是要对技术性能有所了解（表 4.2.5），还要意识到陶瓷砖受意识形态及引申意义之影响而形成的赝象性（如仿古典、仿实木、仿大理石等）显然是出

表 4.2.5　　　釉面砖的技术性能

项　目	指　标
密度/(g/cm³)	2.3～2.4
吸水率/%	<18
抗折强度/MPa	2～4
抗冲击强度（用 30g 钢球，从 30m 高处落下 3 次）	不碎
热稳定性（自 140℃ 至常温剧变次数）	一次无裂纹
硬度/度	85～87
白度/%	>78

于社会大众的审美取向和消费需求，且大有以人造材料来替代或弥补天然资源稀缺的可能性。

3. 金属板材

建筑装修中的金属板材，主要是指不锈钢板材、铝塑复合板材、铝合金板材和钛镁合金板等。这些金属板材多用于室内外装修，如建筑金属幕墙、门窗及各部位的装饰等，而室内更多地用于吊顶部位，因为吊顶材料防火等级要求很高，所以金属板自然成为理想的材料。不仅于此，金属板材刚度强、安全可靠且质感及外观效果丰富，而且易于加工成形，可塑性强，能够适应于各种空间环境。但是，金属板在造型方面需要机械来加工，不能在施工现场手工进行，因而加工费用比较高，成为当前建筑装修中的高档材料。金属板材由此作为一种质料，一方面由于其施工精度要求很高且允许误差值很小，所以对材料的二次设计十分看重（如分格、拼缝和收口等）；另一方面对工人的现场操作及现场管理提出了高要求，它更像是成品安装或组装，因此避免了传统湿作业（如批腻子、喷涂料等）的一些弊端（图 4.2.5）。

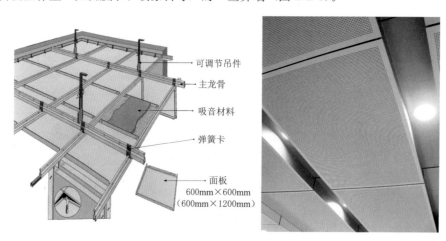

　　　　　　　可调节吊件
　　　　　　　主龙骨
　　　　　　　吸音材料
　　　　　　　弹簧卡
　　　　　　　面板
　　　　　　　600mm×600mm
　　　　　　　(600mm×1200mm)

图 4.2.5　金属板构造及安装后实际效果
金属板的面饰涂层越发的多样化，且可以模仿各种质地及效果。

4. 人造石

人造石的材料质量不同于天然石材，故适用范围较窄，一般多用于操作台面，如厨卫空间和服务台等室内空间。人造石以模仿大理石和花岗岩表面纹理为主，其材料生产多为聚酯型人造理石，材料质量及性能有其自身的特色（表 4.2.6）。因此在使用中应该考虑这种材料的性质和可能的局限性。人造石依然是以重量轻（比天然大理石轻 25%）、薄厚适宜，且耐腐蚀和抗污染等诸多优点著称，可谓能随意制成弧形、曲面等工艺加工，尤其是在接缝处用焊接的方式可不留痕迹，效果非常好。这种以假乱真的质地及效果似乎可以替代天然石材（图 4.2.6），但并非如此，这只能表明某些质料的逻辑——表象性，已趋向于造影术与现代科技手段联合的系列形式。不难看出，这种可称为"赝象"的材质，以天然素材和现代工艺相结合为优势赢得了人们的认可并且市场前景广阔，但从另一个方面来看，这种被制造的"赝象"是否能够真正"感动"❶于人值得探讨，或者说，人们只

---

❶ "感动"不是令人眼前一亮的效应，而是一个心理过程。人之所以被面对的场景感动，一定是"真切性"在场。"真切性"是一个复合意指，包括真切质地所能传递的真诚、真性和真实等意涵。但是"感动"似乎越发稀缺了，尤其是在大量的伪景境中。如何营造打动人心的场景，这是一个严肃的课题。

求眼前一亮的表象效果而忽略内在品质似乎是时下室内装修的一个缩影。

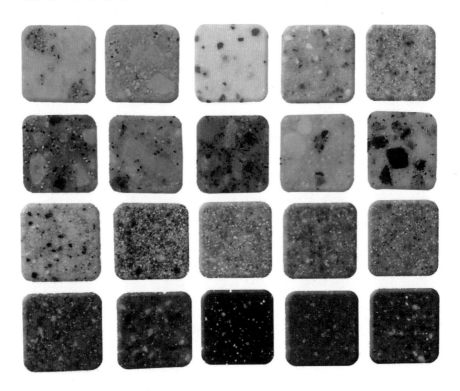

图 4.2.6　人造石样板

一种赋有石材装饰效果、可取代石材的材质，其优势在于可塑性强、便于加工和打理。

表 4.2.6　　　　　　　　　　　　　　有机人造石板材的物理性能

性能项目	指　标	性能项目	指　标
相对密度/(kg/m³)	2100	表面硬度/HB	40 左右
抗压强度/MPa	>100	表面光泽度	>100
抗折强度/MPa	38 左右	吸水率/%	<0.1
冲击强度/MPa	15 左右	线膨胀系数（×10⁻⁶）	2～3

5. 塑胶板材

塑胶板材是近些年来发展很快的一种装饰材料，它耐磨损、耐腐蚀、吸水性小，而且绝缘、阻燃和防滑，在材质上有色彩绚丽、质地丰富、脚感舒适等优势，深得人们的认可。塑胶板材还是一种无毒无害、无放射性污染、可资源回收利用的绿色环保型产品。塑胶地板通常为 2～3mm 厚，每平方米的质量为 2～3kg，不足普通地面材料的 10%。在高层建筑中，塑胶地板对于楼体承重和空间节约有着自己的优势，也是旧楼改造中具有积极意义的一种材料。这种材料引发我们思考的是，今天所强调的空间时尚性恐怕与次生性的质料系列分不开。次生性是指人造材料所具有的表现力，包括本义与语义两个层面，其中"本义"是客观材料，而"语义"是主观质料，二者显然是立足于次生性的统一体，即一个是可反复形塑的材料机制，另一个是可不断超越的质料整合。

6. 涂料

涂料是一种统称性的装饰材料，这里包括各种各样的、名目繁多的、油性的和水性的漆料产品，其最大的特点是施工便捷、经济实用，且装饰效果鲜明。涂料对于建筑空间而言，能够在最大限度保持其原有性的同时对建筑墙面具有保护作用，因此在室内外装修中涂料应用极为普遍。涂料的另一个优势就是品种及性能非常多，可选择性很大，基本上分为外墙涂料、内墙涂料、防火涂料、防水涂料及地面涂料等。事实上，我们要掌握各类涂料的各项性能和技术指标是困难的，因为其技术更新和产品换代比较快。因此，及时了解具体的涂料或在选择此类材料时做一下调研是必要的，诸如它的技术指标、基本性能和施工要求等都是室内设计需要把握的，只有这样才能够确保设计意图和用户的利益落到实处。

4.2.2.2　装饰材料的防火问题

装饰材料的防火问题是一个重要的话题，装饰材料用于室内装修必然涉及安全性问题，其中最为突出的是防火问题。特别是一些可燃性装饰材料进入室内会有很大的安全隐患，所以学习了解装饰材料的防火等级是十分必要的。早在 1995 年，国家就颁布了《建筑内部装修设计防火规范》（GB 50222—95），对室内环境的安全性提出了具体要求，但是在实际操作中，人们常常不够重视，在装修过程中对材料的燃烧性能等级把控不严，施工监管力度不够，致使室内防火成为室内装修中的一个隐患。作为装修项目的起点，室内设计理应加强建筑防火意识，特别是对装饰材料的防火性能应该有足够的认识。诸如，各类装修材料按其燃烧性能分为 A、B_1、B_2、B_3 四级，其中 A 级为不燃性，B_1 级为难燃性，B_2 级为可燃性，B_3 级为易燃性。装修材料应该按其使用部位和功能区别应用，如顶棚装修用 A 级材料和 B_1 级材料，要求最严，特别是高层建筑，顶棚必须用 A 级装饰材料；墙面、地面及其他部位的装修可使用 B_1 级材料和少量的 B_2 级材料，具体详见现行国家标准《建筑内部装修设计防火规范》（GB 50222—2017）有关规定。总之，设计师在选用装饰材料时，应该关注材料的各项技术指标，其中材料燃烧性能等级是重要指标之一。否则，室内环境的防火问题势必成为一个薄弱环节，安全性在外表华丽的装修掩饰下并不能得到保障。这些着实需要每一位室内设计师慎思而后行。

4.2.2.3　装饰材料的三观意识

人造材料研发的多向性已是大势所趋，绿色环保、低碳节能和高新科技材料不断涌现，足以说明物质材料的发展既面对现实又面向未来。建筑装饰作为材料消耗大户，在促进建筑材料快速发展（市场需求带动的）的同时，又在大量丢弃材料（反复装修造成的）。建筑成本的 2/3 是材料费，建筑中的"三高"——高能耗、高材耗、高排放持续不衰。有数据表明建筑的能耗约占全国能耗总量的 25%，而材料消耗及浪费有目共睹，至于高排放（如废气、废料和废物）导致的环境污染更是焦点问题。因此，在建筑如此的"三高"持续下，当务之急就是要在设计中树立装饰材料的三观意识——绿色环保、低碳节能和少费多用。

1. 绿色环保观

人们越来越看重绿色与环保的价值了，不只是概念的、理论的，还是行动的、规则的。那么对于室内设计而言，绿色环保意识应该成为整体的理念和具体的行动，比如对装饰材料的理解不能仅停留在面饰性、愉悦性和时尚性的层面，更多地需要关注材料的绿色环保及科技含量，具体到选择某种材料时要考察它的上位（生产）、下位（回收）和未来位（环境）是否符合可持续发展的总体原则。"绿色"意味着能就地取材就决不让材料远道而来，而"环保"在于能选择可降解的材料就决不选择那些不可降解的材料，且尽可能减少装饰材料的使用量和种类。对此，我们应该向瑞士建筑师卒姆托的建筑学习，在他的作品中呈现的是最朴素的绿色环保意识，而且在他的设计意构中能够读出对自然环境的敬畏和一种谦虚的设计态度，这是许多国内设计师所欠缺的素养。

2. 低碳节能观

"低碳节能"是一个集合性的概念，也是整体社会达成的共识和原则，那么在建筑中的"低碳"就预示着对资源消耗最小化，降低对环境的污染和破坏，以及将建筑的日常维护成本降至最低等。而"节能"则在于节省、节制和节约，那么在室内设计中就是要提倡少造作、少用材、少布设等的"少"必然会带来"多"，即多的节能、节流和节俭。这里并非不要设计，相反是要求设计更为精准、到位且不浪费。然而在此方面情况不容乐观，室内设计的乱象十分严重，诸如材料堆砌、照明繁多和布设纷呈等充斥于各类室内空间和场所中，已然难以在短时间内得到纠正。为此，我们应该倡导一种低碳节能的室内设计观，少一些风格、情调的演绎，多一些日常、平实的需要，因为室内设计绝不是自是性在场，而是关乎社会与环境的生态性在场，这本身就是在彰显低碳节能观。

3. 少费多用观

室内设计对装饰材料一向是情有独钟的，一些设计师很乐意使用新材料来赶时髦，但少有设计师对"少费多用"感兴趣。所谓"少费"就是节省材料用费、控制材料浪费和减少材料运费等，要做到这些实属不易，这里需要设计师具备良好的专业素养和职业道德，从整体上为社会和环境的改善做出一份贡献。而"多用"是在强调材料循环使用的可能性，或者说能够将材料化腐朽为神奇，这又需要设计师的专业能力和一份用心，而且并非是简单的操作，而是需要设计师发现并开发出某种材料的再生价值。由此而言，"少费多用"观是当前应该鼓励的一种室内设计意识，在于能够超越材料自身属性而转向赋予新意的质料意象，例如可以将一些最基础性的材料，像旧砖块、瓦片、石块、旧木板等再利用，这样的实例不乏有之。总之，材料的循环再利用是"少费多用"的一个核心，设计不但要简约还要节约。

4.2.3　质料意象的表达式

建筑在某种程度上是材料的组织与建构，表明材料是构成建筑的一个基础，实际上材料与形体的结合已经转换为一种质料意象的表达式，这是要说明材料并非简单的用于建造或起到一个支撑作用，而是以其自身的属性和丰富质地进入建筑的，即质料意象。"进入建筑"显然是人为将一些自然状态的材料如同词汇一样被组织起来，并形成可读的"文本"，即"表达式"。那么"质料意象的表达式"也是设计的一个根本问题，值得探究。正如，是理性的还是非理性的，是合理的还是不合理的，是新意的还是平庸的，这些均值得探问。自古以来，建筑都重视对材料的应用和表达，因为它既有技术层面的含义，也有审美的价值，所以建筑的材料已不是原初的样态，在建筑中已然成为审美、情感、意指等多方面的知觉感受。建筑的材料由物质化为质料的过程，正是设计的意构与意象，也是设计在寻求物质与表达之间的契合。

4.2.3.1　粗质的感悟

粗质材料的天然性在于保持了一种自然、原始的状态，在视觉上可获得一种厚重感。从材料的肌理来看，有着一种时间的纵深感，其表面凹凸不平的质地说明某种强大力量的长期作用的结果，因而具有质朴和立体的视觉感受。尤其是在新与旧、轻与重、薄与厚的对比中，粗质材料更能显示出广谱的肌理和质地，感受到一种尺度的分量感，因此粗质的材料往往与凝重、厚实的品性相关联。

1. 记忆的砖

砖这种材料虽说是人造的，但它的品质却有几分自然的特性，因此人们一直把砖视为富有自然意象的材料。事实上砖作为建筑最原始的材料之一，已经载入人类历史的记忆当中，无论是古罗马建筑中的面砖，还是中国古代建筑中的方砖，都体现了人类用砖的历史。尽管今天的建筑大多已不是砖砌建筑，但"砖性"情结依然呈现在大量的建筑中，并且化作一种质料意象的表达式得到了充分发挥。那么这种"砖性"的意指，不再有中国传统建筑中的砖雕意象和砖雕手法❶，而是转向对砖的砌法编排和布设的讲究。我们较为熟悉的瑞士建筑师马里奥·博塔的作品就充满着砖性情结。其实，喜爱用砖来表达建筑的建筑师很多，不胜枚举。很可能是因为砖的材料具有粗质的肌理和尺

---

❶　砖雕是中国传统建筑独有的装饰手法，在宋元时期，它被作为建筑等级的标志。到了明清时期，砖雕发展出四种手法——烧活、搪烧、凿活和堆活（详见：萧默，《中国建筑艺术史》，下册，第 841 页）。

度的记忆，所以赢得人们的一贯青睐。也正如当前的室内设计，人们在赋予"砖性"更多质料意象的同时仍然保持着记忆的尺度，如砖的比例、色泽和粗质感等，并且已经与设计者的情感态度关联在一起了（图 4.2.7）。

某餐厅入口处的红砖表现

云南的红砖建筑

某住宅玄关处的耐火砖表现

山西灰砖建筑

图 4.2.7　砖性情结
既是本真的结构素材，也是表现的质料意象。

2. 灵性的石

"石"在中国人眼里是赋有灵性的，特别是在造园中作为一种人文体裁备受推崇，似乎园中没有"石"就等于少了几分灵气，因此，石头千姿百态且美不胜收的视觉效果赢得了人们的普遍认可。"石"既是大地的精灵，也是力量与永恒的象征。然而，这种"灵性的石"早已转化为最朴素的质料意象，并被不断地重新定义和表达，诸如原石、片石和碎石等工艺和铺砌的方式显然是质料意象的表达式。在建筑与室内外环境中，"石"形成了一道天然景象，但同时也体现出它的无限魅力，如时而被抛光时而又粗质，前者透射着光彩和典雅，后者则表达着质朴与自然，特别是风化的石材别有意象，它能够产生一种遐想和回味（图 4.2.8）。所以石材无论怎么表现都不为过，这是因为石材展示着风吹雨打之后的坚实调性和丰富的纹理及质地，也是其他材料所不能比拟的一种质料意象。

3. 温暖的木

"木"同石头一样是赋有时间意涵的，不过木质的温暖感是显著的，在于人的身体更愿意接近它，或者说更适合于人之所用。"木"拥有许多不同的品种和特质，而且均有各自的纹理及品性。"木"可以是自然本性的表达，也可以是雍容华贵的表现，在不同的主题下扮演着各自不同的角色。正如木材品种繁多，既有极其名贵的红木系列，也有经济实用的普通木种。但是不管怎样，木材以其漂亮的纹理和质地赢得了人们的向往，因而在建筑与室内中木材的用量很大，且表现丰富、魅力无穷。这种温暖的木质在设计意构中时常被处理成要么以原木本色来表达亲切和质朴，要么配饰油漆和上色工艺来彰显其独到的高级和华丽（图 4.2.9）。总之，木材在人们的生活中是不可忽略的一

湘西民居中的石材砌筑做法　　　　　　　　河北山区民居石材砌筑做法

片岩石的装饰做法　　　　　　　　　　大理石的磨光做法

图 4.2.8　石质调性

既有粗质自然的厚重，又有华丽光泽的愉悦。

传统建筑中木作的本真质地——不施油漆

现代装修中的木作——片板不施油漆　　　高级木质精做——施油漆+彩绘

图 4.2.9　木色温润

既可色质朴素而亲和，也可精工细作而高雅。

种质料意象或表达要素，原因是它与我们的生命有着内在的关联。

4.2.3.2　光亮的抽象

光亮性是指材料表面的光泽和明亮的程度，与粗质性呈反义，如不锈钢的闪光、玻璃的折光和石材的抛光等，它们都有着同质性的效果。光亮的材料与粗质的材料不同点在于削弱自身稳固和体量感的同时，反映出一种朦胧与虚幻的特质，显然还具有触觉上的外感性意象，就像人们总是愿意抚摸光滑的东西，可产生视觉之外的一种触觉感。因此，光亮性以全新的材料品质体现出迥然不同的质料意象，其表达式更多地蕴含着对"技术精神"和精工品质的追求。

1. 自身的削减

玻璃的光亮性是显著的，它不光具备实与虚的两面性，而且还喻示着现代技术中轻、薄、透的意象，以及无质感性成全了其他。玻璃这种自身削减的质性是特有的，因而光亮的抽象在此表现为透明、半透明的朦胧情状，实质上呈现的是一种虚无与实际并存的感觉。玻璃在某种程度上反映的是一种去自身界面感的视景引入，这让我们想起密斯的范斯沃斯住宅中的情景，大面积的玻璃将周围美丽的景象引入室内，实在是一种非自身性的质料意象的表达式。但也有相反的一面，这种极度透明的非自身性会带来另一种后果：室内外空间感受的差异被拉近甚至无区别，意指室内过度的泛光化会导致如同黑夜般空间围合效果的消失，而人们所需要的私密性和必要的屏障及区别很可能被消除，这是值得我们思考的问题（图 4.2.10）。

2. 表皮的漂浮

表皮的漂浮说明材料表面有着时隐时现的浮动影像，这全然是一种质料意象，并不需要意识来解读或达到确切性。美国建筑师弗兰克·盖里的作品中那些金属板表皮上漂浮和游动的幻影，可类比摇滚乐般的表达，令人震撼和难以言表。表皮的漂浮是现代材料材质的产物，其泛光性或多或少会出现含混、不真切的抽象意味，比如抛光的石材、光亮性的漆面以及金属板面的反射等，可能是错觉也可能是其他。然而这些表皮的漂浮意象只有在光线作用下才能显现，它既在光线中泛起阵阵光晕般漂浮的效果而使人感到原本的体量关系似乎削弱了许多，又可能在光线（特别是灯光）作用下出现视觉恍惚而让人有些不适。所以表皮的漂浮是一种设计手段，但要慎用和用好，关于这一点，弗兰克·盖里的作品为我们提供了参照系（图 4.2.11）。

4.2.3.3　柔性的唯美

柔性材料用在建筑中十分抢眼，柔性材料建筑常被人冠以"新锐建筑"之称。柔性材料的魅力在于它能使人眼前一亮。北京奥运场馆之一的国家游泳馆就运用了一种柔性材料 ETFE 膜来表达设计的构思和创新。该建筑的成功在于其表皮类似细胞结构的样式——一种"水分子"的设计概念使建筑的立面像水发泡似的，整体效果是因材料的特性而出彩的，给人以全新的视觉感受，被人们称为"水立方"（图 4.2.12）。柔性材料的表现力在于其质地本身的可塑性，它具备任意形式的表现力，流动和飘逸是它的特性，因而所构成的形体与空间似行云流水，极具动态感。将这种柔性的唯美演绎得出神入化的设计师当属英国建筑师扎哈·哈迪德，其建筑作品可谓匠心独运，至今无人能比。

柔性的唯美带给我们的启示如下：

（1）建筑创作始终因材料与技术的不断创新而获得灵感，人造材料的美学价值越来越令人刮目相看，但面对众多的新材料、新技术，设计师需要具备更高的专业素养和构思胆识才能做到得心应手。

（2）当前表皮化的建筑更在于对新材料的接纳和包容，意味着在新材料中不断出新可能是建筑设计的一条出路，设计师也因此需要不断地接受新事物才能跟上时代的步伐，否则很可能会落伍。

（3）一些非建筑用材被大量地移植于建筑空间中，说明想象力的形式源泉是多元化的，在于大

图 4.2.10　透明性

一种内与外双向的一览无余的情境。

图 4.2.11　"体验音乐"博物馆

材质散发出的浮光掠影在奇特形式中

给人一种粗野主义、表现主义

与高技派的混合效果。

图 4.2.12　表皮的生动典范

一种颠覆性的建筑表皮的表演，令人新奇不已。

胆发现和运用，就像扎哈·哈迪德的作品香奈儿流动艺术展馆使用玻璃钢、PVC、ETFE 膜等材料形构一种"异形"建筑，以表达她一贯坚持的设计主张，一个充满想象力的形式通过"复杂性、数字影像软件以及施工技术的进步，让流动艺术馆这样的建筑成为可能"（图 4.2.13）。

　　总之，柔性的唯美成为一种新的审美取向，其流动性、非几何性的形态正是通过柔性材料得以充分展现：一方面，挑战人们对建筑形态的一贯认知；另一方面，试图通过质料意象的表达式来重新定义建筑意味着什么，这里并不代表权力，只在意人的想象力究竟能够走多远，或许这还是建筑及其室内今后所要探究的一条道路。

4.2.3.4　坚实的信念

　　混凝土是现代建筑的一种基础材料，应用普遍，其优势是坚固、廉价和可塑性强。它不仅是承重结构的骨料，也是可表达的质料意象。日本建筑师安藤忠雄的建筑作品表明，原汁原味的清水混凝土可以被演绎得如同绸缎般细腻和富有魅力。很多建筑师对混凝土都有所偏爱，早在柯布西耶时代，清水混凝土表现就是他创作的一个亮点，如马赛公寓、昌迪加尔市政厅、朗香教堂等，无一不是清水混凝土建筑。路易斯·康、沙里宁、奈尔维等建筑大师也都使用清水混凝土来表现建筑。这种以拆掉模板不作任何修饰的材料及工艺可视为是在体现建筑师的一种信念，一种不依靠材料的华丽来取悦于人，而更偏重于朴素、真实和富有诗意的质料意象。他们对材料的认同、感知和表现绝非心血来潮，而是一种修养，是对材料有深入的理解和感悟，然后通过不同质料意象的表达式挖掘和诠释混凝土材料所蕴藏的不同意境（图 4.2.14）。

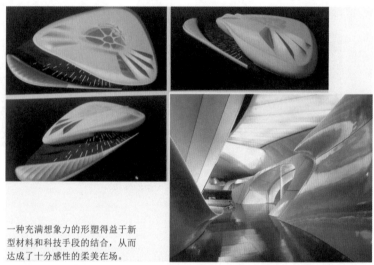

图 4.2.13　异形的柔美
有机贝壳状的形式具有一种陌生的好奇和吸引。

一种充满想象力的形塑得益于新型材料和科技手段的结合，从而达成了十分感性的柔美在场。

图 4.2.14　柯布西耶的昌迪加尔（左图）和安藤忠雄的小筱邸（右图）
既可以是柯布西耶式的粗犷，也可以是安藤忠雄式的细腻。

　　混凝土有一定的模糊性，它既像自然、粗糙、厚重的石质材料，又确切为人工的塑形材料。外表坚硬、粗陋的混凝土，在建筑装修中通常被一些漂亮、华丽的材料覆盖或包裹，形成建筑结构与表皮的双层关系。但混凝土的另一面是，可塑性能够呈现出细腻的质地效果，这显然取决于设计师对材料的理解和设想，即一种质料意象的表达式转向了结构、技术与工艺的建构逻辑——表里合一。混凝土的浇筑工艺多样，技术关键在于面层质地的处理与把握。在不同人的手中，混凝土会表现为差异化的质料意象，或粗质，或细腻，但都传达着坚实的设计信念。清水混凝土之所以成为很多设计师的质料意象或表现情结，还在于可塑性所能传达的效果非常丰富，如添加颜料成为彩色混凝土、用不同的工具和方法可出现预期的不同效果等。从某种意义上说，混凝土是一种"万用之石"。

4.3　室内空间与色彩

　　色彩对于人们来说是既熟悉又陌生的事物和现象，我们之所以能够感受到色彩的存在，分辨出色彩组成的图像和景致，是由于光线传送给人的反射图像的缘故，换句话说，一旦光线消失，色彩及图像也将即逝，这种情景我们似乎感到有些莫名。我们对色彩的敏感在于视觉器官的能力，同时也源于光谱作用。色彩不只是一种表面的现象，在科学上，色彩被解释为光谱现象，即每一种色彩都有不同的光波，而不同波长的光波在刺激人的视网膜时会形成色觉并看见物体的反射颜色。然而，我们在这里不是要专门探讨彩色的光谱现象及其原理，而是着重于色彩在实际环境中的意义，也就是对空间与色彩关联性的探究，并视为可以达成的一种质料意象的表达式。我们虽说对空间与色彩之间产生的质料意象感兴趣，但不需要像画家那样去寻找色彩感觉，也不必过多地追究色彩是如何产生的以及色彩变化的理论等，倒是应该关注自然的色彩、人文的色彩和室内空间的色彩对日常生活的直接影响。

4.3.1　自然的色彩

　　自然界中的色彩不仅是自然规律的一种外在现象，还是与气候、地理以及生命体征有关的变化，比如气候因素的色彩是指植被、植物、水系等可见性的景象；而地理基质的色彩关涉土壤、地貌、山脉等本原性的特质；那么生命体征的色彩明显是关于有机生命体的一种生存保护色。总之，谈及自然的色彩一定要与地域环境相联系，因为这既是光能作用的现象，也是自然条件下的客观反映，之所以能形成自然色彩完全是和上述的因素、基质及体征等分不开的。人类也正是在自然的色彩中获得更多地感悟，就像瑞士艺术教育家约翰内斯·伊顿所言："色彩是从原始时代就存在的概念，是原始的无色彩光线及其相对物无色彩黑暗的产儿。正如火焰产生光一样，光又产生了色彩。色是光之子，光是色之母。"那么，"自然"便是我们探讨色彩与表达色彩的一个起点。

4.3.1.1　气候因素的色彩

　　我们生活在大气的氛围中，且一种空气的质量影响着一切。色彩这一自然现象也不例外，是由阳光穿越大气层后显现出物体的反射颜色，说明空气中的尘埃、湿度和水蒸气等会影响我们对色彩的观察。就像我国南方的天气，总体上是多雨少晴且气候的湿度和温度都比较高，因而植被生长茂密、水系充分，自然的色彩看上去是青绿色系。尤其是南方一年四季常伴有阴雨蒙蒙的天气，而且在湿度的影响下带有温润之感的色系更显示出清新和淡雅，时有在薄雾的笼罩下呈现出一种朦胧的色彩美。然而在北方，气候总体上干燥，但四季分明，自然的色彩随季节变化十分明显，也正因为如此，在气候干燥的氛围中色彩感觉缺乏润泽，特别是冬季时节的色彩令人感到有些枯燥和乏味，时有伴随着风沙天气且更显灰土色。这种因为气候因素中湿度影响的色彩或色系在南北方有着明显的差异，表明自然的色彩并非是形而上学的定式，而是自然系统中的成分之一，并且有着不同色系变化的规律性（图4.3.1）。

　　气候因素的色彩还体现在气温的浮动而带来的变化，我们知道南方总体上温度比较高，天气炎热，因而适于各种植物生长，且种类繁多，姹紫嫣红，一年四季均可见到绿色；北方则处于寒冷地带，不适宜更多的植被生长，因此大地的颜色总体上不及南方丰富，特别是冬季的色彩基本上呈土地裸露的黄赭色，且植被绿色覆盖面偏少。气候因素的色彩由此和气候的温差变化有联系，显然这是指万物在温度变化中的成色，亦可谓是探究自然的色彩不容忽视的因素之一。进而表明，人类对色彩的认知是在遵循自然的色彩规律基础上建立起来的色彩表达系统，并且所形成的不同色系是和上述因素分不开的。比如中国传统建筑中的色系就能够考察到自然的色彩意象，实质上是由气候因素产生的不同的色彩物，意指无论是南方还是北方的民居建筑，以材料本色为建筑的基调是先人信奉自然的一种姿态，但同时也呈现出差异的色彩质料及表达式（图4.3.2）。这些建筑中的材料，与

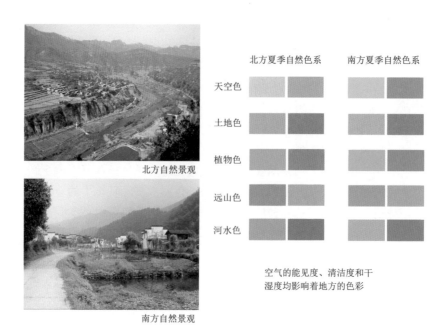

北方自然景观

南方自然景观

北方夏季自然色系　南方夏季自然色系

天空色

土地色

植物色

远山色

河水色

空气的能见度、清洁度和干
湿度均影响着地方的色彩

图 4.3.1　气候因素下的地方色彩
地方的色彩现象可视为自然现象的复合形成。

其说气候因素作用下所呈现的质地、色质已不是材料起初的样态，而是充斥着经久性的色彩意象（或说是色彩质料的表达），不如说是在自然中与所处的环境交织相融，且更像是浑然天成——质朴、纯真和自然。由此，呈现在我们面前的地方建筑，既是顺应自然而尊重于自然的产物，也是一种"天人合一"思想的落实，其中自然的色彩物象已转变为质料意象并得以传达。

4.3.1.2　地理基质的色彩

自然的色彩如果脱离了地理基质，那么便可能是形而上学的，就是说色彩的现象一定是差异的、变化的和有归属感的，地理、地貌、地缘的特性促使自然的色彩并非是抽象的概念，也不是一概而论、一成不变的，而是具体、详尽和微妙的不同呈现。正如法国色彩学家让·菲利普·郎克罗提出的"色彩地理学"，显明是在强调色彩与一个确切的地理环境相关联，即：此地而非彼地的色彩必然与当地的土壤色质、植物种类以及山石成色分不开。举例来说，中国东北的白山黑土、西北的黄土高坡、南方的红土地以及江南的青山等均呈现出鲜明的地缘特性和色彩归属感，同时表明了地方色彩与地理基质的关联性（图 4.3.3）。又比如我国南方普遍使用的一种颜料叫靛青，就是从当地生长的植物中提炼出来的，也因此在成为传统染料的同时奠定了地方色彩的特有性。我们还可以从更多的方面找出与地理基质的色彩有关且对日常生活有影响的例子来，像瓷器中的"南青北白"、不同地方的服装服饰配色以及各地建筑物的色质等，无不反映出一个地方的色彩意象。

地理基质的色彩，因而在意一种生态视角的色彩观，也就是说考察一个地方的色彩意象可以从地理方面入手，而分析自然的色彩现象也要落实在地缘关系和环境特征上，只有这样才能发现并感受到在差异的地理中那些差异的色彩现象显明是可提取的地方的色彩基因，从而形成地方色系和地方质料。这里还需要关注的是，自然世界中的色彩谱系尽管与大气层和地理基质有着密切联系，也可以说是自然系统的一部分，但是色彩的现象和变化对人类的影响是怎样的，似乎依然需要我们去探究，实际上这是在寻求或构建人类世界所需要的色彩基因。还可以说，色彩的归属感既有基因链也有质料意象，亦可视为与场所精神相关联的一种所指。那么从气候因素、地理基质方面去探究色彩现象及其规律应该是一条正确之路。因为不难发现，人们对色彩的应用易于任意化或不确定，特别是在现代化氛围中，人们对色彩的认知和表达变得越发的纷乱而非逻辑，色彩的指代功能已含糊

江南水乡——粉墙黛瓦

云南傣家——木质本色

湘西民居——砖石质地

河北山村——就地取材

图 4.3.2　自然的色彩意象
来自天然材质的色彩包含了时间的作用。

江南的青绿基质

南方的红土基质

西北的黄土基质

东北的白山黑土基质

图 4.3.3　地理基质的色彩
鲜明的色彩差异性必然蕴藏着地方的色彩基因。

不清并在污染景象，诸如商业化操控的色彩意象、各种媒体制造的色彩图示，以及社会其他的色彩样态等无不是各自为政的在场，因此从自然的色彩谱系中找回属于地方的色彩质料及意象，并重构富有色彩基因的空间秩序是当务之急。

4.3.1.3　生命体征的色彩

　　自然界的生命体征一定会受到气候因素的影响，在不同的环境条件下也会显示出动植物的各自体貌特征，包括其颜色等。例如，生长在热带地区的火烈鸟，其鲜艳的羽毛就反映了地域环境的体貌特征，具有明显气候因素留下的痕迹。同时，我们可以感受到生活在热带地区的动植物一般都有艳丽的色彩，特别是一些鸟类的羽毛更加漂亮，植物花卉也争奇斗艳，而且色彩丰富、品种繁多。这些足以证明光能作用的色彩意象，当然也包括气温、水土和生命进化的程度等。从另一视角来看，一些动物身上的颜色大多赋有保护性，如黑色、白色、灰色等更接近于大地的颜色，表明动物身上的斑纹及颜色是有隐蔽作用的：一方面防止劲敌的袭击；另一方面利于捕食和生存。由此可见，无论是飞鸟的羽毛还是地面动物的皮毛，其所呈现的色彩并不只是人们看到的漂亮美丽，其实是和生存及防御有着密切的联系，这也让我们意识到自然中的色彩现象所具有的逻辑和规律。正如老虎身上的斑纹应该说是非常漂亮的，但其实它的皮毛纹理和颜色是进化的结果，很多动物都是如此（图4.3.4）。

图 4.3.4　生命体征的色彩
色彩具有的防御性功能和生命演化的迹象。

　　生命体征的色彩因此为我们提供了参照系，比如军事上的迷彩服一定是受其启发而来的。这就说明自然的色彩还是一个演进的过程，体现在动植物身上的颜色就足以实证色彩是有功效的，或存在着功能性和实际意义的，就像那些植物花卉的鲜艳和美丽能吸引蜜蜂等前来授粉、繁衍等。自然的色彩之意义因而具有维系自然界的生态平衡与发展的功效，使得自然世界的动植物既有各自的特性又有生存和保护自我的能力。那么转换到人类世界中，色彩依然具有构建人文生态平衡的意义，如中国古代以色彩意象建构的社会秩序是显著的，尽管是一种封建意识所致，但还是有可借鉴的内容且值得我们深究。所以，我们从自然界中学习色彩，并清楚地认识到不同环境条件下的色彩发展规律，以及不同地域环境之间所形成的色彩差异等，这些均为我们的色彩创作提供了丰富的参照系。同时，我们在面对自然界纷繁变化的光谱世界时，应该有能力识别不同的色彩属性，协调和整合复杂的环境色彩。对自然色彩的读解在于看重生态平衡的关系演进，而不是落在权宜性的利益或短视性的景境上，进而应该意识到色彩是人类文明的兴起和建立秩序的一个基础。

4.3.2　人文的色彩

　　自然的色彩是无人干预的，也是不以人的意志为转移的，因此可以说自然的色彩是客观的，且本无倾向性和感情内容的。那么，人文的色彩就是主观的，也是次生的色彩意象，即人类的意识与色彩的现象相混合而形成了丰富的意涵。人文的色彩因而是文化系列中多样的"单子"——被构建的关联性组合，尤其是随着人类文明的进程，色彩亦可视为一种可表现的"方言"，有着二次度的系列性和任意度的选择性。"二次度"表示人文的色彩首先是从自然的色彩中派生的差异化，表明它归属于不同的地方系列或地方的色彩基因，其次有可能因时而异、因人而不同的出现二次、多次度的色彩表达式。那么"任意度"可理解为人文的色彩存在着可选性、可变性和可塑性，如不同的色彩意象既是选择的、多变的质料意象，也是人类自我赋予的一种表达权利，因而有可能被不断地界定和再定义。这里不排除地方的社会、社群和民俗等参与其中，并且将色彩作为人类社会中的一种要素来影响人类自己及其生活。所以，人文的色彩首先不是审美，而是界定、语义和符号，然后才有可能进入审美的愉悦和感人。

4.3.2.1 地方社会的色彩界定

人文的色彩向来赋有地区间的差异性，但不是指空间样态及关系，而是指地方社会对色彩的界定。例如在中西方文化中，中国人重视黄色与红色，尤其是在传统的世界里明黄色被界定为天子色并专为皇家使用，而红色被普遍认同为喜庆；西方人则普遍认可蓝色和白色，蓝色代表天空、海洋并有开阔之感，而白色寓意着纯洁、和平。这种极具地方社会性的色彩界定表明，原本单纯的色彩现象似乎进入了人为的任意选择和差异系统，由此人们在面对不同的色彩意象时，需要先了解其文化背景知识才能理解其寓意，否则有可能成为色彩密码。另一种情况是，同一种色彩在同一地方由于时间不同很可能也有不同的认识，比如昔日皇家专用的明黄色如今已回归它自身的属性，不再有皇家气派了。这里明显可以看出，人文的色彩所赋有的复杂性背景，不仅仅受地理环境等自然因素的影响，而且更多的是自成一体的色彩意象汇聚了社会因素，包括历史文化、政治经济以及地方图腾在内的观念影响，正如拉普卜特所言"色彩成为引人注目的差异"，且往往是在普遍成见中彰显各自旨意。所以，地方社会的色彩界定，首先不是在建筑方面，而是在色彩命名上，并以此勾勒出一个地方社会的色彩意象包含着一整套的人文生态规则。然后才会落实于空间关系上，比如古老的北京城在大面积的灰色调中烘托着皇城的黄红色系，明显是利用色彩的象征性来突出皇城的中轴线、中心位和中枢色❶。色彩的界定因而具有建立社会秩序的功效，其指代性既可是隐喻的符码，亦可是特定的意涵（图 4.3.5）。那么对色彩的联想往往也会超越形体实在，且更丰富也更复杂，就像同一种色彩在不同的人眼里可能会引发积极与消极情绪的同时出现。所以这里所探讨的地方社会的色彩界定，有意落实在人和事上，而不是抽象的意指，即色彩的事物与时人和现时密不可分，且往往会转向赋有地方归属的色彩意象表达式。

图 4.3.5 北京街景
红黄色的皇家建筑在大面积的灰色民居中突出而显耀。

---

❶ 北京的皇城（今故宫）既在北京城的中轴线上，也在中轴线的中心位置，而且是通过颜色来标示皇权至上的意象。这里值得一提的是黄色有三种界定：少黄（娇黄）多用于园林，中黄（明黄）用于宫殿，老黄（深黄）则用于陵寝（详见：萧默《中国建筑艺术史》，下册，第 875 页）。

4.3.2.2　地方文化的色彩语义

　　人文的色彩是地方文化的一种表达式，这一说法的本身指向了色彩的语义是和地缘性相关联的。事实上一方水土养一方人就已经表明，一种生态位或地方情境存在着它的差异性，诸如习俗的差异、信仰的差异、图腾的差异等，这些也必然促使色彩语义的差异。因此地方文化中的"色彩语义"可等同于"方言"般维持了一个有别于他者的系统，对内是通达的而对外却是隔离的。那么红色的语义比较丰富，在不同地方有着不同的解释，如在中国素有节庆日挂红灯笼、贴红窗花等来迎接喜庆，也有穿红内衣、遇本命年戴红等来趋吉避凶，而在西方人那里红色象征着权力、血腥等。当然，色彩的语义远不止这些，也有人类的共同标准和普遍意涵，如交通信号、公共符号以及一些国际性色标等功能性色彩的应用，但这不是我们所要讨论的内容。

　　我们关注地方文化的色彩语义是为了能够更好地了解色彩与意义之间的可能性和地缘性，这里不仅需要探究地方文化的形成，还要重视色彩语义产生的机缘。一个地方文化的形成，既因为聚居的生态也因为那里的习俗，由于篇幅所限，在此难以深入讨论。不过有一点比较清楚，就是地方文化即指地缘性意涵，喻示着一种聚居的存在必然与地缘性相联结，或者是以地方文化的差异性来维持一个地缘观念的过程。那么"色彩语义"可谓因地方聚居而产生，并且和方言同生长，亦可视作一组具有差异性的质料意象表达式（图 4.3.6）。可能色彩的质料意象更适合建筑学的描述，诸如建筑中的材质、装饰和照明等都和色彩分不开，因此说建筑中的色彩语义是包含地方文化在内的一种质料意象并不为过。进而可以认为，地方文化的色彩语义——质料意象成为我们探究的一个主题在于，可深化于建筑与室内设计当中，使建筑的色彩与地方文化的色彩语义联系起来，为我们使用色

云南大理的白族风情　　　　　　　　　　云南迪庆的藏区风情

湖南湘西的苗家风情　　　　　　　　　　广西侗族的侗寨风情

图 4.3.6　我国各地建筑的色彩语义

差异化的建筑色彩意象可归属于地方的文化系列。

彩找到可靠依据。

4.3.2.3　地方社群的色彩符号

　　地方社群有鲜明的群体关系界定（如宗教团体、少数民族等），也含有共同文化旨意或归属的特性。地方社群表明一个具有内聚性互动方式的凝聚形态，一方面凸显了同一性的价值立场，另一方面完全被某些意识强化了，其中对色彩的选择是集体性的且成为了共享约定。例如古代的人们之所以"染红穿戴、撒抹红粉，已不是对鲜明夺目的红颜色的动物性的生理反应，而开始有其社会性的巫术礼仪符号的意义在"，"共享约定"是地方社群的公开认同，亦是可遵守的有效性，比如色彩的有效性正是体现在普遍认同的巫术及礼仪上了，这显然是地方社群将色彩符号化了，亦可视为一种质料意象的表达式。事实上，不同的地方社群或团体均有着各自的色彩符号系统，比如绿色、蓝色是伊斯兰教的神圣之色，象征自然与生命（图 4.3.7）；再如中国不同地方有不同的用色习惯，南方喜欢以青色、蓝色为主色，西北地区则喜欢以赭色、黑色为主色，不仅在服饰方面有所体现，而且在日常用具和建筑中也有所表现（图 4.3.8）。

图 4.3.7　清真寺和伊斯兰图案纹样
色彩在其中起着举足轻重的作用和辨识性的效果。

　　然而地方社群的色彩符号意识，在今天已不是传统社会中的那样，一种"去魅"❶ 使色彩符号进入了现代化，似乎被各种各样的意识形态所利用，诸如颜色政治、颜色经济，以及种种颜色标示的背后充斥着话语、命名和利益，并且拿颜色来说事已成为普遍现象。这些跨地方、跨时空、跨文化的色彩符号，难以区分彼此，难以辨识不同，也难以有归属，实际上将原本清晰可见的地方社群的色彩符号系统彻底瓦解了。色彩的符号性不再承载地方社群的旨意或习惯，也不再与宗教、神祇相联系，倒是和市场消费、政治经济，以及各种利益密切关联。那么这里所谈论的地方社群的色彩符号之议题是否还有意义，值得我们深思和考量。

4.3.2.4　地方民俗的色彩审美

　　色彩具有审美的功能是一定的，在人的知觉中对色彩的感受要超过形体的感受，或者说人们最先辨别的是色彩，然后才是形体。不过，说起色彩审美不能一概而论，需要深入分析才能有所认知，否则总是停留于表象的泛化。色彩审美，一方面是集体性的认同或在共同约定中产生的主观感

---

　　❶　"去魅"一词最早由德国哲学家席勒提出，后来马克斯·韦伯发展了它的内涵。简单地说，去魅指世界由神话、神秘和神圣走向自白、明白和直白，或者说，世界就像不断揭开面纱的过程，一切越来越明白了，神秘感、神圣感已被一点点地去除了。正如韦伯认为的，去魅的过程是投向自由和启蒙的过程，并且人类正朝着不断积累的技术理性化前进。

南方的青花瓷与蓝印花布——赋有地方性的色彩符号被普遍认同

西北的彩陶与裙褛——一种与土地基质关联的色彩在生活中呈现

图 4.3.8 色彩符号

色彩符号的实体化映现出社群生活的色彩意象。

受，也就是首先需要对色彩的界定、定义和符号做出约定，然后个体与个体之间才会产生色彩的"知音"，即一种可意会的色彩表达；另一方面是个体性的表达，也就是因人而异的色彩愉悦感是存在的，同时不可否认色彩审美的任意性和不确定性，因此色彩审美其实是非常复杂的，有时还是矛盾的，这里加入了太多的人为因素及特定意念，所以较难把握。不过还是可以从总体上来了解的，如中国人偏爱暖色系，而西方人倾向冷色系，说明了不同民族或地区对色彩审美的集体性选择。显然，前者注重色彩的鲜亮与温暖，表现出热忱和感性的意象；后者则偏重色彩的深远与清醒，反映出平静和理性的意象。

那么色彩审美的个体性方面，明显和人的性格有关，不同年龄和不同性格的人对色彩的喜好是存有差异的，像性情开朗的人一般喜爱热烈、明快的色系，而心境内向的人则偏爱冷色系或沉稳的色彩；文化素养高的人倾向于含灰色系，而一般民众喜欢亮丽的色彩等。这些实则反映出人的心理事实的过程，进而表明色彩审美是变动不居的，或者是视觉形象中最为反复无常的维度，但它确实是赋有主观意识的质料意象。那么在现实中，我们该如何来把握色彩审美呢？首先应该要考虑集体性旨意——色彩文化，然后要关注个体性的意趣——色彩偏爱。这里还应该注意，色彩的意义在于针对人而不是物，所以要考虑色彩审美，但更要抓住色彩的质料意象可能会影响人的生理和心理活动。因此也可以认为色彩是最廉价的"奢侈品"，在于色彩所赋予人们的是意识的、审美的意象以及它的表达式，而不是物质的造型表现（图 4.3.9）。

图 4.3.9 色彩的审美意象

对比是色彩审美的一个要素和表现手段，具有强化和突出的效果。

4.3.3 室内的色彩

本节所关注的色彩议题是立足于现实的层面而非纯粹的色彩理论，因而认为实际中的"色彩现象"不是抽象的，也不是概念的，而是与环境、建筑物、材料和光线有着密不可分的联系。为此，我们谈论色彩问题离不开具体的物象，即色彩的质料意象是建筑专业所需要关注的话题。那么"室内的色彩"就拉近了距离或缩小了对色彩探究的范围，使色彩议题能够结合专业的需要，目的是使我们对色彩有一个清晰的专业认知，并以此在建筑及室内设计中能够正确理解和运用色彩。不过，这里需要注意，室内的色彩完全不同于绘画的色彩，前者是空间环境中的质料意象，后者是意识形态中的感觉意象，两者之间的差距很大。一个在意与众多物象密不可分的整体效应，而另一个重视对所见物象的感觉的个体表现。故此，室内的色彩要比绘画的色彩繁复得多，在于其关涉了一种立体的、空间的场景，同时包括了尺度、距离和材质等综合效果。

4.3.3.1 室内的色彩感应

室内的色彩感应，应该说是与具体物象有关的质地、肌理、纹饰等引起的心理事实的结果，正如色彩的物理性是建立在视觉基础上的一种直观感觉，这对于室内设计来说尤为重要。可以说室内的色彩感应如何，将会影响到人的生理和心理以及行为的诸多方面，不仅是视觉的还是触觉的。"视觉"在于直观感觉的量值——物理向量，包括色彩尺度在内的感应，这里明显是指向一个空间感受，即身体及其器官所接受到的空间信息，而色彩有可能是最先被感知到的"要素"。那么"触觉"同样包含着视觉上的一些感应，但有所不同的是，由人的神经支配而促发的生理与心理的共时性感应，实际上存在着盲人与有视力的人迥然不同的感觉❶。由此见得，对室内的色彩感应的分析在于"刺激"的因素，或积极或消极的呈现，而且涉及经验与意识相结合的适当与否。

1. 色彩物象的视觉感应

室内是色彩物象的聚集场所，几乎所有的物质都存在着色彩与质地的双重性，而且物象之间的聚合关系应该说是可感知到的质料意象。诸如色彩物象中的冷暖、远近和轻重等颜色，在室内空间中的交织、交叠和交融俨然是一部音乐作品（每一种颜色像一个节拍或音符）。"冷暖"即颜色所呈现的色相，如红、橙、黄为暖色，而青、蓝、紫为冷色，绿色则为中性色。"远近"在色彩中表示为，暖色系和明度高的颜色有前进和突显的视感，而冷色系和明度低的颜色则有后退和凹进的视感。"轻重"则是指色彩的重量感主要取决于明度和纯度，如明度及纯度高的颜色显轻，而明度与纯度低的颜色则显重些。以上这些色彩的视觉感应如果不是理论性的分析，那么自然是与外界的刺激因素有关，比如质地、光线以及空间物象等均是赋有色彩感的外在形式。在这些刺激因素中最为突出的当属色彩性，同时呈质料意象的表达式而出现在人们的视觉感官中，被感知、解读和确认，亦可说色彩物象的视觉感应被激活了，并且使人意识到感觉与质料是一对关联体。室内的色彩物象因此在室内设计中应该成为分析的要素，包括色彩所赋有的刺激因素等，同时还应该利用色彩的诸多特点来安排和考虑室内空间及环境的视觉感应，从而达到色彩物象的和谐共存（图 4.3.10）。

2. 色彩直觉的生理感应

从生理学的角度来分析色彩，其冷暖的色彩系列能够使人体产生刺激能量，进而可转换为神经冲动的行为和活动。例如，红色及暖色系就有明显刺激人的大脑兴奋的作用；蓝色及冷色系则能使

---

❶ 对有视力的人来说，触摸到呈暖色且柔软的物象时会有温度感，而面对呈冷色且硬质物象时会有干冷感而不愿意触摸。然而这些对于一个盲人而言是十分困难的，因此色彩的问题离开了视觉感官是难以有感应的。那么这里所谈论的触觉更在意对视觉之外的一种关注或说补充，因为人们不仅是看到而且很可能还触摸到，所以色彩的感应应该包括视觉与触觉以及人体其他器官感觉到的所有反应。

图 4.3.10　色彩的视觉感受
左图所示空间以材质本色或含灰色来传达平和之意，右图所示空间以对比色或鲜艳色来表达活跃意象。

图 4.3.11　光色混合的刺激
视觉明显感受到花里胡哨，空间光色破坏了场景氛围。

人冷静和行为的向内收缩。这种因色彩直觉引起的生理感应虽然已被科学实验所证明，但是在室内空间中色彩作为一种质料意象，既可能是促动感觉的积极因素，也可能是引起视觉疲劳的消极因素。比如，我们在逛商场时经常会感到视觉疲劳，这主要是环境中的高彩度、高光亮，以及过多色质的混合造成的（图4.3.11）。那么该如何改进呢？一是通过对色彩彩度和对比度的控制来减轻视觉疲劳，像商场、展厅和大型空间等应该以含灰色系为主，给人留有视觉休息和调节的机会；二是应该关注视觉余像中的色彩错视，就像我们双眼凝视红色一段时间后，视线转向别处或闭上眼睛就会在眼前出现绿色余像，这是色彩的补色原理，也是色彩直觉中的生理感应；三是要意识到色彩直觉的生理感应与室内质料意象有着直接联系，意指色彩物象的刺激性对人的身体及其感官是耗费的或合适或不适。

3. 色彩图形的心理感应

室内的色彩图形是指其中的质料意象的表达式，诸如装修、陈设和装饰品等，这些既是空间物象也是色彩图形，且直接刺激着人的心理感应。那么这种"心理感应"不同于生理方面，在于经验与意识的关联，"经验"是一个经历、体验的范围，而"意识"是一个认知、认识的范畴。就室内空间而言，设计师作为质料意象表达式的发起者，必然会和使用者或到场者产生交集，意指感觉与质料之间的直接、直观和直觉明显存在着不同经验与意识的交织性，特别是色彩图形易于引起喜欢与讨厌的反应，因为人们对色彩是敏感的，也是最先落在心理感应上的。事实上色彩图形的心理感应是复杂的，一方面与个人的经历、性情以及修养有关，另一方面与前面所谈论过的地域、社会和习俗相关，或者，即便是同一个人，其年龄段的不同也会对同一种颜色作出不同的反应。艳丽的颜色比较适合儿童和青少年，有活泼和欢快感；而含灰色或彩度低的颜色可能适合于年纪大的人，显稳重而沉着（图4.3.12）。色彩图形的心理感应因此既是感性的也是理性的，且完全取决于人的经验与意识，这里不排除因人的性情不同而常被多义化，有时还会生发出耐人寻味之意。

图 4.3.12　色彩的心理感应

场所的色彩意象应考虑不同的人的心理和生理需求。

4.3.3.2　室内的色彩功效

室内的色彩问题的关键是色彩的搭配，因为单片的颜色并不能说明什么，只有当颜色与环境结合时色彩之间才有可能形成相互关系，也才能感觉到合适与不合适。所以，室内的色彩功效关乎到色彩之间是否相互协调的问题，当然也涉及照明配置和空间造型等方面的情况，即空间质料意象的表达式所映现的色彩功效是怎样的。室内的色彩功效因此是室内设计中具体而微观的方面，在于解决人们在室内活动中是否舒适和健康的问题，同时应该意识到没有不能使用的颜色，只有不恰当的配色。实际上室内的色彩功效，一方面不是停留于理念中而是在于实际可考察的质料意象表达式——既为色相也为色质；另一方面可见并可感受的情状显然关乎色彩物象——既有促进又有功效。

1. 色彩促进空间功能

色彩有助于烘托室内环境的氛围，对空间功能也有一种催化的作用，例如暖色系温暖而祥和，用于居室、会客厅和餐厅之类的空间能够提高其环境的温馨与舒适度。尤其是在餐饮空间设计中，色彩对就餐心理有着直接的影响，它将关系到人们进食的欲望。像有些颜色就会引起对食品的联想，比如橙色就有甜蜜和可口的联想，对食欲有增进作用。那么冷色系则有清醒和冷静的功效，适合于办公、教室、工作场地等，其色彩效果能够使人保持中性的视觉感受和平静的心境，有助于提高工作和学习效率。与此相反，明亮色或对比色的运用则能够调动人们的兴奋神经，在一些娱乐、欢快的场所中非常适用，如歌舞厅、酒吧和健身运动等场所，能够促进人在动感的环境中保持活泼和张扬的心态。由此看来，室内色彩的基调或主调，不仅是概念上的组织，还是与空间质料一起构成的氛围，就像前面提及过的那样。因此，室内色彩的构成应该与空间内容相协调，总体上应该强化空间的使用功效，并能够起到积极地促进作用（图 4.3.13）。

2. 色彩中性混合意象

在外部空间中由于视距的调节会使并置的不同颜色产生混合效果，其中空气透视也在起作用，这是比颜料直接混合更加透明和生动的现象，因此色彩在空间中混合可称为中性混合。室内的色彩如果说也有中性混合的话，那么可指向室内聚集的色彩物象或色彩图形所具有的中性混合意象。室内的色彩中性混合要比户外差许多，原因是视距不够且不能像户外有一个很大的视觉调节余地，而且室内聚集的各种质地、形状和大小的色彩物象是相互交织的，并一股脑地进入人的视觉或视线且令人无法躲避，如室内的墙、顶、地，包括家具、陈设、壁饰和窗帘等已然是汇聚的色彩图形（图4.3.14）。这些明显关涉到人的视觉调节能力，正如不同的颜色或多个色块同时进入人的视觉中而产生的色彩图形编辑可谓是生理学的过程，尽管人赋有这种中性混合的能力，但是在面对室内高度集中的色彩物象时，即便通过转移视线或改变位置也不会像在室外那样，人的视觉调节是放松的。因此可用"视觉疲劳"这个词来提示室内色彩中性混合意象可能存在的不利性，这也是室内设计中需要关注的一个色彩问题。

图 4.3.13　色彩的促进功能
含灰色的工作空间清静而高效（左图），明亮色的餐娱空间活跃而生动（右图）。

图 4.3.14　色彩的中性混合
屏风、地毯和家具的色质呈中性混合且室内色彩显平稳（左图），而镜面、高光材质以及光色交织且明显难以中性混合（右图）。

3. 色彩修正空间尺度

室内空间的尺度通过色彩来修正是可行的，比如深色顶棚有向下沉的感觉，而白色顶棚则有扩散性和高反射光的效果，因此白色顶棚最为常用，它使室内明亮且有修正空间尺度的效果。与此同时，室内的色彩必须考虑光源因素，即自然光和人工光，二者如果与色彩相结合会有一定的成效。这是因为色彩离不开光源的特性，比如同样一种颜色在天光中与灯光下是完全不同的，因此无论采用什么色系，色彩与光源始终是不可分离的，这一问题在随后的室内光环境一节中会详细探讨。那么，色彩修正空间尺度显然是结合室内光源而采取的一种手段，实质上是在调节人们的视觉感受，例如房间较大且光线很足可适当采用含灰色系（如地面、部分墙面、顶棚等均为基础色），这也是为重点色或突出某一部分的表现所做的铺垫，尤其是在含灰色系的背景中，小面积的鲜艳色彩有凸出、向前或扩张感，对于视觉调节和色彩中性混合有利。然而对于面积较小且采光不理想的房间，应该采取明度较高的色系来调节空间尺度上的不足，其中白色、浅色系均具有高反射光的功效（图4.3.15）。而且还要注意，室内家具与窗帘占用了室内色彩的一定比例，并与室内的基础色构成了整体色调，这是修正空间尺度的重要方面。

4. 色彩调节房间方位

　　室内的色彩反射性直接影响房间明与暗的程度，如亮色反射光使房间显得明亮，而暗色吸收光使房间显得暗深。这主要是光谱能量的分配在起作用，因此对于不同方位的房间需要制订不同的色彩计划，亦可根据房间的使用性质和朝向，通过色彩来调节房间自然光线及整体气氛。一般而言，亮色和暖色系用于北向或不见阳光的房间有利，可以弥补室内光线的不足和阴冷感，特别是到了冬季温暖色会起到一定的积极功效。对于阳光充足的南向房间，可以使用含灰色或彩度低的色彩，这样可以吸收一部分光，使室内效果沉着稳定。这种以色彩来调节房间方位的做法，明显使用了相宜的色彩计

图 4.3.15　色彩的修正功能
空间基色与点色的关系有修正视觉的功效。

划，并且有效地调节了房间因朝向带来的不利方面，如原本阴暗偏小的房间，通过色彩的表现获得亲近和明亮的轻快感，就显示出了色彩所具有的一定效用。然而这种色彩效用还应该与材料质地相结合，如果把温暖的颜色与柔软的织物或地毯之类的材料联系起来，那么就更具有舒适度，室内空间因而在色彩调节中得以补充和改良（图 4.3.16）。

图 4.3.16　色彩的调节功能
大空间光线足采用灰色系列有利，小空间光线不足采取暖色亮色为好。

4.4　室内空间与光环境

　　我们已经知道室内的色彩与光源是一对密不可分的关系和要素，但是对于"光源"这一概念并没有进一步的了解，还缺乏总体上的知晓——自然光和人工光，当然还有火光等其他光谱现象。不过，我们只对自然光和人工光感兴趣，因为这是建筑及室内不可或缺的两种光源：自然的光谱现象和人工的电光现象，二者共同构成了我们日常生活所需要的光环境，所以这两种光源的选择和处理方式是值得深入探究的，或者说非物质性的光环境及其组织在室内空间中具有决定性的重要意义。由此而言，光源作为室内空间中重要的要旨之一，既是物理现象的恒常性，也是精神意象的非常性。换言之，光源既可渲染空间并为人们带来实惠和享用，也可破坏氛围而造成光的污染和纷乱。我们前面所论及的尺度、材质及色彩等议题，其实都和光源有着紧密的联系，试想没有了光源，我们还能感受到什么呢？因此室内空间与光环境，既是一个功效量度的标准，包括对自然光与人工光的环境营造和把握；又是一个精神意象的单元，系指可开启光与影的质料意象的表达式。

4.4.1　室内自然光环境

日出日落对于人们来说是一件再平凡不过的事情，很少有人会关注它。然而太阳的运行为人类提供了唯一的自然光源，同时也使地球四季分明，拥有其自身的节奏和特点，这些都是我们每天亲临感受和体验的。太阳不只是地球上一切生物、生命体赖以生存的基础，还是传递某种象征意义和指导人类生活的一种力量，"象征意义"在于它是世界上最公平的惠利，意指地球上的一切生物、生命体所接受到的阳光是等同等价的；而视为"一种力量"表示在给予人类光明的同时能够减少、减弱和减轻人类的病灾、寒冷和恐惧。正像路易斯·康认为的，"我们都是光的产物，通过光感受季节的变化。世界只有通过光的揭示才能被我们感知。对于我来说，自然光是唯一真实的光，它充满性情，是人类认知的共同基础，也是人类永恒的伴侣。"因此可以说，自然光是人类生活不可能离开的必需光源，而且还是建筑与室内设计必须遵守的第一原则，这一点老子在《道德经》中早已陈述过。

4.4.1.1　室内采光的三种方式

自然光是建筑物与使用者之间的一种和谐要件，一个房间的舒适与否在很大程度上取决于采集自然光的方式和处置手段，而且，是否能够直接采光和得到阳光的程度，是衡量室内环境的一个重要指标，如窗地比是关键值。室内采光的形式与手段因而成为建筑设计着重考虑的因素之一，尽管在建筑设计中采集自然光的方式已经确定，后续的室内设计并不能改变什么，但是自然采光仍然是室内设计着重关注的问题。例如室内受光程度在一年四季中是不同的，这和季节性的太阳高度角有关，同时还在于那些窗棂分格以及玻璃的透光率等都有可能影响室内受光质量和整体氛围。室内设计在尊重并保持建筑已有采光方式的同时，应该有意识的找出建筑采光方式可能遗留的问题并及时给予修补，因此这里有必要了解建筑常见的三种采集自然光的方式。

1. 侧向采光

建筑之所以成为实用的容器，就在于"凿户牖以为室"的原理，因而开窗就成为建筑最基本的要则之一。窗户在建筑立面中所形成的二维构图关系显然是重要的方面，但本质上应当落实于室内受光程度，并成为与外部的过滤界面，同时也有取景框的意象。侧向采光窗因此是建筑中最为常规的开窗方式之一，优点是可以在建筑良好的朝向面上开启窗户，其形式既实用便利又方法多样，而且能够与户外取得最直接的联系。这里既要兼顾建筑立面的整体构图，又要考虑人们在室内向外看的效果，那么室内窗台的高度就是一个可关注的设计要点，这不仅是指视觉性，还关系到安全性。比如低窗台固然视野宽阔、舒适，但安全性需要考虑，为此在建筑设计规范中对窗台高度就有专门的条款和要求。另外，侧向采光的窗口不能只理解为是一个单纯的洞口，其实它是一种造型语言，应该有其丰富的表现形式和变化，尤其是在满足房间受光、明亮的同时要考虑窗的形式及比例关系，包括窗扇、窗棂的疏与密等，这些都将会影响室内的受光程度和光影成效（图 4.4.1）。

图 4.4.1　两种侧向采光窗

落地窗舒适但要考虑安全性，有窗台的窗最为常见，两者均应符合规范要求。

2. 高侧采光

高侧采光窗是侧向采光的一种，其优点是可使房间光线较为柔和，且能够留出墙体来布置家具、壁饰及墙上陈设品等。这种采光方式使空间围合感增强，并有效地腾出墙面以备利用，但视觉上则有些不适，因为它隔离了外界的景致，所以只有当需要利用实墙面布置什么时，或者室外场景不理想或有特殊要求的房间时，才会采用这种采光方式。当然也不尽然，高侧窗有时也是设计构思的一个亮点，它会形成与众不同的光感效果，正如图 4.4.2 中的那些表现，在赋有同一性采光的同时，高侧窗的各异形式表明这种采光方式明显使窗下的墙面得到了自由安置的机会，既可以进行二维的图式表现，也可以赋予其实用性的意义（如壁柜、格架等）。类似的例子还有很多，柯布西耶、斯卡帕、西扎等建筑大师都善于利用高侧窗来表现某种设计意图。

公共建筑：光线柔和

住宅：墙面可利用

教堂：富有意味的光线

幼儿园：墙面被趣味化

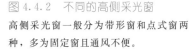
图 4.4.2　不同的高侧采光窗
高侧采光窗一般分为带形窗和点式窗两种，多为固定窗且通风不便。

3. 顶部采光

建筑顶部采光自古有之，其光线效果呈漫射状且室内不会出现阴影死角。在现代建筑中顶部采光越来越流行，表现形式丰富多样，而且产生的光影效果具有调节室内气氛的作用。特别是在顶部采光窗上安装了百叶窗帘系统，自然光的漫射性被人为控制，随着百叶窗帘的变动，室内光效也发生了变化，生动而自然，可谓是一种光的设计与组织。然而顶部采光的技术性比较高，尤其是大面积采光需要一种结构的支撑，因而顶部的分格和龙骨的构架组织是顶部采光的重要设计内容，尤其是各种各样的顶部分格所形成的各具特色的顶部采光形式，明显是一种质料意象的表达式，即建筑第五面上的表现，室内的光环境因此变得生动怡人。这种顶部采光的方式在一些大厅、中庭和共享空间中效果突出，但到了夏季也存在节能和遮阳的问题，所以还需要有一定的技术措施来保障才能获得良好的成效（图 4.4.3）。

4.4.1.2　室内自然光的控制

建筑的自然采光方式源发于建筑师之手，因而窗口的位置、大小以及形式等均是建筑师综合把握的结果。然而是否关注了外部环境可能对室内受光带来的影响，是否考虑到一个"标准

广州歌剧院

苏州博物馆

中央美院美术馆

广州博物馆

图 4.4.3 不同的顶部采光
建筑顶层顶部采光方式的表现形式是多种多样的。

天空"❶ 下房间的使用情况，这些均值得考量。室内自然光因此不只是开窗形式的简单化，其实还是对节约能源、满足人们日常生活需要的深入理解，包括对房间里各种表面的反射性的考虑等。可以说室内的自然光可影响人们做事的心境或情绪，尤其是一些专门的场所，如图书馆、教室、幼儿园等室内空间，更需要对室内自然光的把控，因为这关系到室内光线是否合适，在这些空间中良好的光线对人的身心活动以及具体使用均有利，反之，将会带来诸多的不便和不利。

1. 建筑开窗位置

开窗位置涉及两个方面：一是从建筑外立面来考虑构图效果，这关乎建筑立面形式感的问题，因此设计者易于重视开窗方位及形式是建筑立面的要素，而轻视房间使用对开窗的要求；二是从室内空间来看，开窗位置将会影响房间的布局，这里主要是指家具、陈设和房间的具体使用，当然还包括室内的通风和窗间墙等问题。所以建筑开窗不是单方面的，而是需要关顾外与内的和谐一致（图 4.4.4）。事实上，建筑外立面的开窗时常会牺牲室内使用的一些利益，说明人们对建筑外表的看重，但不代表外表的协调就是室内的适合或好用。如果深究表与里孰轻孰重的话，那么便可找出大量的实例，建筑外观的"图像性"似乎要胜过室内空间的适用性。因此这里要警惕建筑的图像性正在左右着一些人的设计观，即热衷于空壳的外观而非适用的内部。

2. 建筑开窗大小

开窗大小也关涉建筑立面的构图，但这里还有技术性的要求，如"窗地比"就是一个重要的技术指标。住宅中的起居室、卧室等房间的窗地比一般为 1：7；教室、办公室及一些需要光线充足的工作间的窗地比应保持 1：5 或 1：6。房间的窗户大小显然应该与使用功能相结合，而且还要考虑地区环境的因素，如在寒冷、炎热的气候条件下其开窗方式及尺寸大小各有不同。但需要注意，传统的开窗大小及尺寸已经被玻璃幕墙打破了，尽管这种大尺度的采光面呈现流行之势，使室内赢取了充足光线，这对于有些房间来说是有利的，比如客厅、门厅和餐厅之类的空间与室外景致交融，但另一方面空间围合感减弱了，人们需要的安宁和私密性不能满足，且有可能影响陈设、家具的布局等（图 4.4.5）。所以应该意识到，过大的窗户或过小的开窗不一定是好的做法，只有考虑了建筑的性质、使用和室内布设等才会趋于合理。比如，严寒地带需要保持温度和阳光的直射，开窗大小必须与季节性温差相联系；炎热地带则要对闷热和直射阳光进行控制，开窗大小要考虑足够的通风量等情况。

❶ "标准天空"的概念是指一个标准的全阴天空，特别是北方冬季的阴天对北向房间影响较大，室内光亮度明显减弱，所以室内设计应该考虑通过材质及色彩来弥补一些不足（有关"标准天空"的具体解释可参见：Randall MmMullan，《建筑环境学》，张振南等译，机械工业出版社，2003 年）。

幼儿园：顾及室内效果的建筑开窗方式

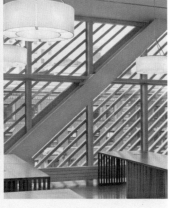

图 4.4.4　开窗的外与内

开窗应该考虑人在室内的感受。

办公楼：富有秩序的开窗方式，室内似乎效果不佳

建筑开窗具有构成感，但对室内采光有影响

图 4.4.5　开窗的形式意构

外观好看，室内不一定好用。

建筑开窗对室内的家具布设明显有影响

3. 室内受光程度

室内受光程度关系到房间光线质量，当采取单面侧向采光时，房间的一侧得到良好的直接光线，另一侧则处于光线较暗的环境当中。这并不意味着房间是黑暗的，而是指一种光线递减现象，即房间的光线形成渐变过程，靠里端的光线明显偏弱，在阴天情况下更为明显（图4.4.6）。这就说明房间的进深是影响室内光线质量的一个重要方面，无论窗口尺寸是多大，对于单面侧向采光的大进深房间总会有光线衰减区。因此单侧采光对于大进深的房间是不利的，尤其是那些用来精细工作和读书学习的房间，白天就需要借助人工照明来解决室内光线不足的问题。那么室内设计在面对大进深房间时就要采取一定的措施，尽可能调整因房间受光不足而带来的不利，比如可选择一些具有良好反射性的材料，提高色彩的明度和材质的光亮度来增强室内光线的反射，包括家具、陈设的色彩也应当作综合考虑。

4. 外环境反射光

户外环境可能对室内光线有影响，意思是室内会接受一部分来自室外环境的反射光，如临近的建筑物、玻璃面、墙体、室外地面等，或多或少地把一些光线反射到室内，形成一定的反射光效。这种光效往往在建筑设计时被忽视，但在现实环境中会不时地出现，有时会产生意想不到的室内反射光影，这里不排除室外夜间周边的路灯、霓虹灯及建筑物上的灯光等，为室内带来或好或坏的光影（图4.4.7）。这种外环境反射光时常随季节的变化而出现，且属于一种次光反射，虽说对室内光环境的影响有限，但室内设计也应该根据实际情况对其进行控制和把握。例如当室内不需要外环境反射光时，可以采用反射玻璃、百叶窗帘等方式来调整室内光环境，同时还要注意外面的反射光对室内的色彩、质地和装饰物的效果是有影响的，这些都是室内设计需要把握的。

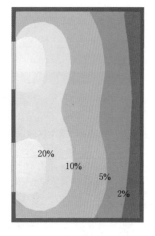

图4.4.6　单面侧向采光系数

表示房间受光分布由窗到墙的递减变化。

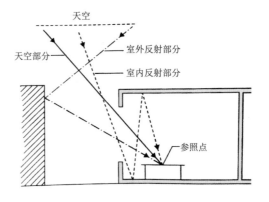

图4.4.7　外环境反射光

外部环境的不利因素可能对室内造成影响。

5. 室内反射光

室内反射光是指天光进入房间后投到墙面、顶面和地面所产生的反射性，这里主要和光线的射入角度与材质、色彩有关，并直接影响室内光感效果。室内受光程度是随时间变化而变化的，但光感效果与室内装修密切关联，也就是那些质料意象应当考虑房间表面的反射比及合理性，比如办公室、阅览室等人们会长时间在内连续工作的房间，其表面反射比与照度比宜按表4.4.1选取。室内反射光显然是对房间受光效果的实际把握，但应当知道，由于空间部位不同、材质不同以及颜色方面的因素等，其反射出来的光也是不同的。例如浅色顶棚能够反射大量的光，对室内采光有利；深色顶棚则吸收大量的光，使室内光线变得柔和些，这在受光面积大而光线充足的房间中可行。尽管我们能够感到顶棚的反射比最大，其反射的光直接投向了工作台面，但是顶棚形式、材料以及色彩等还是需要重点把握，因为顶棚的造型及材质是影响和调节顶棚反射光的重要方面。

4.4.2　室内人工光环境

人工照明涉及到的是另一个领域——照明专业，预示着照明与设计对城市景观、建筑及室内具有举足轻重的作用。对于室内设计师而言，显然是要了解照明的一些基本概念和基础性知识的，并以此能够合理、有效和适当地布设室内照明。可以说

表 4.4.1　　工作房间表面反射比与照度比

表面名称	反射比	照度比
顶棚	0.7～0.8	0.25～0.9
墙面、隔断	0.5～0.7	0.4～0.8
地面	0.2～0.4	0.7～1.0

注　反射比最大数值为接近 1，如浅色、发亮的表面；反射比最小数值为接近 0，如黑色、阴暗的表面。

人工照明在建筑体量和规模不断扩大的趋势下越发显示出它的重要性，正如建筑物的内部、内容和内需已然成为庞杂而综合的人工化环境，而照明系统在此的作用足以说明，建筑的自然采光已远远不能满足日益庞大的建筑体量了。进而表明，一方面人们在室内的时间延长了，另一方面夜生活更加丰富了，那么室内人工光环境的重要性不言自明。尤其是城市生活情趣的多样、多彩和多变化，所带动的室内人工光环境亦可谓是一个亮点，且已趋向于营造和渲染并重的方法，包括各种灯光秀和照明设计等，全然是一种质料意象的表达式。更值得关注的是，专业的照明设计师与室内设计师齐头并进，无论是在城市景观还是在建筑及室内中都大有发展。

4.4.2.1　室内照明的概念

室内照明一方面是建筑设置中最基本的功效之一，另一方面其表现性可营造出一种怡人的氛围。不过，人工照明的合理与否，是一个专业性的问题，包括照度、亮度、光色、显色性以及灯具选配等都是技术性的要旨。室内设计者因而需要对照明的技术性有所认知，并且能够与灯光设计师合作来共同完成并保障室内光环境拥有一个良好的空间氛围。同时室内照明也是室内设计意构中的一个重要内容，而在此对照明的专业术语和概念的学习仅仅是一个开端，预示着需要我们日后能够进一步地关注并知晓这门富有生机和创造性的专业的动态及发展。

1. 照度

当光通量落到一个面上时将照亮这个面，其照明效果以照度来衡量。所谓"光通量"，笼统地说就是人眼视觉特性评价的光辐射通量，这种视觉特性也称为视觉度，并以光通量作为基准单位来衡量。光通量的单位为流明（lm），光源的发光效率的单位为流明/瓦特（lm/W）。照度即是指受照平面上接受的光通量的面密度（图 4.4.8），单位为勒克斯（lx），$1lx=1lm/m^2$。照度的标准因而是指工作或生活场所参考平面上的平均照度值，即以光投到工作台面或桌面上（距地面 0.75m 高）为基准，但同时要根据各类建筑的不同活动或作业类别来配置照度标准，一般分为高、中、低三个值。设计人员应该根据建筑等级、功能要求和使用条件，从中选取适当的标准值，一般情况下应取中间值为宜。各类建筑及空间使用的照度标准值可以从《建筑照明设计标准》（GB 50034—2013）中查阅，也可以从有关照明书籍中获取计算方式和方法。

2. 亮度

亮度带有主观评价的意味，即以一个物体外观的表面所发射或反射出的光的多少来表示，例如在相同照度下，白纸比黑纸看起来要亮些，这是因为白纸反射出的光要比黑纸多，这就是前面所提到的室内浅色调及表面光滑的质地所反射出的光要多，且房间的亮度要高些。这就说明物质表面的肌理、纹理和质地等对亮度是有影响的，也就是说同样的光照射到表面光滑的物体上要比表面粗糙的物体亮些，因此对亮度的评价既需要考虑照度也要重视材质，包括颜色在内的一些因素。那么对于亮度的理解，不能仅停留在自发光源的概念上，还要对光反射的表面加以关注和分析，意指室内空间的物象多少都具有反射光的意象，就像月亮可视为一个反射性的光源体，室内中的那些高光亮的物件同样会发出一些散光，还可能会出现一些炫光点，因此在光源设计上要综合考虑这些因素及问题。

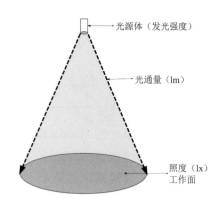

光源体（发光强度）

光通量（lm）

照度（lx）
工作面

图 4.4.8 照明照度
须参照专业规范和行业标准。

3. 光色

光源的颜色常以色温来衡量。一个物体被加热到不同温度时所释放出的光的多少取决于辐射物体的色温，色温单位为开尔文（K）。光色影响着室内的氛围，色温能够恰当地表示热辐射光源的颜色，色温低使人感到温暖；色温高使人感到清凉。一般色温小于 3300K 为暖，如白炽灯和卤钨灯的色温为 2850K 左右，属于低色温，适用于客房、卧室等休息场所；色温为 3300～5300K 为适中，如三基色荧光灯管的色温可分为暖白色（3200K）和标准色（5000K），均属于中色温，适用于办公室、图书馆等工作学习场所；色温大于 5300K 为冷，如荧光高压汞灯的色温可达到 6000K 左右，属于高色温，适用于道路、广场和仓库等辅助性的空间。光源的色温还应与照度相适应，照度增高，色温也相应要提高。否则，在低色温、高照度下会使人感到发热，反之，会有一种阴森感，并且光源色温的选择要和室内物象表面的颜色相互协调。

4. 显色性

显色性是指一个光源能够展示物体表面色彩的能力，而这种能力是以日光下物体表面颜色为参考和量度的，用显色指数（Ra）来衡量。理想状态下，灯的显色指数为 100。在现实环境中，白色光源的显色指数为 50～90。室内照明光源的一般显色指数按表 4.4.2 分为四组，并要对应不同空间的适用场所。

表 4.4.2   光 源 的 显 色 指 数

显色指数分组	一般显色指数（Ra）	适用场所举例
I	Ra≥80	客房、卧室、绘图室等辨色要求很高的场所
II	60≤Ra<80	办公室、休息室等辨色要求较高的场所
III	40≤Ra<60	行李房等辨色要求一般的场所
IV	Ra<40	库房等辨色要求不高的场所

光源的显色性是室内光环境设计的一个重要因素，因为室内色彩与光线是不可分离的，尤其是在灯光下的物体颜色往往受光色影响有可能失去其真实性。要体现设计的色彩意图，保证色彩环境的真实性，就应该采用显色性好的灯光，如商业空间、餐饮空间、展示空间等场所应该具有良好的光色环境。从视觉上分析，在显色性好的光源下，物体颜色的真实性比较高，而在相同照度下显色性好的光源比显色性差的光源在感觉上要明亮。就此而言，光源的显色性是营造良好室内光环境氛围的一个重要指标，其良好的显色指数可以更好地表现出物体色彩的真实性，像金属卤化物灯就是显色性比较高的一种光源，其光色从暖黄色到日光色各色不等，在当今宾馆、商店、写字楼等室内外空间照明中发挥着应有的作用。

4.4.2.2 室内照明的方式

室内照明并非是随意布设的，除了要考虑上述的那些照明概念之外，还要重视经济、适用和适宜，保护视力、节约用电是室内设计需要遵守的一个原则。那么室内照明的方式便是要学习和把握的一个方面，而且这是一个赋有科技与合理视角的质料意象表达式，在于室内照明的方式，首先应该对人的活动有利，如建筑化照明是室内基本的功能性照明，其方式应该提供可靠的光效氛围；其次要考虑其他辅助性照明的可能性，如重点照明是为了突出某一部分的情景而设置的，而一些装饰性照明或无主灯照明等方式则具有烘托室内气氛的意义。这些常见的室内照明的方式在技术特性的要求下依然是可设计的，但关键是要理解并把握其中的要则，方能得心应手。

1. 建筑照明

建筑照明是指以照亮房间及作业面为目的的照明方式，如直接照明、间接照明和漫射照明等（图 4.4.9）。这种室内照明方式既是建筑整体性的光源布置，又是以实用性为原则的照明组织，其特征是均匀的光效布置能够满足人们日常生活、工作和学习之所需。但选择灯具时要注意其形式、尺寸和质地等是否与空间尺度、室内材质和家具陈设相协调，而且还要考虑灯与灯具的安装与日常维护是否便利。

直接向下照明的照度90%～100%

向上反射照明的照度20%～40%

漫射戴罩照明的照度40%～60%

断电后能提供的应急照明

图 4.4.9　不同的照明方式
与空间属性直接关联。

（1）直接照明。能够获得很高的照度，有易于打理且方便更换等特点。这种向下输出的光达90%～100%的照明方式是最为实际实用的，主要灯具选型有吊灯、吸顶灯、明装式和嵌入式的荧光灯，以及工矿灯等。直接照明是人们工作、学习和生活等活动不可或缺的人工光源，因而作业面上的光线强弱是照明设计的重点，在于作业面邻近地方的亮度应尽可能低于视觉作业面的亮度，最好不要低于作业面亮度的1/3；视觉作业周围的视野平均亮度应尽可能地不要低于视觉作业亮度的1/10，以此来减轻因各部分光线强弱的对比而可能产生的视觉疲劳。

（2）间接照明。属于折射光的照明方式，系指先将光线投向顶棚或其他表面，然后再折射或反射到空间中。这种照明方式一般位于顶棚上的反光檐，是光源受到遮蔽而产生的间接光效，即光线呈折射状。可以说这种折射光效使室内光环境柔和、无阴影且消除了眩光，具有"见光不见灯"的效果。间接照明多用于公共空间和对照度要求不太高的环境中，一般布设注重于光源（灯管）而不是灯具，但也有反射型吊装灯具、反射型壁灯等可以选用。

（3）漫射照明。有光源明露式和带罩式两种，光向四周漫射且形成泛光的效果。室内光环境柔和、维护简便，但实际应用在逐渐减少，其主要原因是光源明露可能会形成一定的眩光，而带罩式灯具的罩面板透光率也成问题。这种漫射照明适用范围有限，在一些作业场地及要求光线高的工作、学习场所不宜选用此类照明方式。因此漫射照明的光效松散，尽管光照范围比较大，但是光亮效果不明显且不能针对某一部位，所以要适当选用。

（4）应急照明。是正常照明故障时使用的一种照明方式，包括疏散照明、安全照明和备用照明。这种照明要在事故发生时确保应急照明开启且疏散照明标志能够有效辨认，并能够在提供照明的同时按照指示方向安全的疏散。所以灯具形式是特定的，且主要是由照明设计人员来选定，其安全性和可靠性是重要的标准。同时要注意，应急照明的布设并非随意的，也不在室内设计创意的范围内，而是要执行应急照明的技术规范，甚至一些设计构思要让步这种专门的照明方式，并做到积极地配合。

2. 重点照明

室内经常会有一些重点照明，这是指对重点部位及物体做出专门的照明设置（图 4.4.10）。这种照明方式应用比较广泛，既可以在公共场所中也可以在住宅中布设，其要则是突出、吸引和渲染某一部位或物件。重点照明一般以点光源为主，灯具选型多为金卤射灯、吸顶射灯和嵌入式射灯等。这种照明方式的特点是，光效突出且显色指数高，并且在需要突出照射的地方往往能够烘托出场景的氛围。因此在很多室内空间中，重点照明都能发挥其一定的积极效用，甚至在住宅中也有不错的表现。不过，这种点状布光的方式容易造成随意性，运用不当会适得其反，所以要宁少勿多，防止光污染的出现。同时重点照明还要注意：如何与建筑化照明及其他存在的照明方式（如台灯、壁灯和装饰照明等）相协调，使室内人工光环境总体上是和谐的、光色是怡人的，以及对各种光源的控制是合理的，这里应该考虑分项开关光源，目的是在满足不同的光效需要时能够有节能的对策和方法。

结合装修的重点光源　　　　　　　　配合壁饰的重点光源

图 4.4.10　不同的重点照明方式

布光讲究精而少。

突出名作的重点光源　　　　　　　　服装模特台的重点光源

3. 装饰照明

装饰照明是一种辅助性光源，亦可视为无主灯的照明方式，且确有调节室内氛围和塑造空间特性之光效。装饰照明如果运用好的话能够获得事半功倍的效果，反之，就有可能是一种浪费，或造成光污染。装饰照明因而在室内设计中经常出现，无论是在宾馆的大厅还是在餐厅、娱乐场所等都能够看到装饰照明的表现，而且已经蔓延到了住宅中。装饰照明之所以如此盛行：一方面是由于人工照明发展迅速，并为室内设计带来了创作上的构想，比如 LED 光源的出现为各种各样的装饰性照明表现提供了技术支持；另一方面，装饰照明确实能够给室内带来温馨而舒适的光环境，室内的视觉愉悦感不再来自那些豪华灯具，而转向变化丰富的装饰照明及光效创意（图 4.4.11）。但是装饰照明也易于出现一些问题，比如与室内其他光源相冲突，纷乱的交叉光线引起视觉不适、令人生厌等，这些都是室内设计要注意避免的。照明要做到适度而不能过度。

用光线勾勒出岛台位置

用光线来处理顶与墙的交界处

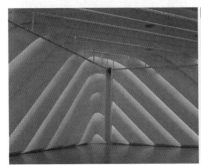
用光线来形塑二维界面

用光线来突出某一部位

图 4.4.11　不同的装饰照明方式
适度、得体是布光的重要原则。

4.4.3　室内光与影的质料意象

光与影是一对不可分离的概念，也是一种因果关联的在场，这里不仅指涉昼光还关乎夜光的情境，意思是指一个赋有"光差"的循环与另一个均质"光亮"的闭合的对立统一。"昼光"使得自然界中存在的一切事物被人类所感知，不仅在视觉上能够感受到"光差空间"，即一种明与暗交替变化所揭示的时间进程；还是肌体上能够感知到的"生物钟"，即一天的活动的循环往复。"夜光"显然是昼光的反面，或者说是同一个情境的反向呈现，意味着反向呈现的是"均质光亮"，即一个人为控制的照明系统可谓光亮闭合的范型，不但为人们提供了夜晚的需要，还创造出了多彩的光影意境。然而人们通常过多地关注了"光"而忽略了"影"，但实际上光线的真正魅力在于影子的表现，就像绘画色彩的表现在于暗部而不是亮部，所以既要重视光线也要考虑影子。

4.4.3.1　室内光与影的认知

室内的光环境包含着影的存在，这一事实值得关注，因为有光就有影的现象已清楚地表明光与影是相辅相成的统一体。人们对光与影的体验更多的是在亮光中感知到影的在场，一个富有魅力的影像打动了人心，正如朱尼基罗·塔尼扎基在《赞美阴影》一书中描述的那样："我们发现事物之美并不在其本身，而融于光影模式之中，明亮与黑暗的交替，一种事物与另一种事物的对比就产生了。荧光石在黑暗中散发出光芒、展现出色彩，但在阳光下这种美就荡然无存。如果没有阴影，美丽就不存在了。"这段话表明，昼光使室内光影始终处于动态的变化中，显然阴影是亮光的质料，如同我们只能在夜晚看到美丽的星空一样，黑夜是光的魅力所在。由此可以认为，光是精神的，而影是质料的。光与影实质上是一对关联的事与物，光的事件是宇宙之意，且日复一日地变化着，而影的物象恰好实证一种质料意象是由光来完成的，就像贝聿铭所说"让阳光来参与设计"，二者之间的关联性使得人类能够认知光与影是一种事与物发展和变化的一般规律。路易斯·康认为只有在自然光线的揭示下事物才能实实在在体现其结构品质和本原关系，因此自然光是建筑意构首要考虑的设计因素。那么影形便是光的映现体，它的出现一定是质料意象的表达式，或变化或舞动着（图4.4.12）。

安藤忠雄：光的静谧

斯卡帕：光的个性

迈耶：光的生动

霍尔：光的神秘

图 4.4.12　不同布光
建筑的自然光既是时间的也是空间的。

　　光与影相伴而生在室内空间中尤为显著，正如昼光与影形的成效突显出二者的构成关系是非物质的、纯粹的情景变化。就像安藤忠雄的光之教堂，是将"光线在黑暗的背景衬托下变得明亮异常。我们只有透过光才能感受到那异常抽象的大自然的存在。与这种抽象性相一致的是，建筑变得越来越纯粹。阳光在地板上投射出的线性图案以及不断移动的十字光影表达了人与自然的纯净关系。"有趣的是，"光与影"可以和"图与底"相联系，意指由光产生的影形为"图"而接纳影形的载体为"底"，实际上这为设计师发现二者存在着抽象性意味提供了创作思路，且可提升为质料意象的表达式。进而说明，质料意象的表达式也存在于抽象性之中，或说非物质性的质料意象更具有深远的意义和魅力。这一例证可举出许多，像我们熟知的路易斯·康、里伯斯金、史蒂芬·霍尔等人，无不是在光与影的关系中获得设计的升华，并且以不尽相同的方式传达出"此时无声胜有声"

之意境。光与影的这种表现力显明是激活空间的质料意象，例如建筑的柱廊或列柱在阳光照射下形成的投影可谓时空性的生动影形，亦可视为一种活的空间质料意象：随着时间的变动，影形也跟着改变。

　　然而，这里还要对"影"特别的关注，其一，因为"影"是质料意象的一个核心——表达式，"影形"即图像，是和物象密不可分，所以"影形"是可设计的表达式。其二，"影"投到的表面——底面即载体，其质地、颜色和形状等直接影响"影形"的成效，因此，影形是抽象的图像而底面是具体的物质。其三，"影"的时间性——因时而异的影形，可视为空间中呈现的片刻、片段和片像，也可以说是昼光下既转瞬即逝又可重现的时间运动之体现。室内的光与影因而是现时、流动与循环的，喻示着昼光下的微观情景与场所精神有着内在联系，正如这种时间-片像是脱离了人为构式的纯粹意象，它隶属于时间而不是物质，并且在为人们提供一种场所现象学的表达式的同时散发着几近于理性和抽象的意蕴（图 4.4.13）。

图 4.4.13　室内影形的魅力
这种时间性的抽象影形来自于物的存在，可能是经意的，也可能是不经意的。

4.4.3.2　室内照明的质料意象

　　人工照明作为室内光环境的设计元素，与自然昼光一样能够传达出光与影的质料意象，不过，此时需要借助于照明技术来表达照明意象，或设定的一种质料意象表达式——可控、可调、可变的方式和方法。室内照明设计因此不只是为了照亮什么或仅仅满足于照明的基本要求，开始关注新光源可能带来的光效创新。如果说室内昼光是有益于人的身心健康且能够带来不可预测的光与影的魅力的话，那么室内照明完全是人为控制下创造的令人愉悦和诱人的情景，而且其方法多种多样，科技含量越来越高。因此昼光与照明对于室内而言，关乎于昼夜的差异与变化所带来的不同感受，正如昼光揭示了一个本质性的规律，而照明保证了夜晚明亮的事实，前者是理性的、超越的能量，后者则有感性的、表现性的意象。然而，人工照明的各种可能性似乎成为室内空间中质料意象的一个关注点，它显然不是"独唱"而是"合唱"，表明前者是单一方面的，而后者是综合考虑的，实际上这里关涉到创意的独到性与设计的普适性两者孰轻孰重的问题。

　　创意的独到性是值得探讨的，就室内照明而言，人们正经历着一场新光源的变革，照明作为一种产品得到了空前的研发和应用，例如电子照明技术与新光学系统的不断推新，为室内照明设计带来动力的同时也在改变传统的方法，即：人工光环境的多样性表现有可能取代传统的装饰手法，并成为最时尚的非物象性的设计意构。诚然，新照明技术与设计创意的紧密结合从某种意义上讲，可促进室内光环境设计趋向于科技为先导的创新，意指现代照明技术的成果大有闪亮登场之势。像室内夜晚的照明表现，能够充分体现出光与影的舞动感，尤其像 LED 灯光系统、光纤照明以及各种照明技术在设计师手里似乎充满着魔力，一种光的装置艺术孕育而生，在室内空间中成为可控、可调和可变的新视觉艺术的代表（图 4.4.14）。但也要注意一些有"独唱"之嫌的"灯光秀"越演越烈，突显出一些设计师在利用新的照明技术时的冲动、肤浅和非理性，并不能综合、深入和理性地思考现代技术是一把双刃剑——既能载舟也能覆舟。难怪乎"灯光秀"的肆意性，不仅有损于室内环境的总体品质，而且更是一种资源浪费，也有可能造成照明能量过剩的后果即出现失衡、失控和失调等问题。

图 4.4.14　不同的光立体
光源的可塑性已成为一种时尚艺术的表现。

　　相比较之下，立足于设计的普适性是值得提倡的，正如将室内照明与节能及合理性相联系实际上是对新光源技术关注的同时保持了一种理性态度，进而对普适性的解读更多的是在考虑能量平衡，落实于照明方面就是如何将新的光源融入到室内环境中并与实际使用相协调。室内设计因而需要以质料意象的视角来正确处理照明的表达式，而不是简单随意的处置或一味地赶时髦，确切地说，以明智而自然的方式来处理室内照明的质料意象，则必须立足于适当、够用和简明，并在此基础上适度的表现光与影的关系，这实际上是在强调照明的"合唱"——室内的光、色、质的和谐。"光"在此是功能性的，而"色"与"质"是调节性的，前者应体现照明的基本原则并满足于实际需要，后者为质料意象的表达式与光亮度的调控密不可分，或明或暗地带给人们视觉愉悦的同时，不失其可持续的实用价值（图 4.4.15）。

一种设计意构，即利用光源产生的投影

由材质形成的倒影　　　　　　　　明与暗交替的空间阴影

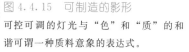

图 4.4.15　可制造的影形
可控可调的灯光与"色"和"质"的和
谐可谓一种质料意象的表达式。

本 章 小 结

　　本章提及的"质料意象"，完全是针对室内存在的各种质料而言的，应该说是一条可探究的思路，在于室内既是不同质料聚集的过程，也是质料之间关联的共存。如果把室内质料意象比作烹饪中的各种调料的话，那么本章所探讨的质料意象的表达式可谓对空间"调料品"的把握，既调适着室内的气氛和品位，又提供着环境的舒适和惬意。因而室内设计关涉的各种质料，实质上是人的"感觉"与"质料"的聚合，这里显然不是指物质表象的认识，而是对感知到的物质事物的深究。"感觉"一般而言，是指人的感官、印象和直觉项等，与客观事物的作用相关联，也是因人的参与而产生的反应；而"质料"是指空间的尺度、材料、色彩以及光影等赋有的质量和料理，并且与设计师的意构、选择和布设等相关联。所以本章对室内中质料意象的解读、分析和探讨，是立足于物象与心智结合的表达式的发现，也是对感觉与质料的事实命题。不妨说室内空间中质料意象的表达式，既是设计者对物质性的理解与技术性的把握，也是设计者对空间情调的创造和实际效果的掌控。

CHAPTER 5

第 5 章

作为场所的室内空间

- "公共"与"私有"作为场所中的双重性存在着不同的定义、主张和意向。
- 公共领地既是社群互动的在场也是社群状况的反映;而私有领地在意防卫性、个性化和切换性。
- "非言语的物聚传达"和"非言语的行为信息"是语言(文本)和言语(讲话)之外的可读性。
- 场景-意象的所指在于设置的针对性效应,即一套清晰、稳定和有力的行为规则得以运转。
- 场景是可布置的、可切换的和可选择的,而且是从空间中派生出来的。

5.1 场所中的"公共"与"私有"

场所中需要建立"公共"与"私有"的领地概念,公共领地是开放的、集体的,私有领地是非开放的、个体的,二者作为场所的双重性存在着不同的定义、主张和意向。如果细辨的话,一是"公共"与"半公共"的领地,前者是全开放的,如公园、商场、图书馆、餐馆等,后者是半开放的,如学校、办公楼、机构单位、教室等;二是"私有"与"半私有"的领地,如前者为纯私有场所(如住宅、酒店客房、个人空间等),后者为次私有场所(如会员制会所、会议场合、包间等),这里明显可以观测到二者的"空间权利"在场和"可进入性"程度❶。实际上人类所营造的各类场所无论是大还是小,似乎离不开"公共"与"私有"这两种领地属性,而且可视为一系列场所空间特性的本原概念。正如领地意识不仅存在于人类中还存在于动物中,就像陆地上的很多动物以自我的尿液来圈定属于自己的领地那样,人类也在为属于自己的领地不遗余力的奋争着,小到空间位置的占据而大到国土领地之争,人类为领土领地的相争从未停止过,即使在如今高度发达的社会里还是不可避免为领土争端而引发的冲突。由此见得,"场所空间"即领地意识,既是宏观的也是微观的,宏观可以是国土、城市层面的,微观则可以是建筑、场所层面的。不过,本节主要针对微观层面,提出建筑场所的实质就是在张扬领地的构形、归属和监管,以及所持有的空间权利在场,并涵

---

❶ "空间权利"表示一种在场的使用权,而且是在空间中占有一席之地的自主活动。显然空间权利是城市权利中的具体化,使集体(公共)或个体(私有)在享有在场权益的同时,充分意识到空间权利包含着一种监管与维护,意味着责任和义务的同时在场。然而"可进入性"显示为空间权利的在场,表明其程度是可测量的空间监管与维护,也能够反映出一个场所的机制(或运行),因此"空间权利"与"可进入性"是应和的关系,前者较为抽象,后者则是前者的一个具体体现。

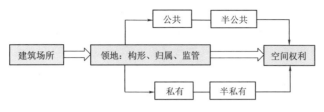

图 5.1.1 建筑场所特性

盖"公共"与"私有"的区分（图 5.1.1）。

5.1.1 公共场所

城市之所以富有活力就在于拥有各种各样的领地及场所定义，或者说是呈现的空间权利的分配机制，其中公共场所和半公共场所是一座城市拥有的且为社会活动的领地，也是集体共享的空间权利在场，并传达着城市的公共惠利。试想一座城市如果拥有大量界定清晰、特色鲜明的公共领地及场所，那么这里的市民在享有更多空间权利的同时一定能够意识到集体性的领地或场所是城市权利（详见第 1 章注释）的部分体现。反之，城市就有可能陷入各自为政、自私自利的小圈子，而公共性、共享性和公正性将会被大量的私有性及其场所所覆盖。然而公共性实则离不开物质构形的定义或标示，包括空间要素要则设定的公共场所的特性、主张和意向是怎样的，这正是本节第一个主题所要关注的具体问题。这里并非将公共性的物质构形作为重点（第 3 章已论述过），而在意对物质构形背后的一些意涵进行探析，诸如，"特性"应该体现空间价值取向呈集体性的中立，而"主张"应该传达出开放、自由和民主，"意向"则需要关乎公共性的利益、监管和维护。公共领地在此是指向开放的建筑场所中呈现的公共资源和公共权利，并可视为家之外的与他人接触、交谈和见面的自由领地，用雅各布斯的话说，公共领地是人们共同享有的、能够感受到的一份惬意和信任❶。

5.1.1.1 公共场所的特性

聚集性是公共场所的特性之一，也是涌现的、临时的且允许陌生的接触和交往的情形，而且在多数情况下，共同在场使得参与者有一种公共身份的感觉，即在公共尊重和公共信任构建的关系网络中个体能够充分地体认到"公共性"正是集体权利的在场，而不是个体权利的在场。公共场所的特性因而与"聚集性"的日常性有关，像人们茶余饭后的接触、工作之余的休闲，以及不期而遇的往来等，这些常见的情形显明是日常性的，既是惯常的、循环的，也是不同的、差别的。城市的活力在某种意义上正是通过公共场所的聚集性呈现的，因此公共场所的特性应该是出入无限和来去自由，喻示着这种公民领地的空间价值是立足于公共资源和公共权利的共同享有，而且反映了一定的社会性和公众意愿。

"公共资源"是可认知的、有价值的地方基质，也是富有场所精神的载体，包括自然地貌和人文地理的现象。所以公共资源是代际性的，也是集体性的，其形成的具体场所或领地是向所有人开放的，可以说它不是特定的事物和专属的场所，而是以中立姿态来面对不同的人和事。公共资源包括的内容很多且很广泛，不过在一个城市中人们能够直接感受到的且与日常生活紧密联系的应该是那些具体的场所和领地，比如，人们在购物中心、剧院、酒吧、餐厅以及公园等场所，能够体验到一种公开或匿名的社交自如，而且可以随心所欲、来去自由。公共性因而透视出聚集性的开放共享更接近城市的特性，即社会性的场所正是通过开放空间的方式表达着公共资源既是构建的意义——

---

❶ 简·雅各布斯在《美国大城市的死与生》一书中强调，城市的公共空间是平常的、公开的公众接触的站点，尽管是暂时的且交流并不深入，但却有着一种公共身份的感觉，也就是人们在参与的过程中编织了一张公共尊重和信任的网络，亦可视为城市的一种人文资源。试想假如缺少了这样的共享、信任和担当，那么城市便有可能陷入困境甚至是灾难。

绵延、可信与普适，也是关系的网络——互动、关联和节点。然而这种公共资源的概念不只是停留于城市空间当中，其实在住宅中也能够觉察到，比如客厅就是家庭聚集的空间，可类比开放与共享，既是家庭成员的共享领地，也是向客人及外来者开放的空间，空间价值的中立性显而易见。

"公共权利"则是指共同活动与共同在场应有的平等、自由和民主，而"权利"一词意涵颇多，不过在此只想强调一种到场的"获得感"，即赋有的认知感、共享感和参与感。"获得感"显然是针对公共资源的享受而言的，意指城市的公共资源既是人文环境的，也是历史关系的，而且是与公共权利不可分开的，意味着应该成为公民共同享有的、开放的和民主的实在。但实际上，这些正面临着商业化和消费化的强劲而不断地被一些利益集团巧取豪夺，正如城市更新通过"拆"与"建"将优质的公共资源转向了中产阶层或利益集团（少数人的利益），进而身份、收入等差异的、分化的现象也投射到了公共场所中，凸显出排他性正在解构公共权利。"排他性"不是政治上的，也不是种族方面的，而是与消费直接联系的被筛选现象，例如那些空间物境及其空间话语所传达的场所调性——"消费"控制的情状，尽管不是硬性的，但还是让人感到可进入性受限（不消费或消费不起难以进入）。这种现象在城市中心区域或优质地段十分显见，其中各类的公共性场所不能摆脱马克思所说的"拜物教"，意指因商业异化带动的消费趋向可谓非均衡的物质丰盛化，从而导致"盲目拜物的逻辑就是消费的意识形态"。值得注意，消费的意识形态转向空间中就是对公共权利的切分，并且任由空间物质及其情境来摆布人们，人的主体性因而转向物的标准，或物拟于人或人拟于物，似乎表象性过滤掉了应有的关系——公共性的权利适当与差异平衡。

显然，公共场所的特性出现了偏颇，与室内设计和装修有着直接联系：一方面，人们并未意识到，公共场所应该达成普适性的聚集效应，也就是场所特性要面向开放包容的社交活动及关系网络；另一方面，人们轻视了"有组织的空间形式，它们能为社会交往提供更多的机会和动因。空间不仅扩大了人们接触的机会，促成了看与被看，从而将人们聚到了一起"。值得一提的是，19世纪下半叶，工艺美术运动中的代表人物之一约翰·拉斯金就告诫过人们，把花费在装饰房子上的钱省下来用到老实公平的生意上会令人拍手称快，也就是"不能把装饰和做生意混为一谈"。这些话对于今天城市盛行的装饰装修风仍然有效，特别是公共场所的特性被各种商业运作、设计流派等曲解，以至于一些公共资源和公共权利日益落在了利益集团的手里，并通过设计师之手加以炫示化，这着实应该引起专业学界的反思。

5.1.1.2 公共场所的主张

如果一个空间的主张是公共性的，那么就意味着任何人均可进入，场所的定义自然是群众的。实际上还存在着半公共性的主张，也就是通过"可进入性"的程度可以观察到场所主张的差异。当人们可以随时随地进入一个开放空间，场所的主张一定是出于群众或者更多人群的意愿，而不是以个人意愿为基准的，此时可进入性的程度是放开的，就像外来者进入一个陌生的街巷，尽管让人有几分进入的感受，但还是可以自由的来往或穿行。而这种进入的感受在面对半公共场所时程度会有所增加，如有时来访者需要登记、说明来意等方可进入，以此来传达场所是具有明确归属和监管的领地。用赫兹伯格的话说，可进入性的程度差异带来的场所（领地）主张的等级是显在的，表明"有时可进入性的程度是一个法规问题，但大部分是为大家所公认的约定俗成的问题"。由此，公共场所的主张实质上是向人们传递并可领悟的场所定义，包括开放、自由和民主的具体界定。也正像赫兹伯格在《设计原理》一书中描写的那样："在设计每一个空间和每一个局部时，当你意识到适当程度的领域主张，以及相应的与相邻空间的'可进入性的'形式时，那么你就能在形式、材料、亮度和色彩的连接处表达这些区别，进而创造出某种秩序，而这又能使居住者或来访者更加清楚建筑物所创造的不同空间层次的氛围。场所和空间可进入性的程度，为设计提供了良好的标准。建筑主题的选择，它们的连接、形式和材料，部分地取决于一个空间所要求的可进入性的程度。"

公共场所的主张，需要考虑社会性大于物质性，因为社会性关涉人际互动和关系，如公共场所中人际关系的差异平衡与相互尊重值得关注。以餐厅为例，餐桌布置既是设计因素也是社会性意涵，餐桌布置得宽松，舒适度有了，且餐桌之间保持了一定的距离，但就餐的人数就减少了；反之，过于拥挤的餐桌布置在赢得上座率的同时，人际之间的磕碰几率也会提高，一种潜在的冲突或不安定感时有发生（图5.1.2）。由此见得，餐厅不只是就餐的场所，还是社会性的场所，喻示着餐厅实体重视的是同时就餐率和场所盈利，而社会性在关注一个能够沟通并被理解的互动关系。进而表明，公共场所中所涌现的社会性是可考察到的人际关系及其互动在场，尽管是偶然的、微弱的和暂短的，但却足以见得在社会空间中所持有的关系——及时性的共同在场。公共场所的主张因此有必要从社会性的视角，一方面要对那些"非人性"❶的公共场所加以剖析和批判，另一方面应转向既要符合社会与社群互动之所需，又要针对公共性权利和属性给予适当维护。这里显然需要树立一种不同于唯概念、唯风格、唯效果的设计观，在于将公共领地中的行为、意向和民主纳入设计意构中，并以此来达成赋有社会性意涵的公共性及其主张。

图 5.1.2　高级餐厅与大众餐厅的比较

宽松和拥挤是公共场所中常见情形，也是可探讨的问题。

　　现在来看半公共场所，这是一个明确而清晰的领地意识，系指场所的主张使来访者无须人来指点便可领会"可进入性"的程度和场所调性。正如餐厅的雅间区、写字楼的工作区以及一些会员制俱乐部等持有的场所调性，其内与外的界定明确，领地分配及规则清晰，外来者需征得占有者的同意方可进入等。然而对于内部成员来说，半公共场所的主张在于，尽可能做到差异平衡和中性立场，意味着空间布设需要考虑人们对领地占有的敏感和对空间位置的要求，以此避免因领地不均而引起不满。我们从图5.1.3中的工作场景中可见一斑，场所布设看上去是均衡的，尤其是在保持办公场所中性特质的同时，去除了花哨的空间形塑可能带来的差异和不均，并重视个体位置或单元赋有的自主权和附加用场（如对工作台区的自行管理）。这种半公共的领地意识有时在公共场所中也会出现，像通过家具布置的方式或人为圈地便可形成暂时性的领地主张，此时象征性

图 5.1.3　工作场景

半公共场所中的公共与私有的双重性。

────────────

　　❶　非人性是与人性相对立的概念，二者之争在现代哲学、社会学中由来已久，不过在此是想强调很少考虑人的切实需要、心理事实和互动关系的一种偏离现象，比如现代化促使的"物役生活"表明人们被物质化所累，并受其摆布和支配，以至于人的意识、价值和行为等均离不开物质标准。"非人性"即是对生活本真需要的悖逆，或者超人范围的建构，结果往往呈现出物质化大于人文化。

地暗示了"可进入性"的程度（图5.1.4）。领地行为的主张，因此无论是在公共性还是在半公共性的场所中，均是相对的、变化的，或明确或含蓄，这不仅是对可进入性的程度作出的提示（感知方面的），还是对整体性的场所使用提出的要求（行为方面的）。

图 5.1.4　某酒店大堂中的一角和公园里的一个场景

沙发布置过于紧凑可类比人们围成的圈，可进入性的程度明显受限。试想有人在时且还有空座，
一般情况陌生人不会进入，因为相互陌生和对视会带来尴尬。

5.1.1.3　公共场所的意向

　　室内环境总有它的意向内容，就公共场所而言，可指向领地的监管与维护之意向。意向与意指性有关，且具有明见性的事项。明见性是直观感受到的内容，如在公共场所中呈现的质料聚集（材质、色彩、陈设等）显明赋有意向内容，亦可谓意指之物和感受标记。在公共场所中，意指之物其实有很多，也是设计布设可感受到的标记。事实上，室内环境是一个高度感知的领地，人们在此活动并体会着各种给予性——呈现出的可达、可及和可知。这种场所的开放性，一方面亮明了它的特性和主张，其意向内容既是明见的又是表现的，喻示着场所氛围传达出的意指性在场者均能够直观地感受到；另一方面，在这些明见性的背后显然能够让人感知场所的意向内容还关涉领地的监管与维护。虽然公共场所的共同监管和维护义务不如私有场所那么明确和清晰，但确实存在，比如当有人不自觉地大声喧哗或做出不当行为时，他/她自然会引起别人的注意，甚至遭人制止。

图 5.1.5　某酒店餐厅

优雅的环境可影响人的行为举止。

　　领地的监管与维护是意向内容所要关切的问题，即"监管"需要在场者自觉抑制与场所特性不相符的行为，而"维护"则需要在场者对场所氛围持积极的姿态。二者尽管在公共场所中是宽泛的，但依然表明空间的权利、责任和义务在场。或者说，公共场所的日常运行、打理虽然是场所管理者，但凡到场者在享有使用公共场所的权利的同时均要树立领地的监管与维护的意识，越是高级的场所这种意识越要明确。图5.1.5中的场景可解释为：铺设地毯不仅标示这是一个讲究的场所，还能体现场所的管理水平和服务标准，进而场所客体与在场者主体之间有可能形成积极的或消极的交集关

系。"积极的"在于在场者已经通过场所氛围领会到场所的意向，领地的监管与维护的概念自然置入人们的意识中并成为心照不宣的责任和义务；"消极的"则有可能某人并不理会场所的意向而做出与此相悖的举动，如网络媒体经常曝光一些在各种公共场所中不文明的行为等。

由此见得，公共场所的意向包含着一种公共意识，既是与公共情形相联结的集体参与的客体，也是公众作为领地的监管与维护的主体，喻示着公共空间权利的在场。而"公共情形"是指具有共同尺度的空间意向与空间归属，既是社群互动的在场，也是社群状况的反映。这种情形从某一层面来看，是社群互动促使的公共性和共享性，亦可视为社群监管与维护在场的"社会空间"❶。用凯文·林奇的观点就是"在场的权利"，即个人可以自由进出场所且无人干涉的空间权利，它不同于"权力"一词在于，不是要改变什么，而是要监管和维护集体性的行使权。然而公共场所的意向并非是抽象的，它通常是集中性的具体决策，意指设计师与建设者（甲方）的合谋，且常常不知道使用者是谁。因此有时看似有效的场所意向却引发了某种抵触或反感，这很可能是决策者的主观旨意与人们所期望的相左，或者说一种参与者的意愿被忽略。进而一些公共场所时常是冷漠而无视于人的存在（光鲜好看但不适用），场所的意向完全偏离了社会空间的属性。

公共场所的意向是室内设计需要着重考虑的，重在对"场所"这一概念的扩展认识，也就是任何一个公共场所均存在社会性——社群情感的投射，而并非仅仅是一个物质空间。即便是在半公共场所中，也存在着集体意向。那么社会空间的概念便可对应公共场所，事实上一些社会关系已经填充到场所中了，并且能够考察到社群互动对场所持有的姿态。图 5.1.6 表明，人们无视场所监管与维护，按个人意愿行事的情况时有发生，即便竖立了告示牌提警也无济于事。但从另一视角来看，公共场所的一些布设必须考虑不同的社会关系及人际互动的在场：一方面，需要通过设计手段来定义场所属性并与社群互动相联系，不只是对空间行为进行规范，还要重视人的心理感受；另一方面，设计师应在空间构成与环境营造上更多地探讨社会空间的结构化——客体与主体的关系，使公共场所的意构着力于公共服务和人性化设计，即注意生活细节并研究了人的行为需要之后采取相应对策。

图 5.1.6　公共场所中不合时宜的行为

人的一些行为设计师无法制止，但可以思考并与设计相联系。

---

❶　这种具有关系性的社会空间显然持有结构性的倾向，其中各类公共场所所涌现的性质、主张和意向是它的明见性，亦可考察到的不仅是集体性的泛指，还是社会身位的体现，即社群互动搭建的交集关系。

5.1.2　私有场所

私有场所中的领地意识更为明确，在于"内""外"的人为界定而形成的监管力度，诸如在领地的防卫性、领地的个性化得以存留的同时彰显出个别（私有）的权益最大化，当然也包括半私有场所中的领地维护。显然，私有场所的"内里"可以理解为是立足于现时性的得以展开的个别性，而"外表"是构造的自立领地，也是个别意愿的可能方式，因此"内里"与"外表"在此是统合的，也是相互支持的关系。不难看出这种个别优先的情境，其状态或形成的关系可谓私有的段落——空间中涌现的不同的场所形塑，显明是自我决定的目标达成。而半私有场所虽为私有场所的次级关系，但是其形式在遵循内在规则（场所的定义、主张和意向）的同时，也是"由小的群体或个人决定可否进入的场所，并由其负责对它的维护"。"私有场所"因而是本节中的第二个主题，重点是对"内"与"外"的结构性讨论，即二者所存在的交集性、相对性和切换性。

5.1.2.1　领地的防卫性

一个场所被定义为私有领地，显然取决于可进入性的程度和监管的方式，谁使用谁维护的责任意识也必然在此得以体现。像住宅的私有性就很明确，房主便是领地的监管者和维护者，因而住宅被普遍认同为是可防卫的私有领地，受到法律的保护。由此来看，领地的防卫性是占有者对私有性的主张，并且形成了明确的监管方式和执行力度。有时还会在场所中增添额外的含义，如人们会对属于自己的房间或领地做出明确的"防卫"意向，通过装修或环境布置来表达他（她）的意愿，以此传达出局部的差别和一种自我监管的力度。这不仅仅在住宅方面，像教室、办公室之类的半私有性空间中也赋有一定的防卫性，尽管外人能够进入教室或办公室，但是仍需要征得房间里的人或房主的同意而不能随意闯入，由此在限制外人可进入程度的同时，领地的监管与维护自然是班集体或使用房子的人。这种领地的防卫性，与其说在意外在身位的监管，不如说重视内在心理的维护。

以密斯设计的范斯沃斯住宅（图 5.1.7）为例，进一步探讨领地的防卫性问题。由于设计师的主观意志强劲，将空间视为专业措辞的表达和一贯主张的实践，对居住的防卫性考虑不周，没有保全一个女医生所应享有的个人居住的私密权，而被女医生起诉。设计师这种主观意志的表现，反映出设计意构的自身明见性是以牺牲他人利益为代价的，或者说，空间物境被设定为难以让使用者能直观明晰的意图抽象，无形中是对使用者的空间权益的侵犯。领地的防卫性关涉安全性、私密性和个人意愿的存留（包括个人性情、爱好和习惯）等，这些均反映一个室内场所需要明晰的领地性质与目的，实际上还存在着交集关系。也就是说，空间权利的在场不是设计师的所为，而是使用者

图 5.1.7　密斯设计的范斯沃斯住宅
只注重空间演绎而轻视人的多样需求的典型案例。

的自觉。正如一句"我的设计里没有我"，就能充分表明一种设计立场站在了使用者的一边，这起码是一种思想（设计师的）为另一种意识（使用者的）而考虑的情境，且可视为设计者与使用者的交集关系在场，密斯设计的范斯沃斯住宅显然缺少这些。

对此，我们应该清楚地认识到，人们的空间意愿不只是领地的私有归属，还存在可防卫的空间意向，即对空间权利的一种张扬，人存在着对占有领地的捍卫天性，这显然是源于求安生的本能。

那么这里必然指涉领地归属、时空占有和防卫要求等，即使在公共场所中人们对临时的时空占有同样提出了一种领地归属与防卫要求。这可以一个餐厅方案为例来了解领地的防卫性在公共场所中的表现，如图 5.1.8 所示，餐厅平面的划分更多地考虑了不同领地的空间概念，发展出一种空间归属感和可防卫的空间意向，并以此在公共空间中研究领地之间的差异性及人们对不同领地的心理事实。正如人们总是要维护所占有领地的这一心理事实：无论是持久的还是短暂的均不希望他者随意进入或打扰，领地的防卫性是最为习常的情形之一，但不是竞争的心理，而是防卫的事实。因此可以认为，领地归属与领地防卫是联结在一起的，也是由领地意识所产生的行为意向，这是比设计师所意构的空间物质样态深入得多的事实，或者说，不仅是一个空间领地得以事实的监管，还是空间权利是否能够得到适当的维护。

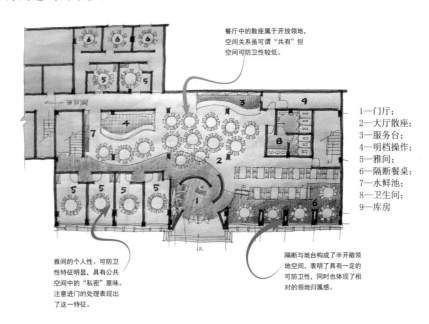

餐厅中的散座属于开放领地，空间关系虽可谓"共有"但空间可防卫性较低。

1—门厅；
2—大厅散座；
3—服务台；
4—明档操作；
5—雅间；
6—隔断餐桌；
7—水鲜池；
8—卫生间；
9—库房

雅间的个人性、可防卫性特征明显，具有公共空间中的"私密"意味。注意进门的处理表现出了这一特征。

隔断与地台构成了半开敞领地空间，表明了具有一定的可防卫性，同时也体现了相对的领地归属感。

图 5.1.8 某餐厅设计概念
场所的领地界定在于对人的行为心理及需求的关注。

5.1.2.2 领地的个性化

无论是室内空间布局，还是室内装修以及环境陈设等难免会添加使用者的意愿，且充分表明了人们对室内的热情要远大于室外，因为室内是"个性"意识投放的领地，喻示着室内环境是可以将各种旨意带入的能动场，比如住宅就是一个充满个性化的场所。但是，何为"个性"，现时是否被"个性"所累，以及个性化与个体化的差别等，这些均值得探讨。

首先，"个性"是一个具有排他性的概念，而且也是人的一种天性所在，其核心意涵是"自在""自由""自是"。所以"个性"是一种自我信心的体现，也可视为种种凡庸的自然差异，或者说，既是一个内化的需要构成，也是一个外显的价值模态。比如人们对占有的领地所持有的主张：一方面是由个性促使的内需框架——自是合适的价值模态，另一方面则为个性充实的外化显现——自在性的空间权利在场。举例来说，在现代集合式的居住模式中（如城市住宅、家庭格局以及楼层不同但户型一致的趋同化），人们对住宅客体提出了质疑，并且在冲破户型程式化束缚的同时添加了自我意愿，表象是根据实际需要进行的功能修正与改造，实则还是包含着居住个性与空间权利投向家居装修的表现。

其次，现时是否被这种"个性"所累，毋庸置疑，一方面"个性"被无限放大，表明室内装修作为现代生活中的一个注脚在不断刺激所谓的"个性"张扬，人们宁愿倾向装修口味的偏爱，且欲求胜于需求。尤其是室内设计与装修时常以"生活艺术化"为口号，致使那些流行的装修图式成为刺激个性膨胀的一大诱因，并且在不断地制造并不实惠的情景。另一方面"个性"中凡庸的差异，致使其深陷于新颖而雷同之中，正如那些非理性设计意构的散播导致人们在努力去除一般化的同时，促使新的平庸（效仿、克隆和移植）出现且普遍化。在室内设计中，为张扬"个性"而付出的代价显而易见，特别是在住宅装修中，人们投入了大量的物力和财力，无非是想通过"个性"的理想图式来实现一种"殊相"❶。事实上，人们被这种"个性"所累，是和现时的室内设计及其宣扬的主张有关。所以在此提出，设计师在对空间形式意构、空间内容划分和空间属性定义中需要检视设计观，需要有社会责任感和担当意识，在重视人的个性表达中对一些不正常的欲望、欲求及非理性的空间消费应给予修正。其实孔子早就说过"居不容而寝不尸"，对于居住场所而言，这是在倡导自然的状态，也是与过度、刻意和臆造相对立的一种主张，难道这不值得我们深入思考吗？

最后，个性化与个体化的差别问题表明，前者已然是一种与个别意识相联结的事物及经验的主观性，后者的兴趣趋向于非整体的现时主体性。但需要有所辨别，"个性化"在各类场所中扮演着越发殊异的角色，总体的状况是重外在的场所殊相而轻内在的逻辑关系。"场所殊相"意味着在站位中促成个性显耀的同时存在着个别经验的殊异；而"逻辑关系"在场所营造中被自是性的空间图式所覆盖，并且倾向于一种脱域的个性化❷。这难免引起一种担忧：无论是职业设计师还是高校设计专业的学生，"个性化"已成为一种时尚精神而得到追崇，个性的创新图式由此蜕变为对场所殊相的迷醉，后果是"臆造性"的泛滥促使领地的个性化即是殊相化。那么"个体化"是持有话语和行为能力的主体性在场，并通过某种形态或形式而得以展现的情状，但不是指具体的个人，而是指与时空性相关的自立状态。如果说传统世界在意集体化的规制，那么现代社会便在彰显个体化的自立。显然"规制"是和规则、制度相关联的，而"自立"与自由、独立相联系。"个体化"因而不同于"个性化"在于，它是从时空特性考虑的个体性——空间语境或情境定义的确立，比起个性化的殊相来更偏重于主体性的发现、选择和意义，且是与整体主义相对的个体主义❸。

5.1.2.3 领地的切换性

"私有"与"公共"这一对概念在场所中时常是相对的、切换的和调整的，亦可视为赋有结构性的认知发生，即一种空间变量关系的运行显然是人的认知和作用的过程。而空间变量关系往往是在既有选择又要平衡的结构性中进行的领地切换或调整，这正是出于人所认知的相对值而不是绝对值，也就是"私有"与"公共"是因时而异、因人而不同的相对性指或互指。比如一个公共场所完全有可能切换为私有或半私有的领地（与具体活动的性质、要求和仪态有关），而一个私有场所同样可切换为公共性领地（如住宅的客厅时有变为接待外人的场地），这表明领地的切换实际上关

---

❶ "殊相"是罗素提出的概念，与"共相"相对。共相的含义是：一切普遍性的命题属于共相，或每一个命题都必定包括有若干共相，比如规律性、归纳性以及一般性均为共相的范畴，如罗素所言的"这种共同的性质便是公道的本身、是纯粹的本质，它和日常生活中的一些事实混合起来就产生无数的公道行为"。公道既是公意的也是公正的，亦可视为"共相"之所指。那么与这相反的"殊相"，顾名思义就是指殊异的表象性或个别性，用罗素的话说，"现时"这个词代表一个殊相，且仅指当前这一时刻或现身（时效的、权宜的），进而是一种与个别经验相联结的事物及性质的殊异性在场。因此，"共相"是集体、聚合性的，而"殊相"是个别、个性化的（详见：罗素《哲学问题》，何兆武译，商务印书馆，2007年）。

❷ "脱域"意指从彼此关联、互动及亲近的场域中的脱离，进而无限性、偶然性和不确定性的再构性是它的特征。由此言之，一种脱域的个性化——场所再构的殊相——显然是由脱域唤起的时空性图景的跃迁，也是现代性的碎化、分化和异化，正如将各种历史图式、不同的地方样式以及差异的文化符号进行随意解构、篡改和移植等，甚至肆意拼贴到各类室内场所中并标榜为个性的在场，这些着实是脱域的泛滥现象。

❸ 整体主义是以"集体性"为基准的形塑过程，诸如人类社会中的文化结构、道德准则、行为规范等均是集合性的，其涌现的特性既是对系统类型的解释，也是整体（社会）性的范型，也就是社会变迁尽管始于存在的诸多因素，但亦可归属"整体性"；而个体主义则强调"主体性"足以解释社会，认为社会是个虚体，只有个体与个体之间的互动关系才是主体，所以个体主义中的主体是社会中积极的能动因素及动力源，也是可见的、有形的存在，意指个体间的关系与互动即是主体在场。

涉选择与平衡。"选择"在此表示同一个场所可以有不同的定义，比如办公室或教室既为公共（或半公共）领地的性质也有私有（或半私有）领地的意向，意味着领地意识并非固化的，而是具有可选择的切换性。平衡其实存在于一切事物之中，然而这里强调的是一个领地使用过程的"最佳方式"：一是认为领地是赋有循环使用的结构化单元❶，二是通过切换或转换便可达成领地的差异利用之平衡。

领地的切换性实际上将视角投向了时空运行的发现，包括自主性、选择性和权宜性的在场。"自主性"表明场所中的主体性是能动者，且呈现出物理空间的运行取决于能动者的意向。而"选择性"意指场所存在着双重性，即：静态与动态、开放与封闭、通常与非常，这些均是相对的、可切换的。那么"权宜性"显然有应和场所使用的意思，亦可视作人为调控的应时性功效。然而领地的切换性在我们的日常生活当中是十分常见的，就像你的住所，对外是一个私人领地，他人不可侵犯，可是当你的朋友来访或参加聚会，家的概念就发生了改变，成为人际交往的场所。再有，客厅、厨房、餐厅等空间带有家庭中公共领地的性质且家庭成员可以随意进出，但是卧室则就不同了，纯属私人领地，可进入性的程度受到极大限制，领地的切换权在房间主人，即便父母要进入孩子的房间也最好是敲门后进入，这是对他人的一种尊重。由此可见，空间中领地的切换性取决于使用者对"私有"与"公共"的自主界定，其中选择性在于人为调控的应时性，而领地的权宜性运行看来是切实的时空价值和意义的体现。

领地的切换性还可指向一种"可逆性"❷，一方面，它与人的活动分不开，即人的活动与场所之间是联动或互动的事件结果——因人而异地发生；另一方面，它与领地界定相关，即一个领地既是固定不变的也是受人摆布的——权宜性的空间利用。这里显然存在着领地切换的"可逆性"，正如图 5.1.9 和图 5.1.10 中教室、办公室所形成的"私有"和"公共"的界定是通过空间的摆布来形成二者的区别关系，那么它的可逆性在于，人为的空间摆布存在着不断地切换、分配与再分配的循环使用。正如图中所见，放上一张桌子、椅子即刻形成公共互动区，这显明是权宜性的使用空间，并由此传达出人是空间中的能动者，而领地仅是可发挥的单元。"可逆性"应该说是领地切换性的一个特征，表明彼此切换的是活动——非连续的、差异化的，也是循环性的在场，就像在第 3

图 5.1.9　某设计教室
"活"的空间概念在于自主、选择和权宜性的
使用空间，而不是陈规不变的摆布。

章中所述的时效空间那样，可及时调整和变换使用空间，实质上这种方式指向的是具体内容（或事件）的反复出现。

---

❶　将场所及其空间领地视为结构化的单元，不是指一个空间构成的关系，而是指一个时空运行的关系，前者是结构性的形态组织，后者则为结构化的时空运行。所谓"结构化"，系指一个物理结构所包含的整体性、转换性和调整性，而且涉及结构的自主性、对立性和权宜性的问题。这种非建筑结构的"结构"概念对于深入理解一个场所是怎样运行的具有重要的理论引导性（详见：皮亚杰，《结构主义》，倪连生等译，商务印书馆，1984 年）。

❷　"可逆性"是法国人类学家克洛德·列维·斯特劳斯提出的概念，而后在一些社会学研究中时常出现并有所发展，例如，社会时间的可逆性——循环时间，社会空间的可逆性——重塑再构，以及日常例行活动的可逆性——时空路径，这些都是已在的成果。然而"可逆性"也可以在建筑学中有所发现，尤其是室内场所中的空间利用能够充分体现一种"可逆性"的在场，即因时而异、因人而不同的活动促使空间领地趋向于复合、反复和多用的时效性特质。

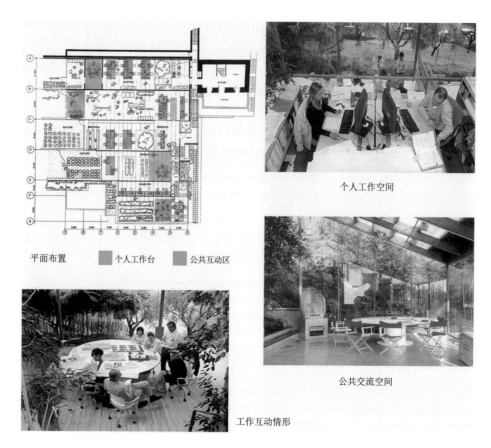

个人工作空间

公共交流空间

工作互动情形

平面布置　■ 个人工作台　■ 公共互动区

图 5.1.10　皮亚诺工作室
个人工作台相对稳定，公共互动区则是多变的活动，并可切换使用空间。

5.2　场所中的非言语交流

　　"非言语"这一概念虽在前面的章节中提及过，但并没有进行专门探讨，为此本节正是针对"非言语的物聚传达"和"非言语的行为信息"进行的讨论，提出场所中的符码格构、内容线索，以及场景行为和身体姿态等均是探究非言语的重要方面。事实上就场所而言，每一位进入者（或体验者）明显不是用语言（或言语），而是用身心来进行场景交流的，那么"非言语"即指向语言（文本）与言语（说话）之外的一种表达方式，也是在面对一整套的形式意构及明见性中进行的空间编码（设计的图景）与空间解码（人的感知）的互动过程。通常人们是使用语言、言语来表达想法和相互交流的，但也不排除非言语交流的方式，如通过比画手势（手语）、面部表情（眼神）、身体动作（姿态），甚至彼此之间使用腹语来进行交流等。非言语的使用情况因而在日常生活中不难见到，还有图像、声音、符码，以及感觉器官所能够捕捉到的内容线索均是语言、言语所不能替代的，且可能还是更快捷、易交流的方式。这种非言语交流亦可谓场所中人与景的对话，一种身处于场所中并能感知到的空间话语——符码编制——物聚传达与行为信息的非言语交流（图 5.2.1）。

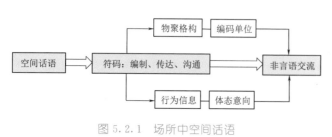

图 5.2.1　场所中空间话语

5.2.1　非言语的物聚传达

人们对建筑的评价基本上着眼于实体的物质化，即营造的图景在人们的认知中已然是非言语的物聚传达——形体、结构、材料集一体的综合化，正如"物以类聚"——建筑的物聚性。建筑的物聚性系指那些散落在自然里的素材、质料以及元素等被人为地组织或构成，可类比"书写"将漫游的词转为确切、确定和确指的内容形式，并赋予一个可发现的非言语的物聚传达。如第 4 章中所讨论的那些质料，均可视为建筑中的符码（形式），也是空间措辞中的非言语线索，而这里的编制是一种组织关系或构成方式，并且有可能产生"格构"的特性存在。

5.2.1.1　符码格构的非言语引导

"符码"是建筑中常用到的词汇，指符号与代码的组合。"符号"可谓人世间的一种发明和运用，而人类的符号活动由来已久，亦可视为人类生活的一个典型特征，正如德国哲学家卡西尔所说"人不再生活在一个单纯的物理宇宙之中，而是生活在一个符号宇宙之中"，而且是由人类自己编织的符号之网（或体系）。实际上对"符号"之说作出巨大贡献的当属于索绪尔的语言符号二元论和皮尔斯的符号三元论❶，是他们促使了现代符号学的诞生和发展，并且受到诸多领域的重视和应用。例如"建筑符号学"正是在现代符号学基础上产生的，提出建筑是人类符号活动中的一个化身，且承载着历史、文化、情感之意义，而且在社会环境的影响下建筑的符号及语义越发地趋向于多重性，包括旨意性、装饰性、消费性等。

"代码"一词从字面上来理解，是信息的符号组合，它有外延和内涵❷，同时还是因时而异的读解和应用。例如，椅子可视作一种代码，中国素有圈椅、交椅、官帽椅等命名，且意涵不尽相同。然而时至今日"椅子"已失去了传统的意指性，无论在造型上还是意指方面均与过去大相径庭。因此不难看出，"代码"作为含意单元是可以引申、变化和更迭的，亦可分为技术代码、句法代码和语义代码。比如，建筑意构意向的构成可类比音乐中音节音符的编排和语言中单词组词的规则一样，均可指向技术代码——明确性的通则例规。又如，各种车站是交通建筑的代码、各类教学楼是教育建筑的代码，等等的建筑分类分型均可视作句法代码——差异化的类型学。再如，建筑中的柱子可理解为一种语义代码，在古希腊时期柱式具有丰富的意涵，而在现代建筑中柱子被还原为承重构件且无他意。

综合上述概念，"符码"显然是值得重视的，而且是空间措辞中最基本的部分，既有外延又有内涵。外延在于符码编制能够同外部环境取得联系，诸如观念、形象和社会等方面的信息交流；内涵表明建筑意构是基于符码载体所具有的意指性来达到预期的效果。如从图 5.2.2 中可以看到，设计意构旨在通过赋有逻辑性与清晰性的形态构成来相近于一个历久性环境，其外延性表明对一种地域类型学的符码载体的重视，如从当地的建造方式、材料工艺以及细部处理等方面汲取经验，实际

---

❶　现代符号学的产生归因于两位大师。一位是瑞士哲学家、语言学家费迪南·德·索绪尔，其最重要的著作是《普通语言学教程》，他提出了符号的能指与所指二元论。符号的形式（即能指）、符号的意义（即所指）尽管是针对语言提出的，但却成为现代符号学中最基本的概念。另一位是美国实用主义奠基人和符号学家查尔斯·桑德斯·皮尔斯，他提出了符号的图像性、指示性和象征性三元论。图像性是象形的和类比的，指示性则有视觉引导和标识的作用，而象征性显然是与特定的文化相联系的。这两位符号学大师的思想早已进入建筑学领域并形成了"建筑符号学"，无疑给建筑学及其相关领域增添了新的活力和生机。今天的室内设计依然充斥着各种符号的应用和表达，所以了解"建筑符号学"十分必要（详见：G. 勃罗德彭特，《符号·象征与建筑》，乐民成等译，中国建筑工业出版社，1991 年）。

❷　"代码"的外延与内涵表示它所赋有的信息双重性：外延系指某一含意的初始性（如词的本义）往往经历了不断引申、派生和重组的过程，比如某个词的历史，其词性、词义以及结构难免会向外延伸，因而"词"在借以指明自己的同时也在发展自己——新的释义、新的含意形式的发现；内涵则指向在本义的内涵价值存续的过程中新的意涵也会加入其中，聚积、多义和丰富使得代码内涵进入了历时性与共时性的系统，历时性表示历史进程允许代码可以累积、变化以及有不同的读解，从而构成纵向的含意关联；共时性则在意形成多义性的差异平衡，也就是在这些意义之间是横向的共生关系。

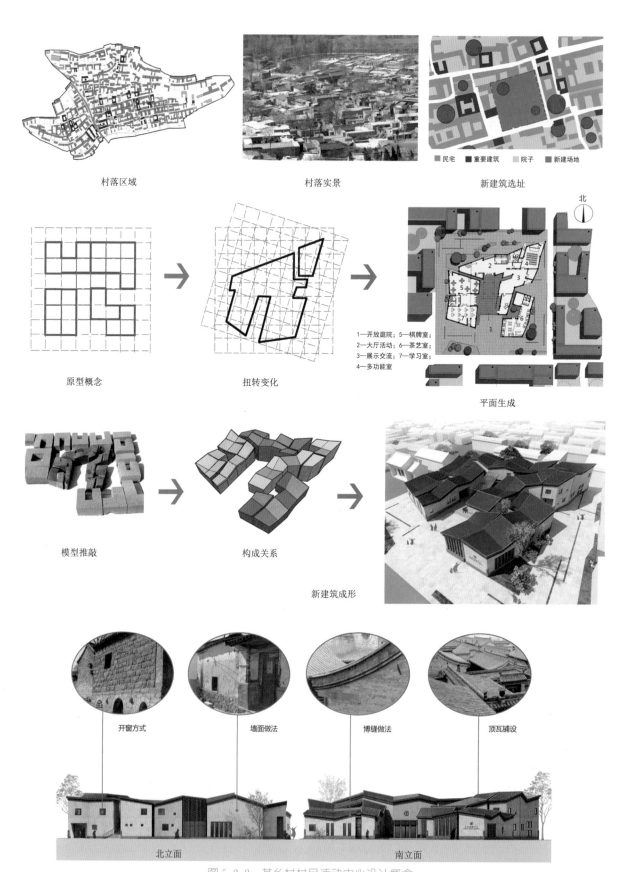

图 5.2.2 某乡村村民活动中心设计概念

符码并非是抽象的，而是与文化景观密切关联的历久性元素——形式的类型学和自证性。

上这是在寻找建成形式衍生的可能性。外延性因此成为符码编制——建筑生成的象征性——首要考虑的问题，确切地说，是将当地建筑中的开窗、墙体、博缝板、屋顶瓦等细节作为有形符码纳入到新的建筑中进行重新编制，并生发一种具有含意的创新形式。而内涵性在意构中"力求形成新与旧建筑的并置与互动，喻示着建成环境在时空进程中应当富有意义的'活下去'——既有地域的相续性，又有不同的新场景和新生活。"内涵性由此促使符码编制趋向于历史情境，也就是新建筑必须是以历史场景为基础的含意形式，其可辨识性不是去历史性的，而是与建成环境保持了共生关系。正像美国建筑家 C. 亚历山大所指出的："必须保证每一种新的建设行为在深层次意义上来讲都与过去所发生的一切相联系。"

现在再来说"格构"，这一概念直接指向了空间的格式和构式。"格式"意味着物质构型可类比文本的"书写"所具有的规则，就像不同类型的建筑都有其各自的空间格式或空间章法。比如酒店的空间格式就不同于医院的空间格式，前者的内容及符码明显在指称一种可享受的场所特性，包括能接纳的各种符码（如一些文化的图式、符号及样态等）均有助于形成一个富有含意的、可表现的空间意象；后者完全不同于前者，空间格式是立足于病人的利益考虑的，其内容及符码不是任意的指称系统而是专门的供给系统，即为解除病人病痛需要供给的医疗技术与安抚空间。"格式"由此在建筑中是格局也是章法，如同现代文本虽都是从左向右书写的，但并不妨碍内容编辑，建筑亦然，既需要遵循普适性原则，也需要持有各自的符码编制。

那么"构式"就需要从"句法"方面来理解，实际上指向一个构建性的关系式，即单位之间邻近性相续的恰当、恰到和恰好的逻辑组合，可谓"句法"的属性❶。诸如将一些空间的符码进行恰当分类、恰到分布及恰好应和，其明见性不再是自然的，而是有意而为的形式与意义的匹配。如果把这种"构式"比作是赋有逻辑性的编码关系式，那么就需要考虑在场者是否能够解读编码，试想一旦"编码"被解读，在场者便有一种获得感——意料与意外的信息获取。"构式"中的"意料"显然指向场所中的已知性和具象性意义，而"意外"则涉及抽象性意涵，即心动、乐见、弦外之音等，这些均是文字、言语之外的编码效果，亦可谓非言语的物聚传达。"构式"由此可以表达它自身的意义，也可以被在场者所感知、体验，诸如形、量、色、声、质等多种符码，是否关切人的心理事实并给予适当引导，这些在空间体验过程中人们均可以发现并作出各自的反应：认同或不认同、喜欢或不喜欢，以及是积极的还消极的。

因此，符码格构的非言语引导是室内设计不得不重视的一个议题，因为设计师尽管能够娴熟的使用那些符码格构，但在实践中依然缺乏理性意识和逻辑梳理，所以往往将一些符码格构当成"把式"或显摆或卖弄，忽略了"非言语引导"具有语言和言语不可替代的意义。实际上室内设计的表达应该立足于针对心理事实的说服引导，比如当你进入一家酒店，一定希望尽快办理好入住手续，那么总服务台就是一个重要的"非言语引导"，无论是它的形式、位置还是服务项目等都可能会给你带来不同的感受，如台面的降低并摆放上座椅立马会让你感受到一份惬意（图5.2.3）。因此对于室内的符码格构所发出的"指令"，虽然人们有时并非能见到明确指引的标识，但你一定会为无须人来指引的快捷和便利而感到心情的愉悦和自然。因为人们在一般情况下不愿意张嘴问这问那，所以总是希望能够通过非言语交流而获得引导，这在大型购物中心、车站、机场等公共场所更为重要。人们在室内场所中的行动及做事的效率如何，实际上和符码格构的非言语引导有着直接关联，正像人们对场景的判断多是通过视觉的、非言语交流的方式，无须对方解

---

❶　"句法"本是语言学中的一个概念，表明是词的线性序列，意指词与词之间的连接、组合与形成，但不是简单地排列关系，而是按照一定的规则且赋有层次地进行构造的，因此句法的结构性与层次性是最基本的认知。建筑意构完全可类比这种"句法"及其规则，在于面对众多的空间符码或空间格构，既需要重视空间关系的多重性和多样性，又需要顾及空间措辞的逻辑性和可读性，所以"句法"的概念在建筑及室内设计中赋有它的特定意涵。

释什么，便能够以身临其境的感知来评价场所的好还是不好。

5.2.1.2　空间措辞的非言语线索

一个室内场所可谓是空间措辞的产物，正如一个人进入室内场所时，首先要做的就是寻求落脚位置、辨别场景等，并通过空间中的一切信息，如色彩、形状、图示、材质和家具布置等来判断自己身处的场所，这些均是空间措辞在起作用，即一种非言语线索直接传递给了在场者。然而一个场所无论是普通的还是高级的，空间措辞——量、形、质的关系组合应该具有场所的适当定位，不

图 5.2.3　某酒店大堂总服务台
台面降低表明了关怀意识的增强。

仅是一种非言语的视觉传达，而且还是各种空间线索的聚集。之所以强调为"线索"❶，是针对室内设计而言的。如果我们从房屋本体的角度来看，其符码格构的明见性表明建筑构成的是物理空间，有的是形体的组织、变化和规模，但缺乏与人们行动密切关联的室内非言语线索的提供，那么这种看上去像是裸形空间的"线索"自然很弱，甚至可以说此时室内没有多少空间措辞，倒是室内设计弥补了这些。正如一个经过装修与布置的房间与之前的裸形房间相比其情景一定大不相同，即使同一幢房子也能够通过装修的方式改变其原有的体貌特征，就像同一个人的不同穿戴一样，会给人以不同的视觉感受（图 5.2.4）。这些可谓空间措辞产出的情境，与其说将原本纯粹的空间变为赋有语境感的场景，不如说有可能将众多的符码、编码塞进空间中，进而室内的情景就会显露或高雅而有品位，或低俗而显乏味，似乎场所有时和人一样赋有身份感。如五星级酒店无论从装修、装饰，还是规模及服务上都要比一般酒店高级得多，其空间措辞主要针对的是那些有经济能力和身份地位的消费群体，因而非言语线索能够应和在场者的心理事实并据此而动。

图 5.2.4　某图书馆室内改造设计方案
大厅改造前后对比——不同的时空性表达与不同的视觉感受。

---

❶　"线索"的概念用于室内场所具有一定的意义，因为室内场所的规模越来越大且空间内容与空间样态纷繁，人们进入时多少会有犯晕感，所以非言语线索将为人们提供明晰的引导和了然，诸如电梯厅、楼梯间、卫生间，以及与人们平日行动密切关联的功能空间，当然也包括材质、光线、色彩等对人的心理事实有影响的图景，更多的不是靠标识而是靠空间布设的合理、到位和有意义。

　　然而值得注意，空间措辞是在告诉室内设计应该怎样来"书写"空间，而非言语的线索正是它的结果。正如在第 3 章中提到的"先计划"的概念，显然是要落实在空间措辞上的，不仅是物聚性的符码格构，还是类似词语系统的反映体，实际上可看成具有图式性操作的表达，而操作的本身就是一种如同语言般的编制过程。所以，空间措辞需要靠近语言规制的严谨、合适和赋有逻辑性，从而将空间的众多素材（如第 4 章中的主题）对应词素、词组和词性，意味着将二维线性的词类关系转换为三维空间的物聚关系来理解。进而在对空间符码的选择、组织，以及相互的关联与界定中，重视空间中的恰当行为和适当解读，这需要空间措辞的严谨与合理到位，还关乎"设计出的场面与表达恰当意义的线索，为恰当的行为提供认知背景"。

　　"恰当行为"不是指行动者自以为是的恰当，而是要能够关注在共同在场中寻求到人们活动的差异平衡，也就是"恰当"一词包含着合适、妥当的行为之意，既要符合活动者某些心理及意愿的实现，也要重视在场的他者或群体成员的行为。举例来说，当你乘坐火车时，面对一节没有多少人的车厢，你一定会找一个靠窗户的座位就坐，因为这里既安稳又可调节视线看向窗外，减少了与他人视线接触的机会而能保持一种心理上的独立性，这是恰当的；反之，在人多的车厢里，你对座位的要求就会降低，有个能坐下的座位就满足了，可情况经常是在拥挤之中你既要保持自我的心理距离，

图 5.2.5　车厢里的人际之间
在拥挤的车厢里更需要恰当的行为以避免冲突。

又要尽力避免与他人起冲突，这也是恰当的（图 5.2.5）。这一情景可以说明一个人的恰当行为必然联系他/她的心理事实及在场情况，当然需要通过非言语线索方可作出合适的对策，这着实是一种非言语交流的例证。不难看出，非言语线索并非仅停留于空间措辞的固化，显然还是与现时相联系的可观测到的情状，因而空间措辞时有作为人们的认知背景，前景当属于时人活动的反应以及对场景的接受程度，或恰当的行为或不恰当的行为都有可能发生，而空间措辞的非言语线索必然起着一定的作用。

　　"适当解读"可以借助语言学中的"语义指向"这一概念来说明，也就是词语之间的关联度和结构的明晰性是决定一个句子能否被人理解的关键（有关的实例已常见于语法书籍中，在此不做赘述），建筑的空间措辞亦然。比如哥特教堂中的那些描绘着圣经故事的彩色玻璃窗和那神秘的光线组织，就具有鲜明的语义指向：一方面，空间语义显然是在传达宗教教义；另一方面，空间指向氛围渲染可带动人的虔诚心境。实际上，在场者在被这种空间"语义指向"引导的同时，已经通过具象图式的表达（类似句法合适）进行了解读，因为在当时很多教徒并不识字，所以对教义的理解主要是通过牧师讲解和图像图景获得的。"适当解读"因此在场所中需要倾向在场者并考虑其认知能力或接受程度，一旦被人们解读便会相应行动。因此可以认为，空间措辞的非言语线索对于人的行动、人际互动，以及场所的表现力来讲是有别于语言学的标注系统，但不是靠标识、标牌等，更多的是靠空间布设的合理、到位和有意义，其可读性更像是具备的索引，以便人们在面对场所中的图景调性、细节设置，以及一些含意形式时，能够引发恰当的行动和响应环境的"指令"。

　　空间措辞的非言语线索事实上还关涉文化主题和图式的表达是否适当，在室内设计中，这一点备受人们关注。然而能够以"语义指向"为概念且赋有严谨和逻辑性的空间措辞并不多见，常见的是那些空间措辞与场所属性矛盾、无逻辑关联的，甚至是忽视受众认知能力而臆造的样态、装饰

图 5.2.6　某餐厅过厅
插入式场景很可能是不被理会的闲置。

等，让人感到无用而无益。例如，某些类似电影棚里的室内场景，或像电影蒙太奇式的设计手法，在没有分清场所属性时无端出现，显然是娱乐的、徒有的且有点戏谑的，不排除商业噱头、概念炒作之嫌（图 5.2.6）。因此这种过分的、肆意的空间措辞，不仅没有明晰的非言语线索和适当的文化图景，而且对场所的品质、趣味和意象缺少讲究、优雅和意境，很可能符码编制是混杂的，或冗余或拼凑。为此，空间措辞首先应该具有逻辑性，也就是其含意形式不是唯表现的，而是便于人们解读的，然后才能使非言语线索具有普适性的效应——不只是视觉上的清晰，还有活动上的便捷。

5.2.2　非言语的行为信息

非言语的行为信息主要指人的体态与面部表情在内的表达，这对于室内设计而言是值得关注的，而且有助于了解人的行为总是与具体的环境氛围相联系，比如有正襟危坐的姿态（正式场合），也有随便懒坐的自在（私人空间），这些既表明人的体态可谓一种非言语交流——身体与场合的互动，也反映了不同场合的人的行为信息。事实上我们需要关注身体体态和行为意向的非言语交流与传达，并对二者所展示的各种情形加以分析，即存在于人际互动中的身心交感的可见性：生发的引申、意外和差异。"引申"是指人的身体作为一种信源体可不断生发身体话语且为及时性的；"意外"表示身体体态与情境定义之间出现的不可预料且时常是不确定的交流；"差异"系指人的行为意向易于倾向身体站位的界限分明和对身体体态的差别管理。

5.2.2.1　身体体态的非言语交流

人的身体是一个生发信息的机体，但离不开具体的情境定义的影响，或者说，场所环境是诱发人类行为的一个基础，也是一个载体，进而可以说人的身体体态与情境定义之间的非言语交流不是预见性的，而是随机性的发生。比如你会大摇大摆地走进餐馆，也会在会议场合中保持体态矜持，甚至你还会在超市中与其他人保持着匿名且轻松的共同在场，这一切说明人的身体体态的非言语交流更贴近于情境定义影响的心理事实和微观变化，以及可看到因时而异的身体体态的及时性，包括面部表情及肢体语言等。那么这些情形与室内设计的关联度是值得探讨的，在于从人的体态方面来了解非言语交流的多维性和行为信息的丰富性，并以此拓宽室内设计的理论研究。

首先，需要明确，室内场所是可考察到形形色色行为的地方，因为在一个高度人工化的场所中必然聚集人的参与和人际互动，所以室内中的非言语的行为信息都是在情境定义的场所中产生的，而且还可能附加多种条件或限制。确切地说，这些无不与场所的布设、调性和持有的氛围有关，也就是当一个人进入一个可交流的场所时，不再以自身为目的而行为着，他/她必然要和他者（自我身体之外一切存在的因素、条件和可见性）相遇并受到影响（或许是相互的），比如办公场所会引发"前台"行为，而酒吧场所就是"后台"行为（图 5.2.7）。因此，我们可以借用戈夫曼的"前台"与"后台"理论，对人的身体体态所发出的非言语交流做进一步分析，希望将室内方面的问题延伸到在场者行为的事实上来，从而指出人的身体体态之表现是和场所/场景分不开的，不只是人的身体对具体环境做出反应的简单，还是社会空间生态发现的复杂。从这个意义上来看，各种室内场所之情形就是社会空间生态之所指，用戈夫曼的话说，就是一种被制定的社会角色的生态化——

社会前台。尽管这一说法还需要进一步界定和阐释，但是不管怎样，人的身体体态及现时表现就足以考察到一个存在的"室内社会"❶。诸如，餐厅呈现的社群聚会、酒吧里的人际交往、娱乐场所的身心放松等，具有前台、后台意味的场合（场所）已勾勒出一幅幅集体图景，难道不是室内社会的形塑吗？

图 5.2.7　工作场景（左图）与酒吧场景（右图）

人的身体体态总是随着场所氛围而不断地调整和变化。

其次，要对社会空间生态进行自觉地认识，很明显"生态"是一个关键词，之所以引进这一概念是要说明人及其身体就是一个生态位（个体的、变换的、调节的），并非是孤立、静态的存在，而是在一种共生关系中移动并生存着，意味着人际关系中的个体既相互独立又相互依存，且还是相互影响的共生发展。显然，人及其体态不可能脱离所处的环境，包括与他人的接触和互动等，说明人是一种向往相互接触的生物，而他/她的体态的种种情状正是非语言交流的生态事实，即一个生命有机体所赋有的个性、习性和生性的表现与现实环境密不可分。如果从人类生态学的视角继续考察的话，那么就可以将"生态"界定在人际关系的范围中，从而可联系建筑室内及其场所中存在的社会空间生态。然而所谓的"人类生态学"是美国芝加哥学派创立的，主要是研究城市人群的空间分布和形成的各种社会的生存、互动及关系，包括文化因素、生态秩序和社会构成等领域❷。应该说"人类生态学"将视线投向了比生物生态学更为复杂的人类社会，尽管是从城市社会的角度来探究人及其社会的生态状况，但是没有放弃对具体情境的分析与研究，反而提出建筑及其场所作为公众情感交流的一种介质，承载并聚集着人与人的各种关系的观点。就此言之，人际关系在场所中的种种表现实际上不可排除身体体态发出的信息，在很多情况下，人的身体体态如果从面部表情开始，其眼睛就已传达出很多微妙的意思及心态了，那么人们完全可以从对方的眼神中读出信息并得以交流。进而，人们的面对面交流，除了身体体态的非言语交流之外，场所氛围是影响彼此互动的一个因素，比如在一个十分讲究的场所中双方的身体体态自然会体面得多，也会注意与场所调性（如装修风格）相应和，

---

❶　"室内社会"在于一种转换视角的观点，认为室内是现象的、事件的、互动的等，这些显明充斥着社会关系的在场，不只是明见性的社会活动和形成互动的意义在场，还与社会的秩序、身位、权益等诸多关系有关。所以，"室内社会"这一说法或观点能够将室内问题引向更宽更深的层面，从而喻示着室内设计将从单纯重视形态生成进入与社会活动、社会关系相联结的意义系统。

❷　"人类生态学"的创始人 R.E. 帕克认为，人的行为充斥着"情感"态度，如对某人或某个地方，或好感或反感，表明人们不大可能完全理智地去行动。由此意味着"情感"的对象不仅是人，还包括具体的场景场合。显然，我们也可以从人的身体体态的表现中考察到"情感"与具体环境的关联，如场所气氛可以调动人的情绪。所以要了解一些人类生态学的知识，这对于室内设计的理论研究具有促进作用，在于将人类生态的关系与具体的情境及场所联系在一起，从而能够更深入地理解建筑场所所承载的意义。

由此见得，社会空间生态的概念可以扩展它的意涵，并可联系场所氛围——可调节的、自然的人际互动可谓赋有生态意味的情状。

再次，要考察场所氛围影响的非言语的行为信息，这里还是需要借用戈夫曼的研究，在他看来，场所氛围是情境定义的呈现，包括布局、陈设和空间调性等，这些将会影响人际交流的方式、举止行为和着衣服饰，并且认为是因情境的变化而变化的。实际上场所氛围具有一定的提示作用，它能够传递给在场者有关保持一个适当行为的信息。那么所说的非言语的行为信息必然与场所氛围相联系，诸如身体的姿势、着装和面貌等可能成为语言、言语之外的信息交流。因此身体在空间中的体态所传达的意思或含意是微观的，也是心照不宣的，彼此之间或配合默契或不合时宜。就像你在面对你的老师或者上司时，一定不会采取跷着二郎腿、体态放松的坐姿与他们交谈，或者更不会让人感到你站没有站相、坐没有坐相；可是当你与同学或同龄人交往时，你的身体体态要放松得多也随意得多，不会那么拘谨，这些可以表明你的身体体态在面对不同的人或场合时会传达出不同的含意。非言语的行为信息因而是应和性的，还是切换性的，就像我们在上课时所保持的身体体态应该与课堂气氛相协调，而下课后身体随之又回到了自然状态，变得松弛而自由。这不只是身体体态的应和性，还是身份上的切换性，如一个人在学校里是教师（或学生），到了超市则是顾客，回到家又是家庭中的某一成员等，像这样频繁的身份（或角色）切换想必每个人都会经历，试想其传达的行为信息在不同的场所中会是一样的吗？

最后，还需要从人的身体话语方面来分析。"话语"的概念在之前的章节中提及过，不过在此还是要重提它的意涵，法国哲学家福柯的观点是话语即权力，然而"权力"在此可以转向一种"身体话语"的在场权。尽管之前章节中提到了"身份话语"这个概念，但基本上是指向设计的给定性意涵，也是从场所的视角考察的。而"身体话语"则有所不同，这是在场者直接释放的，也是个体模态或自我表达的在场发挥——身体与心理的形塑。实际上，我们比较注重"空间话语"的界定，也能够意识到一种"身份话语"与场所的关联，而且不亦乐乎地为其打造适合的场所。从一个侧面来看，空间话语与身份话语的链接注重的是赋有关系属性的场所形塑，但是对人的身体话语在场所中的表现及持有的权利似乎被轻视或忽略了，包括一个身体话语与心理事实的联结所发出的或积极或消极的行为信息。所以，探究人的身体话语是为了能够理解场所存在着"添加现象"的事实，如同表演中的身体话语既是根据剧情的设定也是演员个性的添加，意味着有可能演员的个性盖过了剧情角色，实际上经常让人们记住的是演员而不是角色。之所以说"添加现象"，在于我们置身于场所之中，一方面被情境定义所引导，如空间的色彩、光线、温度、声响以及气氛等，这些都具有调适或设定人的身体体态的作用，但另一方面，你的身体话语还持有与场所氛围或应和或悖逆的自由，包括你的举止、穿戴以及情绪等细节都是可添加的个性。可以说既有的空间话语与现时的身体话语的交织，呈现的是多样的场所信息的聚集，但也是差异的添加现象的过程，可见不同的身份持有的身体话语所传达出的信息是不同的。因此室内设计在定义情境时，不可忽视人的身体话语所发出的一些行为信息，当然也不能无视有些行为意向添加的意外情形。

5.2.2.2 行为意向的非言语传达

我们继续考察人的身体体态涌现的行为意向是怎样的，这对于室内设计而言十分必要，当然还需要对一个身体站位与领地主张做出进一步分析。身体站位表明自身的在场权得以维持的同时其情形也出现在面前，"在场权"是可感知到身体安稳的情境，而"面前"可谓面对的他人或事件是怎样的；那么领地主张呈现的是一个身体体态或行为具有的意向性——非言语传达的一般化，如体态的"体面"、举止的"文明"等。然而无论是身体站位还是领地主张，个体的行为意向无不与"距离"和"接近"这两个概念有关，喻示着人的身体体态表现包含着潜在的戒心和信心。"戒心"是一种防卫性的体现，说明彼此之间的接触持有距离，"信心"则传递了怀有的、可靠的且彼此之间是愿意接近的。身体体态因此发出的行为意向亦可能既是明示也是暗示的，"明示"就是体态动作所发出来的以自身为目的的诉求，表明需要与对方保持距离——自主矜持，"暗示"则为体态举止所含有的意涵，即能够看到身体线索所呈现的一种倾向——或接近或疏远。比如当一位女性在面对一个陌生男子突然坐在了她的旁边时，她会下意识的挪动一下位置甚至会走开，以此来保持个人距离，因此她的行为意向是明示的，传达给对方的是一种戒心，即要保持几分"距离"感。然而如果是一对恋人或亲人，那情况就大不相同了，其行为意向则完全不同于对待陌生人，暗示着一种信心或爱意，而且愿意"接近"的意向十分明确。这两种截然不同的行为意向，让我们看到共同在场涌现的双方关系——彼此在场效应所赋有的非言语传达，是通过行为意向来交流人们的心理事实的，因此人际互动在共同在场中展现了距离和接近的普遍化。

　　"距离"的概念在第 3 章中已经讨论过，不过在此是从行为意向的非言语传达的角度来考察的，比如有时人的身体站位缺乏一种礼让且带有某种强势体态，即为占有的位置划定不应该的界限，也就是对个人距离的过分要求。举例来说，大家都有坐火车的经历，当你向人问空座是否有人坐时，对方可能会说有人，如果你知道这个座位其实无人时，你会感到不快，火气大的人，可能就会与人起冲突。对方的行为实际上是一种过度的"戒心"，反映在行为意向中就是对陌生性的一种抵触，或者说对个人距离的"气泡"要求过大。除此之外，在公共场合中还能遇到一些不合时宜的行为，如图书馆、候车厅、公共教室等场所出现的用书包、衣物等占座，甚至以自己的身体行为占座（图 5.2.8）。这些行为意向实质上是一种心理屏障在空间里的非言语传达，其过分看重自身占位而忽略在公共场合中应有的适宜行为，难免因不合理的距离要求而引发领地之争，所以在室内设计中需要考虑上述问题。一个座位的布置方式与建筑师处理一幢建筑物的布局在本质上没有什么不同，都是要通过设计与布设来协调人们共同在场的关系，特别是在开放空间，降低人们独占领地的欲望是十分必要的，这有助于人际互动与和睦相处。医院、候车厅、娱乐场等人流较大的场所中，人们彼此不相识且亲和力比较微弱，需要通过环境设置来树立一种"公德"意识，调整人们固有的戒心，从而减少因个人的行为意向或体态举止不当而产生的不愉快。具体而言，比如连续坐椅的设置采取曲线式布置要好于直线式布置，或者在每个坐椅间加上扶手就可避免人们随意躺卧的行为。总而言之，以恰当的方式改善人际互动是室内设计的一种责任，它远比风格演绎重要得多，也更能体现设计的道义。

　　"接近"显然是一种和善的行为意向，它总是发生在亲近的人之间，表明彼此之间具有透明度，放下了固有的戒心，转向共同持有的信心——相互信赖的联结。这种情状也存在于很多公共场所中，不过不是亲友关系的"接近"，而是以信任为普遍性纽带构建的时空领域的互动，即允许陌生人接近和交流，或者说一种转瞬即逝的亲和交往时常带有某种匿名性——无须探清对方身份等信息。例如，经常可以见到人们在路边下棋、打牌或闲坐等，看上去比较接近且相互平和，这不过是针对活动的当下性而已，并不涉及更深层次的沟通。"接近"的行为意向因而在公共场所中不是相互分隔的情状，而是可意识到的安全环境在于持有的可信赖的社会关系，也就是在面对不同场所和不同人际互动时人们所保持的态度——可知晓的关系存续（与场所、物境和往来有关）。事实上，在现代城市生活中，人们已习惯各种各样的陌生性（人和事），因此"接近"似乎是一个身体管理的微观方面，但也关乎彼此所需要的善意或世俗的不经意（减少个人的戒心）——这是公共性中相互信任的一般先决条件。设计师能做的就是促使公共场所中陌生交往的有序进行，如提供非正式的驻足空间来带动更多的接近性交往，特别是在人流密集的场所，应该更多地考虑设置基座、台阶或适合人们就坐的窗台等（图 5.2.9）。

图 5.2.8   某候车厅场景
身体行为已表示其占有领地的态度。

图 5.2.9   国家大剧院室内
超大的空间中很需要一些非正式的休息设施、驻足空间。

5.3   场景-意象的所指

"场景"一词在前面的章节中曾多次出现，但我们并没有针对场景理论进行专门的探讨。事实上，谈论室内设计离不开对"场景"的关注，正如拉普卜特所言："场景之'运转'得益于清晰、稳定和强有力的规则，这些规则限定了不同人群的位置与就位模式"，而且可以"将场景设想为人们扮演各种角色的舞台。""意象"指的是意思与形象，具有意境的意味。"意象"在场所中则为直观感受与经验记忆的共同产物，是由特性、结构和意蕴三个部分组成的质料意象表达式，并且是"通过清晰、协调的形式，满足生动、可懂的外形需要来创造意象"。显然，场所中的人不只是占有和使用空间，而且还与场景及意象建立了一种互动关系。用林奇的观点来讲就是，一个清晰的场景及意象能够给人带来更多益处和更有价值的参照系。为此，本节有意将场景-意象相联结，并且

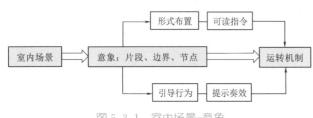

图 5.3.1   室内场景-意象

来论证"空间是无，场景是有"的观点，意指我们需要从认识空间转到理解场景上来，进而将场景-意象视为室内场所的一种运转机制（图 5.3.1）。本节内容正是出于这一主题，重点是通过一些设计案例来阐释场景-意象的所指，以此将室内设计与场景理论相联系，并希望能够引起足够的重视——"我们不仅仅是简单的观察者，与其他参与者一起，我们也成为场景的组成部分"。

5.3.1   室内的场景-意象

场景不同于空间在于，比功能的概念更为清晰、深入和具体，如同对一个句子的处理，既需要有规则的句式结构，又需要可领悟和可读解的形式表现。场景还是一种变量的关系所指，即一个场景所包含的关系不只是可见性的物质存在，还是可感知的室内社会所呈现的人际互动的情状，因此，场景-意象是具体情境与在场者双向互动中形成的所指。这种室内社会与人际互动，确切地说是在场景-意象导出的"脚本"或一套指令下得以展开的，人们也正是通过获取的"可读性"——可理解的场景特性来各就各位。如同你参加一个聚会，你的行为和就位方式必然会受到场景的引导，一方面场景-意象允许人们添加不同的辨别、推断和选择，另一方面你的心理事实和行为举止也是在场景的提示、明示和暗示中调整的。事实上在场所中，我们已不是简单的参与者，而是在共

同在场中所形成的室内社会可谓变量的且亦可为场景-意象之所指。

5.3.1.1 场景不同于空间

场景是在空间中派生出来的，一个空间可能包含多个场景，或者说一个空间在一段时间内可能会变换为许多个不同的场景，因而我们可以认为场景具有针对性、时间性和切换性，在于场景是布置的、辨别的和选择的意象。图 5.3.2 展现了同一个教室在不同时间段的两个场景，我们可从中感受到场景与空间的不同：左图中的场景布置具有针对性（不同于一般教室），展现出一定的辨别性——专业需要的形式特性；右图中的场景显然是选择的时效性，虽显得有些拥挤但使用效率很高。这就得出一个概念：场景关注的是一种"运转"的情状，即经由"布置"得到的提示奏效。正如拉普卜特认为，"场景及其规则每每经由提示来传达，提示则是场景的物质要素及其'布置'方式"，而且"不妨把提示视为'帧'，再由'帧'导出'脚本'，也就是适当行动与行为的一套指令"。由此来看，"布置"不是简单的物质要素下的摆列，实际上还关乎场景运转、行为规则，以及需要明确有力的提示等。这里的"提示"即"帧"——场景片段，需要考虑人们是否能够理解和接受，也就是一方面，场景-意象如何通过提示来达到预期的空间次序（对"帧"的组织），但不是那种仅重形态造型表现而轻情境定义适当的思路；另一方面，怎样促进人们对场景运转的理解，包括人的行为动机和心理事实在面对设计提示时的反应，以及是否可以感受到规则（或指令）是支持互动交流的重要基础。

图 5.3.2 某高校专业教室
场景的氛围在于时人在场和时效使用相关联，不只是布置的还是运转的。

场景与空间不同还在于，面对一个没有什么提示性的原初空间，室内设计就需要借助场景理论来考虑一个情境定义或场景规则，但这不是从装修方面考虑的或如何装修的亮丽，而是注重场景的提示奏效——运转。这里，一是要提供清晰可辨的提示，如前面所谈论的"非言语线索"足以便于人们解读；二是要导出一套适当行动的指令，以此使人们能够有辨别、推断和选择的机会；三是要促使场所调性的适合，在于场景-意象的所指能够得到人们的理解和认同。就此而言，可以以一个商务酒店大堂的方案为例来做进一步分析，这是在建筑设计给定的大厅概念——一个柱网空间基础上开始的，其实这里并没有什么具体内容和场景提示，所以在空间布局方面需要从头做起。而且，建筑的硬件基本到位，可改动的地方也有限，室内设计实际上可以做的就是从场景的概念入手。那么具体的做法是：首先，平面布局要考虑空间次序，也就是对"帧"的组织——场景片段，以此形成多场景的构成关系（同一空间中可能拥有多个场景）；其次，在场景的"布置"中重视每一"帧"的所指——非言语传达，尽可能导出清晰可辨的意义簇（通过材质、色彩、尺度、光线及空间造型等）；再次，在大堂的功能上着重和场景、领地的概念相联结，包括含有时间因素的空间次序的编制，如进厅、总服务台、商务中心、商店、休息区、堂吧、电梯厅等一系列的提示、明示和暗示，进而促使提示奏效——行为引导与适当行为；最后，在整体室内中，将设计重心放在场景的"运转"上，方案立意偏重情境定义带动的互动机制，并与场景-意象相关联，使到场者及其行为能够获得明确的非言语传达的就位感（图5.3.3）。

场景二：服务入住
总服务台是人际交流的领地，也是整体空间的焦点。场景的特质在于传达和谐，即对人的适当行为的关注。

场景一：门厅
门厅是室内外空间的一个缓冲区，人们驻足，环顾周围并获取线索作出判断等。

场景三：堂吧
活动的发生是场景的最大价值，其中环境的布置方式是重要的因素，如水体、植物、配饰等都是情节的编辑，意义在于唤起人们参与的热情。

场景四：电梯厅
交通与疏导成为专门的场景，一种聚集的空间，并且是心理调整的过程。

图 5.3.3　某酒店大堂设计概念
同一空间中的不同场景布置，既是添加性的也是定义性的，还是非言语的可读情境。

5.3.1.2　场景引导行为

场景布置总是要针对一个具体的空间计划，而不是一般化的空间构成，其基本的特征是场景引导行为。很明显，场景布置是在一个既有空间中实施的微观性计划，建筑的空间并没有具体的针对或所指什么，倒是场景布置达成了最终的空间计划，一个场所才得以"运转"——场景引导行为。如果以学校的一间教室为例，那么就可以来阐释场景引导行为并不受制于一个固定性的空间因素，实际上更多的是依靠半固定因素来达成的针对性效应。比如在我们的认知中，教室作为教学用房具有相对的稳定性，其教学与学习的功能成为清晰的环境线索被人们所理解，但是这不排除教室可以布置为其他用途的房间，事实上在我们的学习生涯中，都曾有过把教室当作其他场所来使用的经历。在图5.3.4所示的这三个不同场景中，人们的举止行为势必受到影响，人们知道该如何面对并随之作出行为调整，或者说不同场景

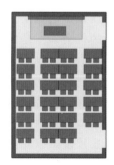 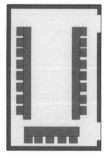

课堂—安静的、专注的　座谈会—活跃的、随意的　联欢会—热烈的、兴奋的

图 5.3.4　空间与场景的不同示意
同一房间的不同布置所传递的不同场景及行为。

及其氛围是人们角色转换的时机，也是互动关系的不同情形。人们正是以自我的认知经验和文化知识来辨别不同场景的，而对场景的推断多半来自于质料意象表达式所形成的氛围，以此来选择参与或离开此地。由此见得，场景引导行为在于能够引起在场者心理事实上的交感和读解，"交感"表明场景-意象的所指在到场者那里提示奏效，而"读解"则可能作出适当行为和积极姿态。

接下来，以图 5.3.5 所示设计方案为例，进一步分析场景引导行为的提示奏效。针对性效应在于空间次序是以"帧"的方式提供的，类似于一段可观的景致。人们进入一个场所中多少能够感受到一种情境定义，这一体认的过程可被视为场景-意象的所指在行为心理上的引导。原始住宅平面用墙体界定的不同空间或房间是很难辨别的（符码信息很少），而且也没有针对性的提示及所指，或者说，建筑的空间仅停留在一个笼统的概念之中，如同"服装"一词是各种不同衣服的统称，它没有具体的所指，意味着不清楚是指礼服、休闲装还是在指工作服、校服，建筑的空间亦然。设计所采取的对策是：其一，在既有的空间图式中先建立一个场景关系轴，并以"帧"的方式来达成提示奏效，目的是使人进入住宅时在场景的一幕幕推进中感受到或明确或含蓄的引导；其二，这种具有引导行为的场景-意象，更多地在意人们身心方面有所体悟，且有助于把感受到的过程视为"有我之知"——我在我体验的事实，而不是停留于一般化的知晓。与其说这是摆脱了一般性空间图式束缚之后的一种对感受力的探究与表现，不如说在重视特定的场景运转的同时，保持了空间内容和针对性效应。比如设置的这些场景片段（或称之为"帧"）是立足于连续的、整体的恰当或恰好，如同句子中词与词（或短语、分句）之间是连续递进的关系且保持着各自的意思，但最终构成的是一个句子的整体性意涵。从这一方案中得出的结论是：针对性效应实质上是针对一个具体的建筑空间而做出的一种对策，这不是一般性空间图景的表现，也不是只看重室内装饰或风格的那种设计，这里更多的是出于场景引导行为（心理）的考虑和场景-意象（所指）的适当。

图 5.3.5　某住宅室内设计概念

一种富有感受力的场景-意象可谓"布置"在发挥作用，并使人相应行事。

5.3.1.3 形式唤起场景

如果把建筑的空间作为场景构成的机会来理解，那么形式唤起场景的观点便可落实。其实通常所讲的功能应该落实为形式与行为相关联的一系列场景，并以此来引导功能的方向和具体化。形式唤起场景因而是对建筑空间提出的情境定义——到位的合适与预期的情状，同时也是对室内空间关系是教条化的还是适应于改变的一种探究。正如室内装修，要么在直接反映一种可见性能效被固定的事实，要么能够准确使自身适应于现时的需要，显然形式唤起场景是倾向于后者的。但问题是，形式与场景之间怎样关联值得探讨，这不仅仅是空间物态的结构关系，更是一个形式意构遇见场景运转的问题。如果仅是从空间方面来考虑一个单纯的形式意构，即落实一个功能空间的样态是简单的，相反是出于场景运转的考虑，那情况就大不相同，因为这需要为人们的生活提供并创造适合的情境定义——能够应和不同的需要及导出多用的场景。对此，可以从图 5.3.6 所示的学生室内设计作品❶入手，来理解形式是如何唤起场景的。

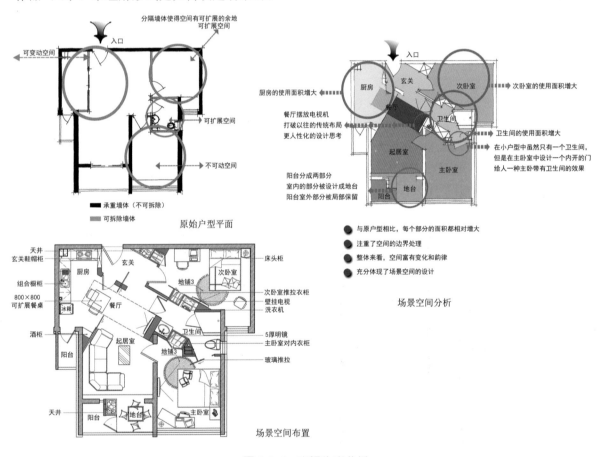

图 5.3.6　空间生成分析
在有限中创造多样的有效空间是设计的一个目标。

首先，我们看到的是一个有空间界定但无内容表达的原始住宅平面，意味着建筑构筑的是形态——围合性之实在，而场景意构的是意象——栖居性之表现❷，显然二者面对的是同一个主体

❶　此案例选自笔者指导的学生罗丹的设计作品，该作品荣获 2009 年"和成·新人杯"全国青年学生室内设计竞赛三等奖。

❷　"栖居性"的概念出自德国哲学家海德格尔，在他的那篇著名的《筑·居·思》一文中详细阐释了什么是"栖居性"以及对栖居和筑造作出的思考。顺着他的思路，我们可以理解建筑是对栖居的筑造，而布置则是栖居的表现，喻示着因为栖居的方式而建筑，也因为栖居的内容而布置，二者构成了"筑"与"居"的事实及意涵（详见：马丁·海德格尔《演讲与论文集》，孙周兴译，生活·读书·新知三联书店，2005 年）。

（使用者的需要）。那么这里必然涉及使用者的意愿、要求和利益等，但这并不等于设计者是被动的听命执行，反而在替使用者着想的同时，设计者应考虑的是，空间是可添加的"布置"——形式唤起场景，而"场景"是可以和栖居性取得联系的。设计者对原有空间进行了分析并提出"居与住相生"的概念，比如哪些是固定性元素不可改动、哪些是可变动的，以及将非承重墙移动或改变能够给居住带来空间惠利等，从而树立了"形式唤起场景"即是对栖居性的一种微观读解和诠释，这自然也是设计创意的一个基点。

其次，设计提出了"未完成"概念❶，意指空间是一个持续发展的过程，需要考虑使用者对居住的不同要求和对生活的某些预设，所以形式唤起场景实质上是在建立一个动态的场景-意象，同时也视空间为一种媒介，既可为当下生活而设置，亦可为生活而预设，因而"复合""多义""时效"这些关键词在此次设计中得以表现。正像设计者将一条 30°角的斜线作为空间构成的一个起点，目的是在打破原有空间刻板的同时构建一个丰富且有趣的场景-意象。这种空间的有趣性，一方面为生活带来了不同使用的效果，且无论从视觉上还是行为上都能体验到空间多变的特质，另一方面空间中的多义性与复合性是立足于适应并预测生活之需要，而且是在探求形式-场景的合适、合情与合理（图 5.3.7 ～图 5.3.9）。

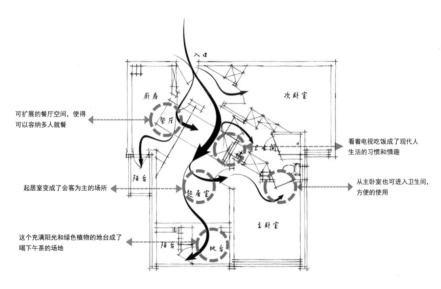

图 5.3.7　场景构成分析
场景中的活跃元在于时效性和实质性的内容计划。

再次，设计以实用为原则，思考了形式唤起场景的意义在于重视细部、细节和细致的创造，比如储藏空间是本次设计着重考虑的一个问题，这远比风格重要得多（图 5.3.10）。很明显设计考虑了居与住的实际需要，比如居的活动与住的方式应该是具体的、详尽的和不同的，而且视为人之居住的基本特性。为此，设计的主张是要保持空间的本真性、实用性和多样性，并以此避开目前家居装修中的油腻、纷繁的装饰之风。实际上这是对居与住的一种思考，或者说是一次思考的设计探究，就像海德格尔认为的：因栖居而筑造，同理，因为室内生活而需要场景之形式。但这绝不是室内装饰的概念，而是对室内空间格局的编制和对人的日常活动规律的把握。这里的"空间格局"需

---

❶　"未完成"的概念表示空间维度上的动态性，即室内设计无法达成一种完结性，这里既指向空间是处于一个变动不居的情状，又表明与居住关联的活动是因人而异且因时而不同的。"未完成"因此是室内设计值得关注的，在于树立室内并非是设计师的单向所为，而是多维的情形在场，意指一些情形是使用者的发挥，或延绵或改变，所以设计师能够做的就是尽可能提供多用、多义和多样的使用之机会。

要在价值、意象、感知和生活方式方面促使住户获得更多空间上的实惠，包括形式唤起场景带来的适当行为和可操作性，并能够接受的空间便宜性。

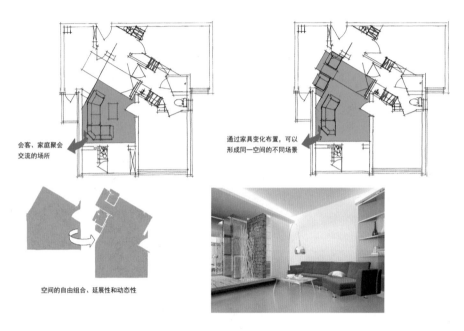

图 5.3.8　客厅空间分析

可变空间要关注空间内容的适合与便利。

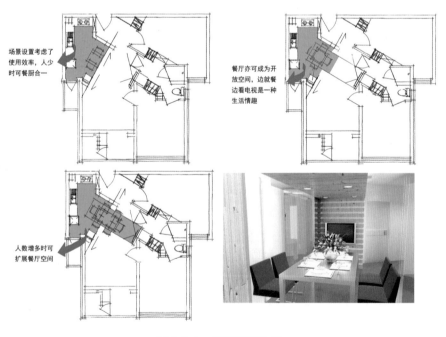

图 5.3.9　餐厨空间分析

餐厨空间在意可互为扩充和时效利用。

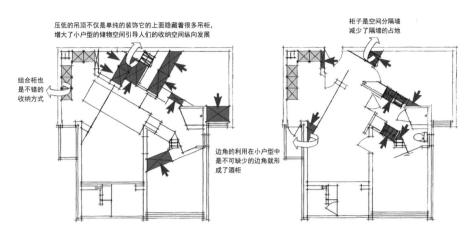

压低的吊顶不仅是单纯的装饰它的上面隐藏着很多吊柜，
增大了小户型的储物空间引导人们的收纳空间纵向发展

柜子是空间分隔墙
减少了隔墙的占地

组合柜也
是不错的
收纳方式

边角的利用在小户型中
是不可缺少的边角就形
成了酒柜

图 5.3.10　储藏空间分析

充分利用空间，变不利为有利的空间计划。

5.3.2　室内的边界场景

　　边界是与物质、位置有关的一种切断性的概念，亦可视为两个领域之间的一种缝合关系，如两侧建筑物中间所形成的夹道、街巷等。边界既是连续的线性特征，也是单边或双边的侧面特性。在某种意义上边界还是由隔离屏障形成的限定标记，并起着侧面的参照作用。边界亦可分为硬性的、柔性的和定义性的三种方式，而且是和物质状态相关联的场景-意象。硬性边界是稳定而不变的，如建筑的墙体、院落的围墙，以及室内房间之间的隔墙等界定了空间的内与外、表与里的意指。柔性边界虽有空间限定的意象，但不是硬化的而是软化的，比如环境中的绿篱、绿化带，室内中的屏风、帷幔等充满着调节性。定义性边界则为不立不围但有提示，而且有切断性的意指，但并不形成任何屏障，像城市的河沿岸界、铁路穿行，以及道路中的斑马线、黄线等均是它的特征。林奇曾把边界视为道路之外的一种城市构成的要素，在空间中"是一种横向的参照，而不是坐标轴"。然而建筑中的边界概念依然是清晰的，例如空间中的各种领地计划或区位界定所产生的分界标记，均可指向"边界"的意象。事实上室内中的各种边界，一方面存在着其场景-意象的不同性，另一方面已然成为一种设计要素得以应用。

5.3.2.1　清晰的边界

　　在建筑空间中"边界"一般是指由墙体、隔断、屏障、柱列等方式划分的空间所形成的分界标记，当然也包括通过其他手段来形成边界的定义。比如室内的一些边界场景，一方面可使形态关系及轮廓清晰可见，像室内墙体扮演着线性的边界，在空间中不但占有控制的地位，而且在形式上具有连续和不可穿越的界面特征；另一方面具有空间分隔作用或切断性，如形成的房间或被分切的领地等，其"内"与"外"的关系明显体现了差异的场景-意象。然而这种硬性边界的意象十分普遍，既能使室内形成空间上的分隔或屏障，又能使各类房间或空间赋有不同的场景-意象。尽管有时墙体采用半透明或透明的材料，但是硬性边界的特性依然明确，致使领地定义得以完好的围护。清晰的边界因此是室内设计中最为常用的一种空间组织手段，在于生成的边界体（侧面）促成了"间"——不同房间、空间和领地，并以此形成了"内""外"不同的空间形态。清晰的边界实际上被定义为以"墙"来切分空间，且不难看到，人们的行为必然受到这种硬性边界的制约，其形式强硬并且还影响着行经的路线和空间的使用（图 5.3.11）。

　　柔性边界比起硬性边界来更像是一种弱化的空间组织方式，可能在空间中具有更大的适应性，而且为轻便的、活动的和可变的空间关系。柔性边界既对空间起到了划分的作用，又为人们使用空间和功能灵活性创造了机会，其形式和风格更多的是利用于现代材料的一些特性而得以发挥。其实

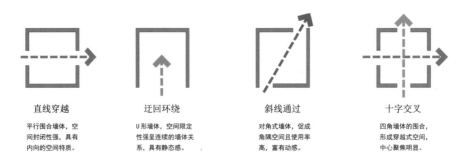

直线穿越　　　　迂回环绕　　　　斜线通过　　　　十字交叉

平行围合墙体，空间封闭性强，具有内向的空间特质。　　U形墙体，空间限定性强呈连续的墙体关系，具有静态感。　　对角式墙体，促成角隅空间且使用率高，富有动感。　　四角墙体的围合，形成穿越式空间，中心聚焦明显。

图 5.3.11　不同的硬性边界
边界与虚空的关系所形成的限定性及行为导向。

对于柔性边界的形态组织我们在第 3 章中已有表述，它显然是归属于半固定因素及其表现。但现在的问题是，我们应该如何对待室内空间中的边界问题，是视其为一种空间构成的因素，还是理解为是内容需要的一种组织方式，似乎两者都是值得关注的，因为人们不可能生活在无领地区分、无空间屏障的环境之中，所以这里关键是要适度的操作。尤其是清晰的边界，无论是硬性的还是柔性的，在于由物质特性构成的不同空间、房间、领地等，既可能包括各种各样的形式组织，又具有一种可"进入"感，而且显明是与人的行为、使用和感知有关的场景-意象。

　　如果以一个室内设计案例来分析"边界"的话，那么就可以进一步了解边界场景在室内布局中的意义和作用。首先空间中的边界性在此成为设计意构主要考虑的问题，并视为具有连续性的、可辨别的一种场景-意象。尤其是那些需要界定明确、功能内容持有独立性的空间和区域，正是得益于明确的边界和清晰的界面。如图 5.3.12 所示，酒店首层平面的空间区域划分来自于对边界的认

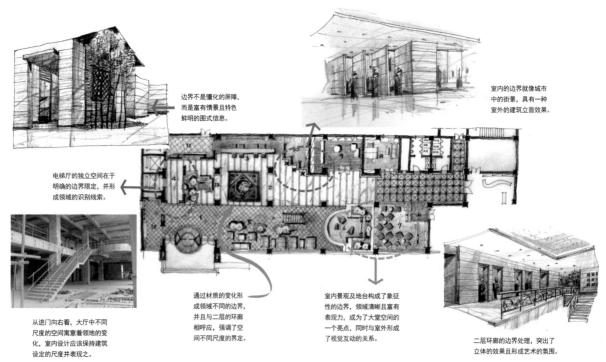

边界不是僵化的屏障，而是富有情景且特色鲜明的图式信息。

室内的边界就像城市中的街景，具有一种室外的建筑立面效果。

电梯厅的独立空间在于明确的边界限定，并形成领域的识别线索。

从进门向右看，大厅中不同尺度的空间寓意着领地的变化，室内设计应该保持建筑设定的尺度并表现之。

通过材质的变化形成领域不同的边界，并且与二层的环廊相呼应，强调空间不同尺度的界定。

室内景观及地台构成了象征性的边界，领域清晰且富有表现力，成为了大堂空间的一个亮点，同时与室外形成了视觉互动的关系。

二层环廊的边界处理，突出了立体的效果且形成艺术的氛围。

1—门厅；2—大堂；3—服务台；4—电梯厅；5—休息区；6—水景；7—堂吧；
8—商务室；9—商店；10—行李；11—电梯；12—上网处；13—大堂经理

图 5.3.12　酒店大堂的概念
这种不同的边界-界面处理方式可类比室外景观的意象。

识，即试图构建多样的边界场景，并联想为一种类比于"城市"的关系，内与外、边缘与中心、限定与非限定在室内空间中得以定义和演绎。其次对于室内中的各种界面处理，一是视同为建筑的外立面，二是注重视觉上的生动性，其场景-意象实质上被表现为一系列类比的情形。比如建筑设计考虑的电梯厅，原本与大堂混为一体且无区域之分，倒是室内设计通过对边界定义，使电梯厅赋有相对独立区域的同时，一种园林般的情形插入大堂空间中，边界-界面构成了富有感染力的视景空间。再次，在对待不同的领地界定时考虑到大堂需要一些空间的连续性，像堂吧的界定则以象征性的情境定义，采用了柔性与定义性相结合的边界概念——地台方式，以此表达其领地的场景-意象之所指。诸如楼梯、水体以及临街的玻璃幕构成了堂吧的边界关系，这些看上去既生动自然又轮廓清晰的边界定义，实际上在空间中形成了看与被看的视觉互动，系指场景-意象体现了内外交织的视觉线索的连续性。

5.3.2.2　模糊的边界

在室内空间中，边界的概念很容易被人们忽视，特别是那些定义性的边界概念通常成为空间中的盲区，比如空间之间的缝合处，即一个空当或通道之类的空间。我们还是以一个住宅室内设计为例，能够清楚地了解边界还具有的模糊性质。图 5.3.13 所示住宅平面中的一条通向房间的过道从

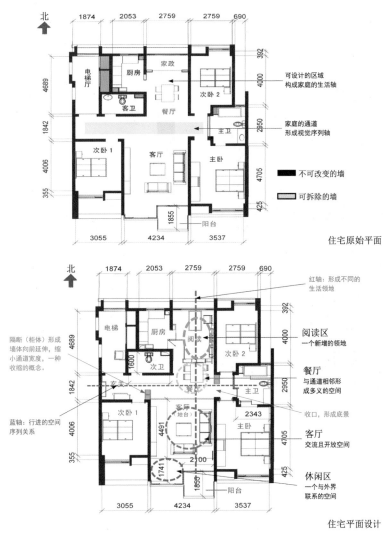

图 5.3.13　某住宅室内设计概念

纵横双轴可生成不同的场景关系。

餐厅与客厅之间穿过，形成了一种定义性边界的概念。但实际上这条餐厅与客厅之间的过道，通常易于忽略它还有边界性的意味，或者说是一种模糊的边界关系。就像这条约有 $7m^2$ 的过道，对于住宅而言是理应得到利用的一个不小的空间范围，如果定义为是多义的边界，那么就可能发挥其最大的使用效率。因此这种边界意识，与其说在室内空间中是包容性的间隔，不如说是多义的、可转换的和不确定的，甚至还可能会出现积极的"误用"情况。就此案例来看，中部区域是空间计划及领域界定的重点，很明显设计在南北轴向上发展了不同的情境定义——空间序列，并设想了不同的边界场景及可能有的情形发生。具体而言，阅读区是经过改造的新增空间，将餐厅南移并由一组书架作为二者之间的屏障式边界，餐厅与阅读区关系明确，且拥有各自相对独立的领域，而餐厅与中部的过道是连通的，且明显呈现一种开放、活跃的空间状态，过道既是家庭中的穿行空间，也可能作为餐厅的一部分，当多人聚餐时，就餐空间可以扩充到过道中，二者的空间边界因此变得模糊起来但又相融而随意。这种由于空间边界的模糊而产生的多义空间的意象，更多的是基于对人的生活行为的需要，设想在这里可能会发生什么，以及人们是否可以在边界上有所选择，这些均可称为对室内的边界场景的一种思考和研究（图 5.3.14）。

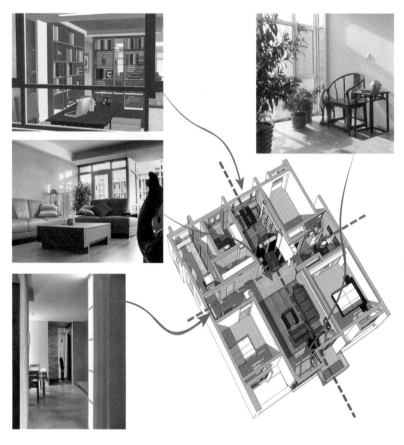

图 5.3.14 某住宅室内场景

按场景的理念来布置，即可生成不同的空间领地和场景-意象。

在室内空间中探索模糊的边界问题似乎是较难发现的，但这不意味着空间中不存在模糊的边界。相反，边界的概念在室内中是值得关注的一种微观界限，特别是模糊的边界是富有想象力的场景-意象，正如海德格尔认为，边界并不是停止而是开始的地方。这一观点在日本建筑师妹岛和世的《李子林住宅》中演绎得十分清楚。妹岛和世对室内空间边界的研究颇有建树，她认为："空间的界面上是没有物质运动的，但你仍能在其使用上获得复杂性。"在空间中考虑多种边界的可能性，实际上是在探求边界上可能会涌现的意外生动，例如在图 5.3.15 所示作品中可以看到在墙洞上的互动交流。室内空间中的界面由此转向模糊的边界，表明室内的空间界面-边界时有成为可定义、可选择和可转换的场景-意象。但在室内设计中，界面-边界上的场景-意象时常被人们忽略，对边界的意识和处理方式过于简单和单一，也没有关心边界场景对人的心理事实和行为动向具有潜在的意义和含蓄的引导。与此相反，妹岛和世的设计作品却提示人们，室内中的边界场景存在着扩充、渗透和交融的可能性，而并非是单一的限定性。妹岛和世对房间与通道的处理方式就说明了这一点。我们看到的只是房间的组合，而过往的通道含在了其中，这很可能是设计师在有意模糊边界的定义，或视边界为多义性和可开始的地方。

图 5.3.15　李子林住宅平面图（左图）与一层小孩卧室（右图）

看似简单的场景构成却包含着一些特性及意涵。

5.3.3　室内的节点意象

谈及"节点"，必然与建筑构造和装饰构造相联系。"节点"是建筑中经常用到的一个术语，也是工程做法中表达的具体构造。林奇认为："节点是在城市中观察者能够由此进入的具有战略意义的点，是人们往来行程的集中焦点。"将这一观点引入建筑空间中，节点便可理解为一个具体的连接或转换的地点或情境，也就是从一个空间向另一个空间所要经过的点——过厅、中厅等，亦可类比道路中的交叉处。但也不尽然，室内中的"节点"可谓一个概念化的参照点，即以墙体变化、地面铺设，以及通过一些细节设置来获得节点的感知。这些手段的要则在于强调空间节点具有不尽相同的且可进入和感知到的特定性，其节点界定基本上趋向于有意而为的独到、鲜明，以及在空间中时有起到了视觉意象的点化作用或标记在场，因而节点意涵指涉时效的、驻留的和留白的空间功效。

5.3.3.1　时效的空间节点

室内中的"节点"是人为设定的，虽不像建筑设计具有原创性，但它是在有限的空间中探求与使用空间相关联的多维节点，不只是视觉感受的还是身体进入的。"空间节点"的概念因此是和参与者密切关联的，使人在进入时感知到可感物的独特性，这种"可感物"实质上是独立于参与者的一种心智和组织，但重点却放在了让人能够进入并可体认到的情境定义之鲜明、清晰和独到，而不是那种自是在场的装饰性。例如图 5.3.16 所示的设计作品就诠释了一种时效的空间节点及其方法❶，首先让人感到的是，在既定的空间中树立了一种"空间节点"的概念，即一系列赋有组织且相互关联的结构可视为汇聚在空间中的节点，既可切分也可打通，如那些可推拉的隔断组织，一方面将场景-意象投向多维空间运行的策略，另一方面空间设定注重对那些节点的操作和便利；其次是对那些推拉扇及组合方式的演绎，例如在促使不同的空间节点的同时提供给使用者的是，可根据需要自行自由的组合和安排场景，这种赋有时间性的使用空间实际上在探寻空间节点的多样化，既是时效的也是意象的，意味着可移动的隔断是不同时空的节点，其动态性引人注目，并且是可进入的空间次序之体现；最后看到的是，那些可推拉的玻璃隔断及变化多样的形式，既划分出空间单元的不同意向，又保持了空间连续的视觉效果，尤其是在小型办公或工作场所中，可移动的界面处理方法是积极有效的，也是一种可持续的设计思路，比如当不需要时很容易更换，还可调整为其他的使用空间（图 5.3.16）。

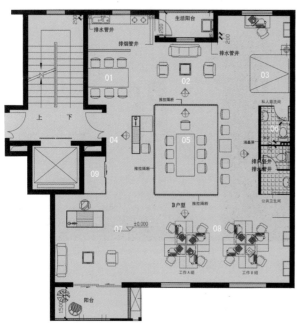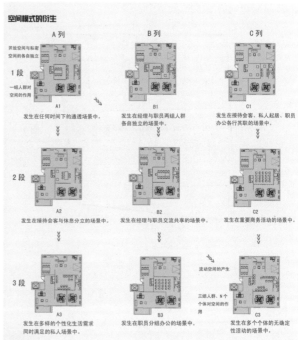

图 5.3.16　小型办公空间设计概念

平面布局演绎了一种办公空间的特征，明显以空间界面的方式来达成更多的可变空间及多用性。

---

❶　该作品为笔者指导的学生邓燕的设计作品，曾荣获 2005 年"和成·新人杯"全国青年学生室内设计竞赛一等奖。

　　时效的空间节点，因此是在探求室内空间中多维节点的可能性，特别是在有限的空间中提供实用和多变的空间应该是室内设计的一个立足点，在于空间中的节点意识可以帮助人们树立灵活多用的空间观，从而摆脱那些僵化的、教条的空间定义。正如上述的案例能够在有限的空间中派生出多种可变的空间节点，足以体现空间多维节点的可能性及适用性，设计的意义由此具有方向上的清晰性和特定性，"清晰性"是指赋有空间逻辑的情境定义，而"特定性"则出于对空间行为的预测而采取的一对多。值得注意的是"一"和"多"表示二者之间可对应整体与个别的关系，整体为"一"而个别为"多"。就建筑而言，"整体"意味着建筑提供的空间整体，是可以接纳多维空间节点的且赋有逻辑的空间构成；"个别"表示多项、多样和多种的场景-意象，或者说是不断派生的个别事物的聚集为"多"。那么就此可以理解"一对多"就是一个室内空间所能装进的如此之多的情境或节点。然而还需要理解，空间为"一"，情境为"多"，意指将空间视作既可以分别情境也可以结合情境，这不正是一种既分又合的空间意识对应了"时效的空间节点"吗？所以情境为"多"在于，如何在一个既定空间中实现多样的与时间关联的计划或安排，这显然需要依靠空间节点的意识来具体的展开，似乎一切的预设（节点）都是时效性的，而且是和具体的时空内容密不可分的，因此可以说室内不存在恒定不变的场景-意象。

5.3.3.2　驻留的生动节点

　　既然林奇将节点的概念视为城市构成的要素之一，并且认为是可进入的站点或可聚集的地点，如广场、街心花园等，这显然是指向城市存在的生动节点。那么，我们完全有可能在建筑中创造出如同林奇所描述的"节点"——场景-意象，如室内的环廊、走廊、区域，以及一些空间转换的点位均可能产生生动节点。正如今天的建筑规模越来越大，室内空间变化越发复杂多样，同时势必会带来更多令人心动、感知和体认的生动节点。事实上室内中那些可驻留的生动节点，对体验者而言无不是充满着各种的吸引力，且有可能成为可交流的站点（图 5.3.17）。然而值得注意的是，空间中的"可感物"是驻留的生动节点之先决条件，在于完全是和看见的图像性相反的情况，即人的身体已经处在其中并感知到场景-意象，而不是看到的场景-图像。置身其中是生动节点需要考虑的要

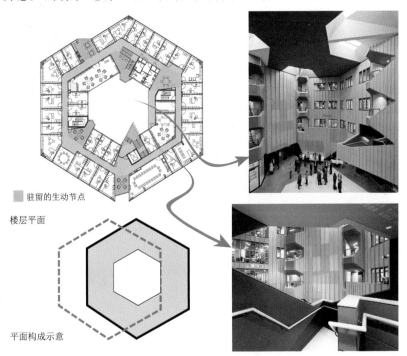

　　驻留的生动节点

楼层平面

平面构成示意

图 5.3.17　某写字楼案例

平面图中环廊处粉红色部分为驻留的生动节点。

图 5.3.18　某教学楼中的室内场景
为人提供的驻足、歇息的生动节点。

件之一,就像你能够感知到此地可以坐坐,也可以驻足观看点什么,甚至还可以有你自己的新发现,这些都是因为感觉与"物"的生效。确切地说是感知与质料的关系互动,"感知"显然是感觉器官在起作用,虽由感觉器官引起但还需要意识来断定(确切地认定),因此看见的不一定能感知到(视而不见),而感知到一定是在感觉器官起作用的同时确切地认定;"质料"则在第 4 章已经探讨过了,但是它还指向对象的发现,即一种情境定义被人们感知到的意义在场,也就是质料意象表达式可以和"驻留的生动节点"这一议题联结在一起。

由此见得,驻留的生动节点试图将室内设计引向对微观情境的重视,所谓"微观情境"往往是在那些不起眼的对象中含有的微妙情形,如图 5.3.18 所示,低窗台的设置既是制造的一个对象,也是一种可驻留的生动节点,且明显可以产生阅读、交流和观看等活动。不过需要注意,这里提出的"对象"是指空间中可感知到的质料及其物象(如窗台面是柔软的皮面让人有驻留的愿望),也是能够引起在场者关注和参与的情境定义。那么,对象——情境的关系显然存在着直观与意指的双重性,正像图中展现的窗台(直观的)与座位(意指的)具有的双重构成,实际上还需要在场者的感知到——解读和进入,才能体现其意涵在场,否则将可能是纯属的摆设或闲置。为此,室内设计不能只知道怎样来定义场景,还应该深入探究场景背后可能有的意义、意指和意境,包括这里所讨论的"驻留的生动节点"正是出于将表象形式与内在意涵巧妙结合并形成可感物的同时,实质上设计已经投向在场者能否接受和感知到的立意,而绝不是那种匪夷所思且难以切合的闲置。"驻留"是在场者的生动,而"节点"是设计者的立意,二者明确指向一种场景-意象之所指,即一个感知主体(在场者)与一个对象(可感物)的事实关联并发生着。

5.3.3.3　留白的意象节点

如果继续探讨"节点"的话题,那么便可了解室内空间中存在着"留白"的概念,其实在第 3 章中已经提到过"留白"的空间。实际上"留白"本是中国画中的一个术语,意指在画面中需要留出一定的空白,但并非是无所用意的空白,而是要达到"此处无声胜有声"之意境,这是中国画中比较讲究的一种构图手法(图 5.3.19)。那么,借用到室内则可演绎为"空间留白",即一种有意而为的预留性,且正像第 3 章中讲到的多义空间,表明并非是真的无用之空白,而是在意可产生的意象节点。这种预留性预设了可进入和可操作的空间体认及内容填充,但有所不同的是没有多少明示性,更多的是需要到场者自行来"补白"。"留白"与"补白"由此成为室内空间中饶有兴趣的一对活跃元,亦可形成一种意象节点——可唤起和可进入的空间互动。假如"空间留白"是出于设计的一种策略,那么空间的"补白"则是这种策略所要的结果,即留白的意象节点正是需要"补白"的自在行动。

图 5.3.19　钱松喦的山水画
画中留白是气韵生动,亦是当实则实,
当虚则虚,从而构成实中有虚,
而虚中有意之画境。

　　然而空间留白的方式，如形式、位置、规模，以及对它的尺度把握等，是形成意象节点的要则，其中适当、适宜和适用是关键，也是值得室内设计探讨的一种微观情境。

　　在中国传统的建筑中"空间留白"时常可见，比如，院子留给了多样的活动，室内留给了陈设的布置，而墙面留给了挂匾和挂画，看得出室内的"少做"（少做作、少臆造）带给使用者的是"多意"——多种多样的意向及补白行动，这些难道不是"留白的意象节点"之效应吗？事实上这种空间留白对于室内而言十分有效，一是设计不要"太过"——超越实际需要的过度设计及过分表现，要有如同前面所说的那种"未完成"的意识，目的是预留给使用者一些发挥的机会；二是设计不要"太满"——不留余地的铺设、铺装和铺陈，要留出一些白底——墙面、地面和顶面，少一些花样、造型、线脚、色彩等，这是出于人的感觉器官考虑的，也是从室内陈设、饰品和其他东西添加后的整体效果来设想的，尤其是在有限的室内应该关注人的心理事实及情绪变化。那么之所以是"意象节点"，在于亲临的感知并行动着，可进入、可参与和可体认是它的意象所指，并由此传达出一种"人在人可用"的场景-意象（图 5.3.20）。这些都与室内中细枝末节的细部设置有关，如一些部位虽看似没有什么明示（表现性的），但却有一些暗示（意向性的），实际上这是设计回归到对"空间权利"的重视。从此去除了以设计者的好恶来摆布环境的诟病，设计不再追求所谓的艺术、完美和创新等口号化的意构，以谦虚的姿态来面对一个使用者需要的空间权利和空间惠利。但是，这并不是要放弃设计者的作用和设计价值，相反，这需要设计者以更高远、更深入、更宽阔的视野来面对不同时空、不同需要、不同内容的室内场所。

楼层平面

图 5.3.20　某写字楼中的多义空间
图中的白板墙面是为人们在此探讨问题而设置的"留白"，可进入，可使用。

本 章 小 结

　　室内之情境究竟应该是怎样的，似乎又一次被推到了前台，而本章的内容明显与之前的一些概念、观点和议题有所交叉且存在着关联性，也可以说是对之前讨论的延续，或者说是多维视角的进一步探究。之所以这样，是因为作为场所的室内空间：一方面在被形形色色的命名的同时不断派生出多样化的场景-意象；另一方面室内场所已然充斥着不同的定义、主张和意向。所以室内场所势必呈现出：一是"场所命名"必然伴随着各种分配、支配的意向，大到城市环境而小到室内空间；二是建筑营造似乎不能避开"公共"与"私有"这两个概念，而且这也是需要重视的两种领地属性及空间意识。显然"公共"与"私有"在各类室内场所中已变得含糊不清，或者二者之间的切换太过随意，以至于本是"公共的"被私有性瓜分了，而"私有的"却又被公共性同化了。这些问题无不关涉到室内情境的多样、多义和多变的走向，并指涉社群互动的空间权利、社群关系的空间场景是否合理、合情与合宜，以及室内的情境定义是否出于普适性的原则和差异平衡的考虑，这些难道不值得深入探究吗？就像物聚传达与行为信息的非言语交流表明，室内不只是各种符码格构的填充过程，还是行动者的各种各样的解读经历，但是不难看出，二者时常处于各自为政的情状。

就此而言，作为场所的室内空间绝不是单向性的情境定义，必然与社会及各种关系密切关联，事实上室内场所透射出的场景-意象已趋向于多维系列，包括微观情境中的各种能指、所指等。那么不难得出这样一个结论：室内场所涉及的方面越来越多，并且与其他学科及相关领域的交织、交融和交叠是必然之趋势，表明一方面，室内之情境实质上可视为一种空间文化现象学，意指各种各样的旨意、观念以及态度充斥其中，致使室内场所承载着各种社会关系的利益、权利和话语；另一方面，室内设计的意义不是自以为是的个体表现，而是包括使用者在内的集体能量之体现，意味着需要共同来创造适宜、适用、适合且富有普适意义的室内环境。

参 考 文 献

[1] 布莱恩·劳森. 空间的语言 [M]. 杨青娟，等译. 北京：中国建筑工业出版社，2003.
[2] 彼得·柯林斯. 现代建筑设计思想的演变 [M]. 英若聪，译. 北京：中国建筑工业出版社，2003.
[3] 布鲁诺·赛维. 建筑空间论 [M]. 张似赞，译. 北京：中国建筑工业出版社，1985.
[4] 尼古拉斯·佩夫斯纳，J. M. 理查兹，丹尼斯·夏普. 反理性主义者与理性主义者 [M]. 邓敬，等译. 北京：中国建筑工业出版社，2003.
[5] 安东尼·C. 安东尼亚德斯. 建筑诗学 [M]. 周玉鹏，等译. 北京：中国建筑工业出版社，2006.
[6] 肯尼思·弗兰姆普敦. 现代建筑：一部批判的历史 [M]. 原山，等译. 北京：中国建筑工业出版社，1988.
[7] 肯尼思·弗兰姆普敦. 建构文化研究 [M]. 王骏阳，译. 北京：中国建筑工业出版社，2007.
[8] 安藤忠雄. 安藤忠雄论建筑 [M]. 白林，译. 北京：中国建筑工业出版社，2002.
[9] 雷姆·库哈斯. 大 [J]. 姜珺，译. 世界建筑，2003 (2).
[10] 比尔·希利尔. 场所艺术与空间科学 [J]. 杨滔，译. 世界建筑，2005 (11).
[11] 诺伯舒兹. 场所精神：迈向建筑现象学 [M]. 施植明，译. 武汉：华中科技大学出版社，2010.
[12] 凯文·林奇. 城市意象 [M]. 方益萍，何晓军，译. 北京：华夏出版社，2001.
[13] 王建国. 城市设计面临十字路口 [J]. 城市规划，2011 (12).
[14] 莱昂·克里尔. 社会建筑 [M]. 胡凯，胡明，译. 北京：中国建筑工业出版社，2011.
[15] 约翰·伦尼·肖特. 城市秩序：城市、文化与权力导论 [M]. 郑娟，梁捷，译. 上海：上海人民出版社，2011.
[16] 安东尼·吉登斯. 社会的构成：结构化理论纲要 [M]. 李康，李猛，译. 北京：中国人民大学出版社，2016.
[17] 柯林·罗，弗瑞德·科特. 拼贴城市 [M]. 童明，译. 北京：中国建筑工业出版社，2003.
[18] 亨利·勒菲弗. 空间与政治 [M]. 李春，译. 上海：上海人民出版社，2008.
[19] 阿尔多·罗西. 城市建筑学 [M]. 黄士钧，译. 北京：中国建筑工业出版社，2006.
[20] 李允鉌. 华夏意匠 [M]. 天津：天津大学出版社，2005.
[21] 马丁·海德格尔. 演讲与论文集 [M]. 孙周兴，译. 北京：生活·读书·新知三联书店，2005.
[22] 萧默. 中国建筑艺术史 [M]. 北京：文物出版社，1999.
[23] 程建军，孔尚朴. 风水与建筑 [M]. 南昌：江西科学技术出版社，1992.
[24] 李泽厚. 美学三书：美的历程 [M]. 合肥：安徽文艺出版社，1999.
[25] 宗白华. 美学散步 [M]. 上海：上海人民出版社，1981.
[26] 帕瑞克·纽金斯. 世界建筑艺术史 [M]. 顾孟潮，张百平，译. 合肥：安徽科学技术出版社，1990.
[27] 布鲁诺·赛维. 现代建筑语言 [M]. 席云平，王虹，译. 北京：中国建筑工业出版社，1986.
[28] 勒·柯布西耶. 走向新建筑 [M]. 陈志华，译. 西安：陕西师范大学出版社，2004.
[29] 罗兰·马丁. 希腊建筑 [M]. 张似赞，张军英，译. 北京：中国建筑工业出版社，1999.
[30] 约翰·B. 沃德-珀金斯. 罗马建筑 [M]. 吴葱，等译. 北京：中国建筑工业出版社，1999.
[31] 路易斯·格罗德茨基. 哥特建筑 [M]. 吕舟，洪勤，译. 北京：中国建筑工业出版社，2000.
[32] 彼得·默里. 文艺复兴建筑 [M]. 王贵祥，译. 北京：中国建筑工业出版社，1999.
[33] 克里斯蒂安·诺伯格-舒尔茨. 巴洛克建筑 [M]. 刘念雄，译. 北京：中国建筑工业出版社，2000.
[34] 刘易斯·芒福德. 城市发展史：起源、演变和前景 [M]. 宋俊岭，倪文彦，译. 北京：中国建筑工业出版社，2005.
[35] 修·昂纳，约翰·弗莱明. 世界艺术史 [M]. 吴介祯，等译. 北京：北京美术摄影出版社，2013.

[36] 贡布里希. 艺术的故事 [M]. 范景中，译. 北京：生活·读书·新知三联书店，1999.

[37] 杰拉德·德兰蒂. 现代性与后现代性：知识，权力与自我 [M]. 李瑞华，译. 北京：商务印书馆，2012.

[38] 罗素. 哲学问题 [M]. 何兆武，译. 北京：商务印书馆，2007.

[39] 米歇尔·福柯. 词与物：人文科学的考古学 [M]. 莫伟民，译. 上海：上海三联书店，2016.

[40] 约翰·穆勒. 功利主义 [M]. 徐大建，译. 北京：商务印书馆，2014.

[41] 陈志华. 外国建筑史：19 世纪末叶以前 [M]. 2 版. 北京：中国建筑工业出版社，1997.

[42] 内奥米·斯汤戈. F.L. 赖特 [M]. 李永钧，译. 北京：中国轻工业出版社，2002.

[43] 曼弗雷多·塔夫里，弗朗切斯科·达尔科. 现代建筑 [M]. 刘先觉，等译. 北京：中国建筑工业出版社，1999.

[44] 齐格蒙特·鲍曼. 全球化：人类的后果 [M]. 郭国良，徐建华，译. 北京：商务印书馆，2013.

[45] 查尔斯·詹克斯. 后现代建筑语言 [M]. 李大夏，摘译. 北京：中国建筑工业出版社，1986.

[46] 刘先觉. 现代建筑理论：建筑结合人文科学、自然科学与技术科学 [M]. 北京：中国建筑工业出版社，1998.

[47] 王受之. 世界现代建筑史 [M]. 北京：中国建筑工业出版社，1999.

[48] H.H. 阿纳森. 西方现代艺术史 [M]. 邹德侬，等译. 天津：天津人民美术出版社，1986.

[49] 苏格兰国会大厦，爱丁堡，苏格兰 [J]. 世界建筑，2004 (12).

[50] 沈克宁. 建筑现象学 [M]. 北京：中国建筑工业出版社，2016.

[51] 阿摩斯·拉普卜特. 建成环境的意义 [M]. 黄兰谷，等译. 北京：中国建筑工业出版社，1992.

[52] 约翰·O. 西蒙兹. 景观设计学：场地规划与设计手册 [M]. 3 版. 俞孔坚，等译. 北京：中国建筑工业出版社，2000.

[53] 赫曼·赫茨伯格. 建筑学教程：设计原理 [M]. 仲德崑，译. 天津：天津大学出版社，2003.

[54] 阿摩斯·拉普卜特. 文化特性与建筑设计 [M]. 常青，等译. 北京：中国建筑工业出版社，2004.

[55] E.H. 贡布里希. 秩序感 [M]. 杨思梁，徐一维，译. 杭州：浙江摄影出版社，1987.

[56] 陈伯冲. 建筑形式论：迈向图像思维 [M]. 北京：中国建筑工业出版社，1996.

[57] 《绿色建筑》教材编写组. 绿色建筑 [M]. 北京：中国计划出版社，2008.

[58] 安东尼·吉登斯. 现代性的后果 [M]. 田禾，译. 南京：译林出版社，2011.

[59] Randall Mcullan. 建筑环境学 [M]. 张振南，李溯，译. 北京：机械工业出版社，2003.

[60] 尼克·克罗斯利. 走向关系社会学 [M]. 刘军，孙晓娥，译. 上海：格致出版社，上海人民出版社，2018.

[61] 皮耶尔保罗·多纳蒂. 关系社会学：社会科学研究的新范式 [M]. 刘军，朱晓文，译. 上海：格致出版社，上海人民出版社，2018.

[62] 雷姆·库哈斯. 垃圾空间 [J]. 姜珺，译. 世界建筑，2003 (2).

[63] 龚锦，曾坚校. 人体尺度与室内空间 [M]. 天津：天津科技出版社，1987.

[64] 杨公侠. 建筑·人体·效能：建筑工效学 [M]. 天津：天津科技出版社，2001.

[65] 庄荣，吴叶红. 家具与陈设 [M]. 北京：中国建筑工业出版社，1996.

[66] 王华生，赵慧如，王江南. 装饰材料与工程质量验评手册 [M]. 北京：中国建筑工业出版社，1994.

[67] 扎哈·哈迪德事务所. 香奈儿流动艺术展馆 [J]. 包志禹，译. 建筑学报，2008 (9).

[68] 约翰内斯·伊顿. 色彩艺术 [M]. 杜定宇，译. 上海：上海人民美术出版社，1985.

[69] 玛丽·古佐夫斯基. 可持续建筑的自然光运用 [M]. 汪芳，等译. 北京：中国建筑工业出版社，2004.

[70] 安藤忠雄. 光的教堂 [J]. 世界建筑，2003 (6).

[71] 欧文·戈夫曼. 日常生活中的自我呈现 [M]. 冯钢，译. 北京：北京大学出版社，2008.

[72] 让·鲍德里亚. 消费社会 [M]. 刘成富，全志钢，译. 南京：南京大学出版社，2014.

[73] 赫曼·赫兹伯格. 建筑学教程 2：空间与建筑师 [M]. 刘大馨，古红缨，译. 天津：天津大学出版社，2003.

[74] 皮亚杰. 结构主义 [M]. 倪连生，等译. 北京：商务印书馆，1984.

[75] 恩斯特·卡西尔. 人论 [M]. 甘阳，译. 上海：上海译文出版社，1985.

[76] C. 勃罗德彭特. 符号·象征与建筑 [M]. 乐民成，等译. 北京：中国建筑工业出版社，1991.

［77］　刘昆. 基于原型概念的构成设计方法研究：以建筑学本科设计教学为例［J］. 建筑师，2016（181）.

［78］　C. 亚历山大，H. 奈斯，A. 安尼诺，I. 金. 城市设计新理论［M］. 陈治业，等译. 北京：知识产权出版社，2002.

［79］　大师系列丛书编辑部. 妹岛和世＋西泽立卫的作品与思想［M］. 北京：中国电力出版社，2005.